westermann

Seydlitz ERDKUNDE 2

Nordrhein-Westfalen
Differenzierende Ausgabe

Herausgeber
Dr. Klaus Jägersküpper

Autorinnen und Autoren
Katharina Feja
Dr. Franziska Früh
Dr. Klaus Jägersküpper
Dr. Hannes Schmalor
Udo Weierich

unter Mitwirkung der Verlagsredaktion

Titelbilder:
oben: Vulkan Cotopaxi (Ecuador)
unten: Mähdrescher während der Getreideernte

Mit Beiträgen von:
Thomas Bauer, Frank Broscheit, Bernd Dieffenbacher, Joachim Dietz, Thomas Eck, Katrin Endl, Imme Freundner-Huneke, Stephanie Fürstenberg, Thilo Girndt, Sigrun Hallermann, Uwe Hofemeister, Klaus Jebbink, Dennis Kempf, Ralf Lübbe, Harald Mertins, Frank Morgeneyer, Stefan Müller, Karl-Heinz Otto, Notburga Protze, Karin Richter, Frank Rüther, Andreas Schatz, Heiner Schlußnus, Marco Schreiber, Julia Schreiegg, Sandro Strebe, Jan Zeriadtke

Ernst von Seydlitz-Kurzbach lebte von 1784 bis 1849. Mit der Herausgabe des Lehrbuches „Leitfaden der Geographie" im Jahre 1824 begründete er das traditionsreiche Unterrichtswerk „Seydlitz".

westermann GRUPPE

Druck A[1] / Jahr 2023
Alle Drucke der Serie A sind im Unterricht parallel verwendbar.

Redaktion: Leonie Kaumkötter, Sebastian Lemke, Thomas Rahne
Druck und Bindung: Westermann Druck GmbH, Georg-Westermann-Allee 66, 38104 Braunschweig

ISBN 978-3-14-**101550-8**

4 Lebensraum gemäßigte Zone 92

5 Lebensraum kalte Zone 114

6 Eine Welt – ungleiche Welt 132

7 Unruhige Erde ... 172

Anhang ... 208

1 Wetter und Klima

Das Wetter prägt unseren Alltag.

Der Jubel ist groß. Saskia, Tim und Lea haben bei einem Preisausschreiben eine Fahrt mit dem Heißluftballon gewonnen. Gespannt warten sie auf den großen Tag. Doch der Veranstalter kann ihnen nicht genau sagen, wann es losgeht. „Das hängt vom Wetter ab!“, heißt es immer wieder. „Bei einer Ballonfahrt muss alles passen, da müssen alle Wetterelemente mitspielen.“ „Wetterelemente?“ Die drei schauen sich fragend an. „Was sind denn die Wetterelemente und wie müssen sie sein?“

M1 Können die Freunde mit dem Heißluftballon fahren?

Vom Wetter zum Klima

Für Saskia, Tim und Lea ist es wichtig, wie das Wetter heute ist und sich in den nächsten Tagen entwickeln wird. Doch was ist Wetter? Als Wetter wird das Zusammenspiel verschiedener **Wetterelemente** zu einem bestimmten Zeitpunkt an einem bestimmten Ort bezeichnet. Wetterelemente sind die Lufttemperatur, der Niederschlag, der Wind, die Bewölkung und der Luftdruck. Sie wirken bei der Entstehung des Wetters zusammen.
Die Erde erhält durch die Sonnenstrahlung Energie. Die Strahlen erwärmen die Landmassen und die Meere. Diese geben die Wärme wieder ab, sodass sich die darüber liegenden Luftschichten erwärmen. Die Sonne stellt also die Verbindung zwischen den einzelnen Wetterelementen her und steht daher im „Wetterpuzzle“ in der Mitte (M3).

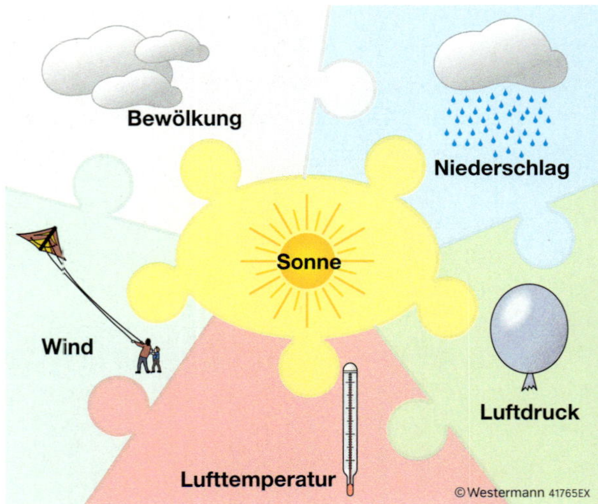

M3 Das Wetterpuzzle

Die **Lufttemperatur** gibt den Wärmezustand der Luft an. Die Temperatur wird im Schatten gemessen und mit der Einheit °C (Grad Celsius) angegeben.

Unter **Niederschlag** versteht man das gesamte Wasser, welches auf die Erdoberfläche gelangt. Neben Regen, Schnee und Nebel gehört auch Hagel dazu.

Bei **Wind**, also der Bewegung von Luft, wird zwischen der Windrichtung und der Windgeschwindigkeit unterschieden.

Luft kann man weder sehen noch riechen. Da sie allerdings eine bestimmte Masse besitzt, übt sie Druck aus. Der **Luftdruck** wird in Hektopascal (hPa) angegeben. Mit zunehmender Höhe nimmt der Luftdruck ab.

Die **Bewölkung** ist ein Wetterelement, das direkt beobachtet werden kann. Je nachdem, wie stark der Himmel durch Wolken bedeckt ist, unterscheidet man zum Beispiel zwischen wolkenlos und stark bewölkt.

M2 Die Wetterelemente

*„Menschen, die sich beruflich mit dem Wetter beschäftigen, werden auch als Meteorologen bezeichnet. Wir Meteorologen unterteilen Wetter, Witterung und Klima. **Wetter** ist zum Beispiel die aktuelle Temperatur, Windgeschwindigkeit und Luftfeuchtigkeit. Das könnt ihr fühlen. Man muss sich merken, dass sich das Wetter schnell ändern kann.*
*Die **Witterung** hingegen betrachtet typische Wetterabläufe über längere Zeiträume von mehreren Tagen bis hin zu mehreren Monaten.*
*Das **Klima** beschreibt das durchschnittliche Wetter über einen Zeitraum, der mindestens 30 Jahre lang sein muss. In Nordrhein-Westfalen war zum Beispiel die Durchschnittstemperatur von 1991 bis 2020 10 °C."*

M4 Ein Meteorologe erklärt den Unterschied zwischen Wetter, Witterung und Klima.

„Früher mussten wir Meteorologen noch bei Wind und Wetter raus, um die Temperatur abzulesen. Ich habe euch ein Foto meines Kollegen mitgebracht, der im tiefsten Winter auf dem Brocken nachschaut, wie kalt es ist. Heute funktioniert die Temperaturmessung in der Regel automatisch und die Werte werden direkt per Internet übermittelt. Die Daten könnt ihr dann in einer Wetter-App einsehen.
*Um euch zu erklären, wie die Durchschnittstemperatur eines Tages berechnet wird, bleiben wir bei der alten Methode. Damals wurde nur dreimal am Tag die Lufttemperatur gemessen: an allen Stationen jeweils immer um **07:00**, **14:00** und **21:00 Uhr**. Um noch einen Wert für nachts zu haben, wurde der Wert von 21:00 Uhr doppelt gezählt. Die **Messwerte** wurden **addiert** (die Temperatur von 21:00 Uhr mit 2 multiplizieren) **und das Ergebnis durch 4 dividiert**. So hat man früher die Tagesdurchschnittstemperatur berechnet.*

Ich zeige euch das mal an einem Beispiel:
*Zu den drei Uhrzeiten werden folgende Temperaturen gemessen: 2 °C, 10 °C, 8 °C. Wir rechnen **2 + 10 + (8 x 2) = 28. 28 : 4 = 7**. Somit haben wir eine Tagesdurchschnittstemperatur von 7 °C.*
Erstaunlich ist, dass die alte Methode zu einem ähnlichen Ergebnis führt wie die aktuelle, bei der 24 Stundenwerte addiert und durch 24 geteilt werden."

M5 Berechnung der Tagesdurchschnittstemperatur

AUFGABEN

1 *Betrachte die Bilder auf der Seite 6/7. Nenne die Wetterelemente, die bei den verschiedenen Bildern von Bedeutung sind.*

2 *a) Beschreibe das heutige Wetter an deinem Schulort. Benutze dafür mindestens drei Wetterelemente (M2, M3).*

b) Ordne die Begriffe „heiß", „warm", „kalt", „windig", „stürmisch", „regnerisch", „sonnig" und „bewölkt" den einzelnen Teilen des Wetterpuzzles (M3) zu.

3 *Erkläre den Unterschied zwischen Wetter und Klima (M4).*

4 *Berechnet in Partnerarbeit die Tagesdurchschnittstemperatur mithilfe folgender Temperaturdaten: 5 °C um 7:00 Uhr, 19 °C um 14:00 Uhr, 14 °C um 21:00 Uhr (M5).*

M1 Aufnahme der Atmosphäre

Die Atmosphäre – ein hauchdünner Schutzschild

Die Erde ist von einer dünnen Lufthülle umgeben, die als Atmosphäre bezeichnet wird. Sie besteht aus verschiedenen Gasen (M2). Das Wettergeschehen spielt sich in der Atmosphäre ab.
Obwohl die Atmosphäre im Vergleich zum Durchmesser unseres Planeten nur ein hauchdünner Film über der Erdoberfläche ist (M3), wäre ohne sie kein Leben möglich. Denn sie schützt unseren Planeten vor dem Auskühlen. Ohne die Atmosphäre wäre es weltweit im Durchschnitt etwa – 18 °C kalt. Die Erde wäre eine Eiswüste.

Die Atmosphäre erfüllt für unser Leben aber noch weitere Funktionen. Die Lichtstrahlen der Sonne treffen auf ihrem Weg durch die Atmosphäre auf die einzelnen Luftteilchen, von denen sie abgelenkt (gestreut) werden können. Die Atmosphäre wirkt daher wie ein Filter. Dabei schützt sie uns vor allem vor den gefährlichen UV-Strahlen. Gegen andere Bedrohungen aus dem All hilft sie ebenfalls: Herabfallende Metall- und Gesteinsbrocken verglühen auf dem Weg durch die Atmosphäre. Wir sehen sie dann als Sternschnuppen am Nachthimmel.

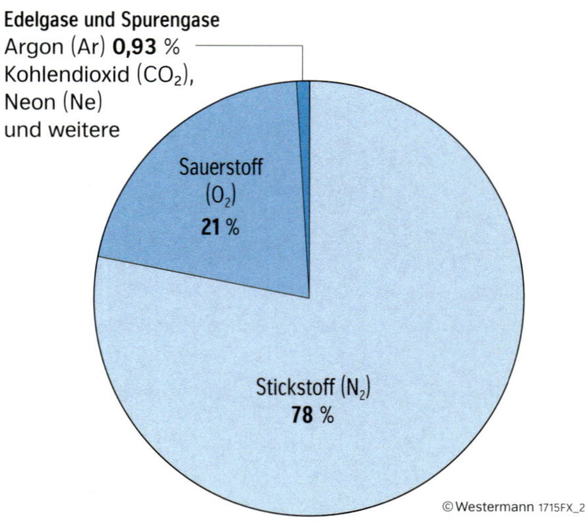

M2 Zusammensetzung der Atmosphäre

M3 Ein Größenvergleich

Eine Reise durch die Atmosphäre

An der Erdoberfläche hat die Luft eine Durchschnittstemperatur von etwa 14 °C. Die unterste Schicht der Atmosphäre wird Troposphäre genannt. Sie ist für das Leben auf der Erde die wichtigste Schicht, denn hier spielt sich das Wettergeschehen ab. In etwa 10 km Höhe befindet sich ein Bereich, in dem oft Flugzeuge fliegen. In dieser Höhe ist der Luftwiderstand geringer, sodass Flugzeuge höhere Geschwindigkeiten erreichen und Treibstoff sparen können. Die nächste Schicht ist die Stratosphäre, in der die Ozonschicht in etwa 30 km Höhe liegt. In 50 bis 80 km Höhe erstreckt sich die Mesosphäre, die mittlere der fünf Schichten der Atmosphäre. Der Weltraum beginnt ab etwa 100 km Höhe. Auf einer Höhe von rund 400 km treffen wir in der Thermosphäre auf die Raumstation ISS. Satelliten, die zum Beispiel für die Übertragung des Fernsehprogramms notwendig sind, kreisen in der Exosphäre um die Erde.

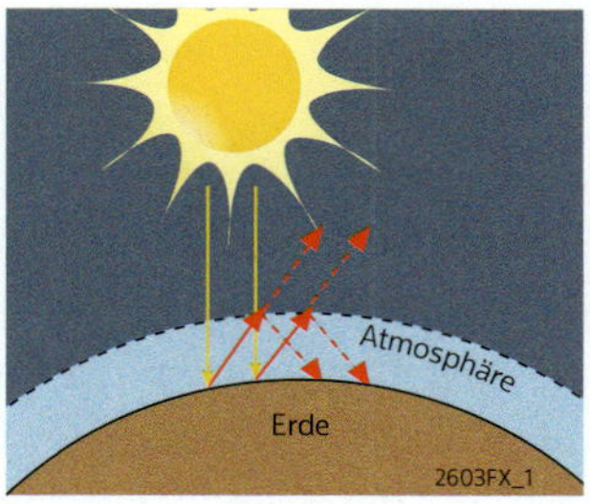

Die Atmosphäre wirkt ähnlich wie ein Gewächshaus (Treibhaus), das die Wärme speichert. Der **Treibhauseffekt** funktioniert so: Das Sonnenlicht trifft auf die Erde. Dort wird das Sonnenlicht in Wärmestrahlung umgewandelt und als Wärme abgestrahlt. Diese wird zum Teil durch die Atmosphäre wieder Richtung Erde zurückgestrahlt, wodurch sich die Temperatur weiter erhöht. Ohne den Treibhauseffekt wäre die Temperatur der Erde im Durchschnitt um 32 °C kühler. Durch menschliche Aktivitäten (z. B. Verbrennung von Kohle) wird die Atmosphäre aber so verändert, dass sie immer mehr dieser Wärme zurückhält. Deshalb wird es auf der Erde insgesamt wärmer. Diese Erderwärmung führt zum **Klimawandel**.

M4 Treibhauseffekt und Klimawandel

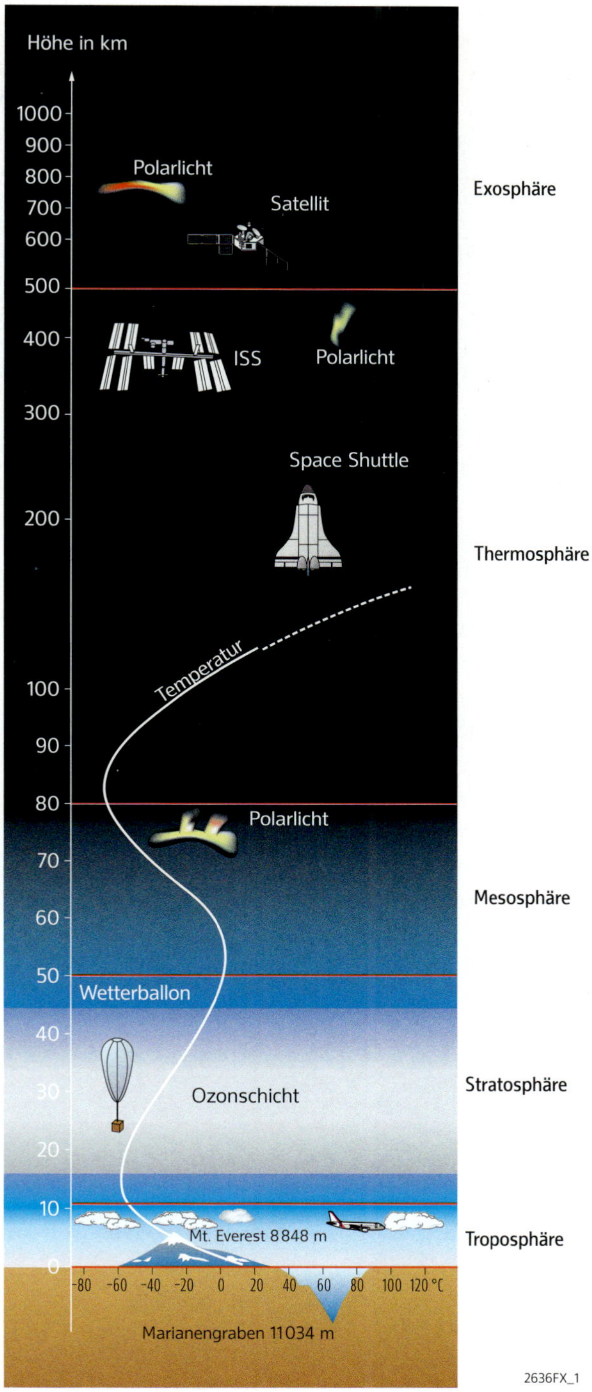

M5 Aufbau der Atmosphäre

AUFGABEN

1 *Beschreibe die Bedeutung der Atmosphäre für die Erde (Text, M2).*
2 *Vergleiche die verschiedenen Schichten der Atmosphäre (M5).*
3 *Erkläre den Treibhauseffekt (M4).*

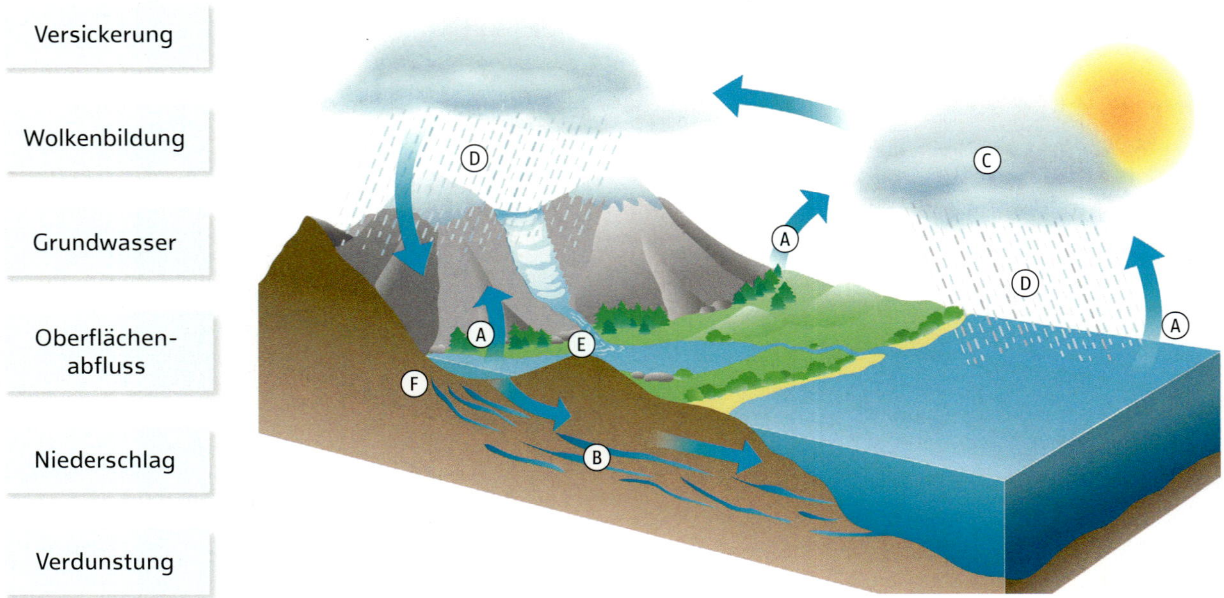

M1 Der Wasserkreislauf

Der Wasserkreislauf

Die Erdoberfläche besteht zu drei Vierteln aus Wasser. Dabei wechselt das Wasser nicht nur den Ort, sondern tritt auch in verschiedenen Zuständen (flüssig, fest oder gasförmig) auf.

Angetrieben wird der Wasserkreislauf durch die Sonne. Die Sonne sorgt dafür, dass Wasser in großen Mengen über dem Meer und über dem Festland verdunstet. Als **Verdunstung** bezeichnet man die Veränderung des Aggregatzustandes von flüssigem Wasser zu gasförmigem Wasserdampf. Durch die Verdunstung entstehen am Himmel Wolken, die durch den Wind weitertransportiert werden können. Wassertröpfchen werden in der Wolke immer größer, bis sie schließlich als Regen, Schnee oder Hagel auf die Erde zurückfallen. Das Wasser dringt in den Boden ein und gelangt ins Grundwasser. Es kann aber auch an der Oberfläche über Bäche und Flüsse ins Meer fließen.

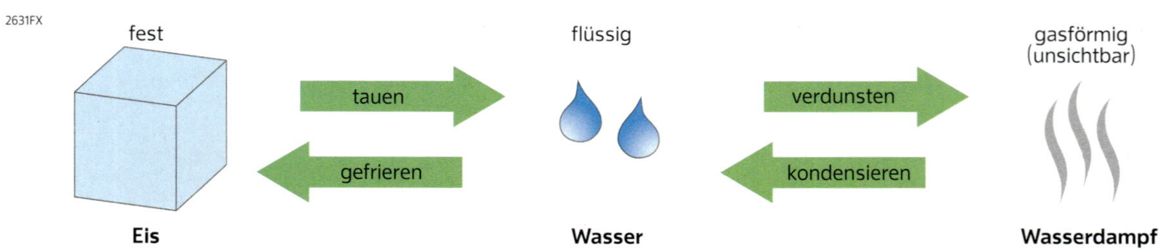

M2 Aggregatzustände von Wasser

AUFGABEN

1 *a) Ordnet in Partnerarbeit die Begriffe in M1 den Buchstaben Ⓐ – Ⓕ zu.*
b) Beschreibe mithilfe der Schaubilder den Wasserkreislauf (M1, M2).

2 *Erkläre den Einfluss des Wasserkreislaufs auf unser Wetter.* ↗

M3 Wolkenarten (Auswahl)

Wolken – Bestandteil des Wasserkreislaufs

Es kann oft sehr schnell gehen. Gerade eben war der Himmel noch strahlend blau. Doch auf einmal ziehen Wolken auf. Aber wie bilden sich Wolken?

Die Sonne erwärmt das Wasser auf der Erde, sodass es verdunstet und zu Wasserdampf wird. Wasserdampf steigt mit der warmen Luft auf und kühlt sich beim Aufsteigen ab. Aus dem unsichtbaren Wasserdampf werden wieder sichtbare Wassertröpfchen. Dieser Vorgang heißt **Kondensation**.

Eine Wolke ist eine Ansammlung vieler Wassertröpfchen. Werden die Wassertropfen größer und damit schwerer, fallen diese als Niederschlag auf die Erde. Nach ihrem Aussehen werden Wolken in verschiedene Wolkenarten (M3) eingeteilt. Häufig geben sie Hinweise darüber, wie sich das Wettergeschehen weiter entwickeln kann.

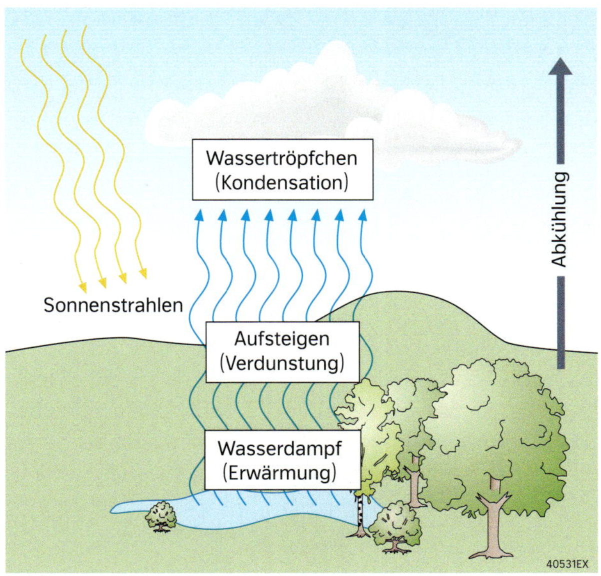

M4 Wolkenbildung

AUFGABEN

3 *Erkläre die Vorgänge, die zur Entstehung von Wolken führen (M4).*

4 *a) Geht an einem wolkigen Tag mit dem Schulbuch auf den Schulhof. Überprüft, ob die Wolken am Himmel mit einer Wolkenart in M3 übereinstimmen und macht eine Wettervorhersage.*

b) Kontrolliere am selben Abend, ob die Wettervorhersage (M3) eingetroffen ist.

Web-Code: WES-101550-013

Der Luftdruck – das Gewicht der Luft

Wie schwer ist Luft? Wer jetzt leichtfertig sagt: „Luft wiegt nichts“, der irrt gewaltig. Wie alle anderen Körper wird auch jedes Gas von der Erde angezogen und hat damit ein Gewicht. Dieses Gewicht der Luft wird als Luftdruck bezeichnet und in der Einheit Hektopascal (Abkürzung: hPa) angegeben. Der durchschnittliche Luftdruck hat einen Wert von 1013 Hektopascal. Ein Liter Luft wiegt etwa 1 Gramm.

Mit der Höhe nimmt der Luftdruck immer mehr ab. Schließlich wird ja auch die darüberliegende Luftsäule immer kleiner (M1). Die Bestimmung des Luftdrucks und seiner Veränderung ist vor allem für die Wettervorhersage von großer Bedeutung.

Mit einem Barometer (M3), wie ihr es vielleicht von zu Hause kennt, kann der Luftdruck gemessen werden.

M1 Unterschiedliche Höhe – unterschiedlicher Luftdruck

M3 Barometer

Materialien
- Kühlschrank
- Glasflasche
- Luftballon
- Schüssel
- warmes Wasser

Durchführung
1. Stelle die leere Glasflasche für etwa eine Stunde in den Kühlschrank.
2. Streife anschließend einen Luftballon über den Flaschenhals.
3. Fülle die Schüssel mit warmem Wasser und stelle die Flasche einige Minuten hinein.
4. Stelle die Flasche mit dem Luftballon für 15 Minuten zurück in den Kühlschrank.
5. Notiere deine Beobachtungen.

Auswertung
Die Luftteilchen in der Glasflasche kühlen sich im Kühlschrank ab und bewegen sich langsamer. Die Entfernung zwischen den Luftteilchen ist gering. Durch das warme Wasser wird die Luft in der Flasche wieder erwärmt, die Luftteilchen bewegen sich schneller und dehnen sich über die Flasche hinaus aus. Der Luftballon wird „aufgeblasen“.

Übertragung in die Wirklichkeit – Lückentext
Der durch die ... erwärmte Boden erwärmt die Luft darüber. Sie ... sich aus. ... Luft zieht sich zusammen und sinkt ab.

Lösungswörter: Kalte, Sonnenstrahlung, dehnt

M2 Ein Experiment: Erwärmte Luft dehnt sich aus.

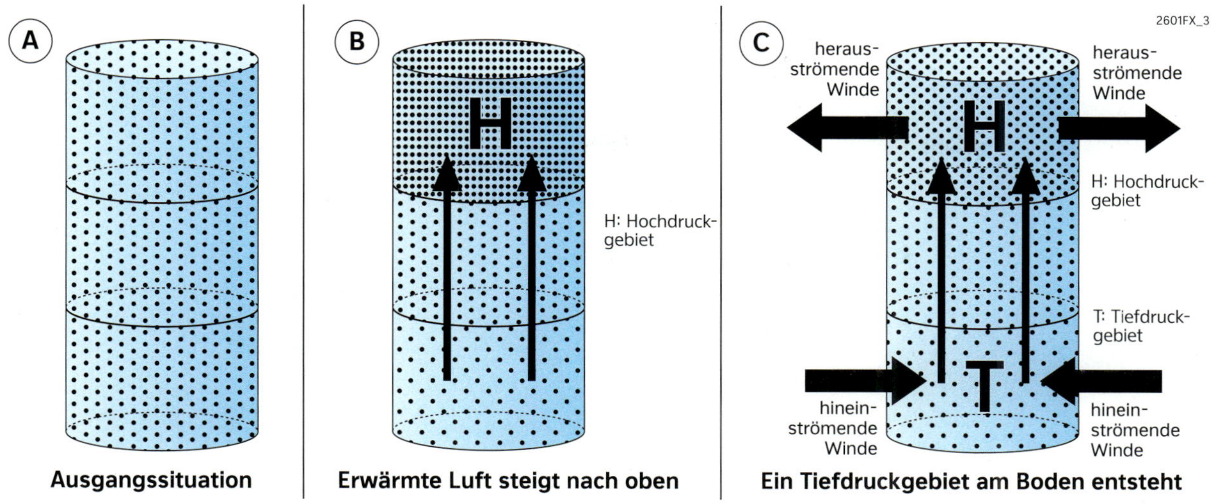

M4 Luft wird erwärmt und steigt nach oben – was passiert?

Entstehung von unterschiedlichem Luftdruck

Erwärmte Luft dehnt sich aus, wird leichter und steigt auf (M4 Ⓑ). Aus diesem Grund verändert sich der Luftdruck über einem Ort. Wenn die Luft von einem Ort abfließt, entsteht dort ein Mangel an Luftteilchen. Der Luftdruck sinkt (T = Tiefdruckgebiet). Zum Ausgleich strömen Winde in Richtung Tiefdruckgebiet.

Was ist Wind?

Luft hat das Bestreben, sich überall gleichmäßig zu verteilen. Befinden sich irgendwo zu viele Luftteilchen (H = Hochdruckgebiet), entsteht eine Ausgleichsbewegung zu Gebieten mit weniger Luftteilchen (T). Diese Bewegung der Luft nennt man Wind (M4, Ⓒ). Er weht umso stärker, je größer der Druckunterschied ist.

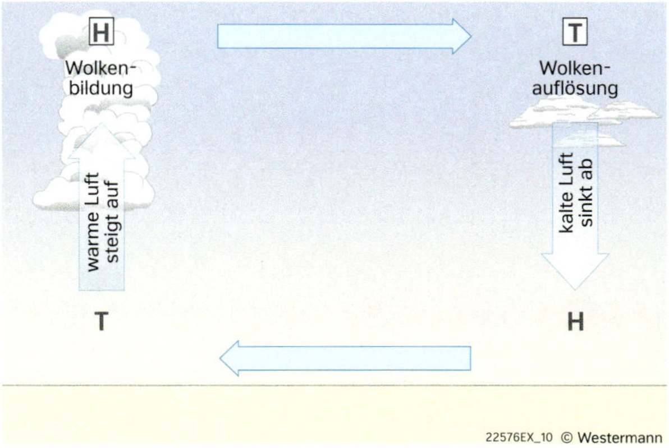

M5 Windentstehung

M6 Nutzen des Windes beim Segeln

AUFGABEN

1 *Beschreibe die Veränderung des Luftdrucks, wenn man einen Berg besteigt (M1).*

2 *a) Führe das Experiment M2 durch.*

b) Ergänze den Lückentext in M2. Übernimm dazu den Text in dein Heft.

3 *a) Erkläre die Entstehung unterschiedlichen Luftdrucks (M4, M5).*

b) Zeichne eine eigene Skizze in dein Heft, in der du die Entstehung von Wind darstellst (M4, M5).

Web-Code: WES-101550-015

M1 Auswirkungen des Sturmtiefs „Sabine“ in Nordrhein-Westfalen, Berlin und Schleswig-Holstein

Wetterextreme – Stürme

Eines der teuersten Wetterextreme in Deutschland war der Wintersturm „Kyrill“, der im Januar 2007 über ganz Deutschland hinwegfegte und Windgeschwindigkeiten von 203 km/h erreichte. Er verursachte hierzulande einen Schaden in Milliardenhöhe.
Der Bahnverkehr wurde in einigen Teilen Mitteleuropas nahezu vollständig eingestellt. In Deutschland hatte „Kyrill“ vor allem katastrophale Folgen für die Waldbestände. Allein im Kreis Siegen-Wittgenstein und im Sieger- und Sauerland wurden 25 Millionen Bäume entwurzelt, umgeknickt oder angebrochen. Außerdem forderte der **Orkan** 13 Todesopfer.
„Sabine“, mit Windgeschwindigkeiten von bis zu 177 km/h vom 09. bis 11.02.2020, hatte ebenfalls massive, aber weniger schlimme Folgen als „Kyrill“. Es gab zahlreiche Verletzte sowie Sachschäden. Bahn- und Flugbetrieb waren beeinträchtigt und viele Haushalte waren zeitweilig ohne Strom (M1).

Die Deutsche Bahn sorgt vor

In der Vergangenheit stürzten bei Stürmen mehrfach Äste oder sogar ganze Bäume auf Schienen bzw. Oberleitungen. Dies führte zu Streckensperrungen und Zugausfällen.
Zukünftig wird die Deutsche Bahn Personal einsetzen, um zu dicht an den Gleisen befindliche Bäume festzustellen. An diesen Problemstellen werden Bäume gefällt bzw. zurückgeschnitten. So soll gewährleistet werden, dass es bei zukünftigen Stürmen zu weniger Ausfällen kommt.

M2 Zeitungsartikel

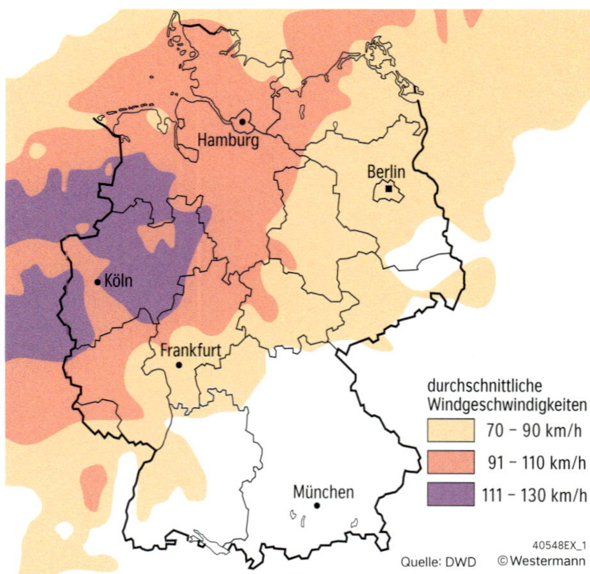

M3 Windgeschwindigkeiten von „Sabine“ am 10.02.2020 zwischen 18:00 und 24:00 Uhr

0 (Windstille): Rauch steigt gerade auf.

1: Windrichtung wird am Rauch deutlich.

2: Blätter und Windfahnen bewegen sich.

3: Wind bewegt dünne Zweige.

4: Wind bewegt Zweige und dünne Äste.

5: kleine Laubbäume schwanken.

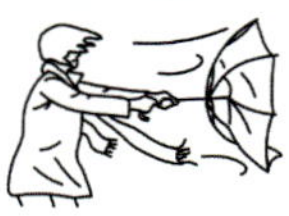

6: Regenschirme sind schwer zu halten.

7: Gehen gegen den Wind fällt schwer.

8: Zweige brechen ab.

9: kleinere Schäden an Häusern.

10: Wind bricht Bäume.

11: Wind entwurzelt Bäume.

12 (Orkan, ≥118 km/h): schwerste Schäden und Verwüstungen

M4 Windstärken der Beaufort-Skala (geschätzte Windgeschwindigkeiten) und Auswirkungen

Vor dem Eintreffen eines Sturms solltet ihr stabile Gebäude aufsuchen. Schließt im Haus offene Fenster, Türen und Rollläden.

Werdet ihr zum Beispiel auf dem Weg von der Schule nach Hause von einem Sturm überrascht, dann achtet bei Bäumen auf herabfallende Äste und bei Häusern auf Dachziegel. Meidet am besten Wälder und Alleen sowie Gerüste und baufällige Gebäude.

M5 Verhaltensweisen bei Stürmen

Die App NINA soll die Menschen in Deutschland vor verschiedenen Gefahren warnen. Wer Warnmeldungen für seinen Heimatort erhalten möchte, kann diesen in der App hinzufügen. Zudem gibt es viele Hinweise, wie man sich bei verschiedenen Gefahrensituationen verhalten soll.

M6 Die Warn-App NINA

AUFGABEN

1 *Beschreibe die Auswirkungen von Stürmen (M1).*

2 *a) Beschreibe die räumliche Verteilung des Sturmtiefs „Sabine“ in Deutschland (M3).*

b) Erläutere mögliche Maßnahmen, die zum Schutz vor Stürmen getroffen werden können (M2, M4, M5).

3 *Begründe, ob „Sabine“ ein Orkan war (M3, M4).*

4 *a) Lade dir die kostenlose Warn-App NINA herunter (M6).*

b) Erkläre mithilfe der Notfalltipps in der Warn-App NINA, wie du dich im Falle eines Unwetters verhalten sollst.

Hurrikans und Tornados

M1 Ein Hurrikan und seine Folgen

M2 Ein Tornado und seine Folgen

Hurrikan

Von Juli bis Oktober ist in Mittel- und Nordamerika „Hurrikan-Saison“. **Hurrikans** sind riesige Wirbelstürme, die über aufgeheizten (mindestens 26 °C warmen) tropischen Ozeanen nahe des Äquators entstehen. Das aufgeheizte Wasser verdunstet und kondensiert in der Höhe wieder. Es entstehen Wolkenfelder, die in Drehung versetzt werden und großräumig nach Nordwesten ziehen. Auf dem Weg über die Ozeane versorgt immer mehr aufsteigende feuchte Luft das Wolkensystem mit Energie. Außerhalb des wolkenlosen Zentrums können Windgeschwindigkeiten von 300 km/h erreicht werden.

Hurrikans bewegen sich mit 10 bis 40 km/h fort. Weil sie sich nur langsam dem Festland nähern, kann man die Bevölkerung in den betroffenen Gebieten rechtzeitig warnen und evakuieren. Dies ist notwendig, da Hurrikans häufig zu Überschwemmungen, Gebäudeschäden und zu Problemen bei der Strom- und Wasserversorgung führen können.

Tornado

Ein **Tornado** kann sich überall dort entwickeln, wo es starke Temperaturunterschiede zwischen dem Erdboden und höheren Luftschichten gibt. Durch die Temperaturunterschiede entstehen in einer Wolke starke Aufwinde. Wenn sich mit der Höhe zusätzlich Windrichtung und Windgeschwindigkeit ändern, beginnt die Luft in der Wolke zu rotieren. Daraus kann unter der Wolke ein sich drehender Schlauch entstehen, der bis zum Erdboden reicht. Die rotierenden Luftwirbel haben am Boden nur einen Durchmesser von einigen Hundert Metern und bewegen sich mit etwa 50 km/h vorwärts. Tornados entstehen plötzlich und dauern meist nur wenige Minuten. Durch die hohen Windgeschwindigkeiten von mehreren hundert Kilometern pro Stunde hinterlassen sie eine Schneise der Verwüstung. Ganze Häuser werden zerstört, Bäume entwurzelt und Autos durch die Luft gewirbelt. Eine besondere Gefahr für die Menschen geht von herumfliegenden Gegenständen aus.

AUFGABEN

1 *Erkläre die Begriffe „Hurrikan“ und „Tornado“ (M1, M2, Text).*

2 *Vergleicht in Partnerarbeit Tornados und Hurrikans. Legt dazu eine Tabelle mit folgenden Merkmalen an: Windgeschwindigkeiten, Entstehung, Auswirkungen.*

3 *Diskutiert Möglichkeiten, sich vor Hurrikans und Tornados zu schützen.*

METHODE

Wir recherchieren im Internet

Im Internet gibt es nicht nur Filme, Spiele und Musik. Auf dieser Seite findest du eine Anleitung für eine erfolgreiche Internetrecherche sowie zahlreiche Tipps, wie du schnell und sicher Informationen zu allen möglichen (geographischen) Themen findest.

Im Internet recherchieren

1. Schritt: Thema klären

- Für eine Internetrecherche ist es wichtig, genau zu wissen, wonach man sucht. Was möchtest du wissen? Grenze das Thema ab, formuliere Fragen und eine übergeordnete Fragestellung.

2. Schritt: Schlüsselwörter finden

- Notiere die Fragen und unterstreiche darin die wichtigsten Wörter, die Schlüsselwörter.

3. Schritt: Die Suchmaschine füttern

- Tippe die Schlüsselwörter in die Suchmaske der Suchmaschine ein.
- Schau dir nun die (ersten zehn) Suchergebnisse an und werte sie aus. Findest du hier schon die gewünschten Informationen, die Antworten auf deine Fragen?

4. Schritt: Die Suche verändern

- Wenn die Antworten nicht ausreichen, dann gibt es drei Möglichkeiten:
  1. Verwende eine andere Suchmaschine.
  2. Gib andere Schlüsselwörter in die Suchmaske ein.
  3. Gib die Schlüsselwörter in einer anderen Reihenfolge ein.

1. Gib niemals von dir oder von anderen Personen Daten wie Adresse, Telefonnummer oder Kontonummer auf fremden Internetseiten ein. Du kannst sonst ganz schnell von anderen betrogen oder belästigt werden.
2. Klicke auf unbekannten Internetseiten nur dann auf Buttons, wenn du dir absolut sicher bist, dass es ungefährlich ist. Frage im Zweifelsfall bei Erwachsenen nach.

M1 Regeln zum sicheren Surfen im Internet

Suchmaschinen durchforsten (fast) das gesamte Internet nach deinen Suchbegriffen. Die meistgenutzten Suchmaschinen sind **Google, Bing** und **Yahoo**. Diese Anbieter liefern viele Treffer, speichern aber viele persönliche Daten von dir. Alternativen sind z. B. **Metager, DuckDuckGo** (besserer Datenschutz) oder **Ecosia** (Gewinne für Baumpflanzungen).

Suchmaschinen für Kinder bieten leichter verständliche, dafür aber weniger Suchergebnisse an (z. B. **Helles Köpfchen**).

In Internet-Lexika wie **Wikipedia** gibt es keine Redaktion, jeder kann an Artikeln mitarbeiten. Deshalb ist der Wahrheitsgehalt manchmal zweifelhaft. In den **Mediatheken** von ARD und ZDF, aber auch bei **YouTube**, finden sich viele Dokumentationen sowie Lehr- und Erklärvideos zu zahlreichen Themen.

M2 Suchmöglichkeiten für deine Recherche

Wie bei anderen Quellen ist auch bei Informationen aus dem Internet darauf zu achten, die Quelle korrekt zu zitieren. Angegeben werden sollten mindestens Autor, Titel, Internetadresse sowie das Veröffentlichungs- und Abrufdatum (siehe S. 199, M6).

M3 Quellenangabe nicht vergessen!

AUFGABEN

1 *Erstelle eine kurze Stichwortliste mit Tipps zur Internetrecherche (M1 – M3).*

2 *a) Wähle aus: Sammle Informationen …*
Ⓐ … zur Namensgebung von Hurrikans.
Ⓑ … zum Stichwort „Tornado Alley“.
b) Präsentiere deine Ergebnisse.

Web-Code: WES-101550-019

M1 Wettervorhersage

Wie entsteht eine Wettervorhersage?

Messung und Verarbeitung von Wetterdaten

Hinter einer Wettervorhersage steckt viel Aufwand. In Deutschland gibt es zahlreiche Wetterstationen des Deutschen Wetterdienstes (DWD), die das Wetter rund um die Uhr beobachten.
Um Wetterdaten zu erhalten, werden an den Wetterstationen Wetterelemente wie Lufttemperatur oder Niederschlag vollautomatisch gemessen. Die Wetterelemente werden permanent erfasst. Dazu verwendet man nicht nur verschiedene Messgeräte am Boden, sondern auch Wetterballons in der Luft und Wetterbojen im Meer. Wetterballons steigen in eine Höhe von bis zu 35 km in die Atmosphäre auf und geben Informationen über den Zustand der höheren Luftschichten. Der Großteil der Wetterdaten (etwa 80 %) stammt allerdings von Satelliten.
Alle Wetterdaten fließen in die Wettermodelle ein, mit denen ein Supercomputer des DWD die Wettervorhersage erstellt. Der Wetterbericht eurer Region wird über die Medien und das Internet verbreitet.
Im Laufe der Zeit haben sich Wettervorhersagen deutlich verbessert: Eine sechstägige Wettervorhersage ist heute genauso zuverlässig wie eine 24-stündige Vorhersage vor vierzig Jahren. Warnungen vor Starkregen, Sturm, Hitze oder Glatteis sind wichtig für die Bevölkerung und verschiedene Wirtschaftsbereiche.

M2 Start eines Wetterballons

M3 Solarbetriebene Messboje im Meer

Warum sind Wettervorhersagen wichtig?

Wettervorhersagen haben in unserem Alltag eine große Bedeutung. Sie sind nicht nur wichtig, um sich dem Wetter entsprechend anzuziehen. Es gibt zahlreiche Berufsgruppen, die auf verlässliche Prognosen und Warnungen des Deutschen Wetterdienstes angewiesen sind.

„Pilotinnen, Piloten und Flugwetterwarten an Flughäfen arbeiten eng zusammen. Damit ich genau weiß, wie das aktuelle Wetter ist, erhalte ich von Flugwetterwarten Wetterdaten und Warnungen: Bei sehr schlechtem Wetter, zum Beispiel bei dichtem Nebel, darf ich aus Sicherheitsgründen nicht abheben. Ich wiederum übermittle starke Wetterschwankungen an die Fluglotsen am Boden, damit auch andere Pilotinnen und Piloten gewarnt werden können."

M4 Sofia, Pilotin

„Für die Landwirtschaft sind Informationen über das Wetter überlebenswichtig. Trockenheit, Niederschlag und Frost bestimmen den Erfolg der Ernte. Vor allem die Bodentemperaturen, die in verschiedenen Tiefen gemessen werden, sind für mich als Landwirt wichtig. Sie helfen mir festzulegen, ab wann ich meine Saat ausbringen kann, und sind wichtig für das Pflanzenwachstum. So vermeide ich Ernteverluste durch Wetterschäden, die durch Hagel oder Frost entstehen können."

M5 Paul, Landwirt

„Zu den Aufgaben der Feuerwehr zählt auch der Katastrophenschutz. Die Warnungen des DWD vor drohenden Wettergefahren wie Sturm oder Gewitter tragen dazu bei, dass wir uns besser vorbereiten und den Bürgerinnen und Bürgern in Notfällen schnell helfen können. Bei einem Gewitter kann es zum Beispiel dazu kommen, dass Keller volllaufen, die wir auspumpen müssen. Neuerdings helfen uns auch spezielle Wetter-Apps, die unsere Einsatzplanung unterstützen."

M6 Carina und Hinnerk von der Feuerwehr

AUFGABEN

1 *Stelle die Entstehung und Bedeutung von Wettervorhersagen dar.*

2 *Der Sprecher in M1 liest den falschen Wetterbericht ab. Verfasse die korrekte Version zur Karte.*

3 *Beschreibe Möglichkeiten der Messung von Wetterdaten (M2, M3).*

4 *a) Erkläre die Notwendigkeit der Wettervorhersage für bestimmte Berufsgruppen (M4 – M6).*

b) Nennt in Partnerarbeit weitere Berufsgruppen, für die die Wettervorhersage von Bedeutung ist (Internet). Begründet eure Wahl.

Das Gradnetz der Erde

Wenn ihr bei Google Maps einen Ort sucht, sind euch vielleicht schon mal zwei lange Zahlenreihen begegnet. Das sind Koordinaten; sie sind wichtig, um Standorte zu finden, die sich nicht eindeutig über den Namen bestimmen lassen, zum Beispiel den Ort Essen, den es zweimal in Deutschland gibt. Als Grundlage für die Koordinaten dient das Gradnetz der Erde. Dieses ist in **Breitenkreise** und **Längenhalbkreise** eingeteilt. Der längste Breitenkreis ist der Äquator. Er hat die Bezeichnung null Grad (0°) und teilt die Erde in eine Nord- und eine Südhalbkugel. Ausgehend vom Äquator zählt man 90 Breitenkreise bis zum Nordpol und 90 Breitenkreise bis zum Südpol. Die Breitenkreise haben immer den gleichen Abstand. Das heißt, sie liegen parallel zueinander. Um jeden Punkt auf der Erde exakt bestimmen zu können, reichen die Breitenkreise allein nicht aus. Deshalb wurden zusätzlich Längenhalbkreise (Meridiane) festgelegt. Sie verlaufen zwischen den beiden Polen und sind alle gleich lang. Der Längenhalbkreis mit der Gradzahl 0 (Nullmeridian) verläuft durch die Sternwarte von Greenwich, London. Er teilt die Erde in eine West- und eine Osthalbkugel. Vom Nullmeridian aus zählt man 180 Längenhalbkreise nach Westen und 180 nach Osten.

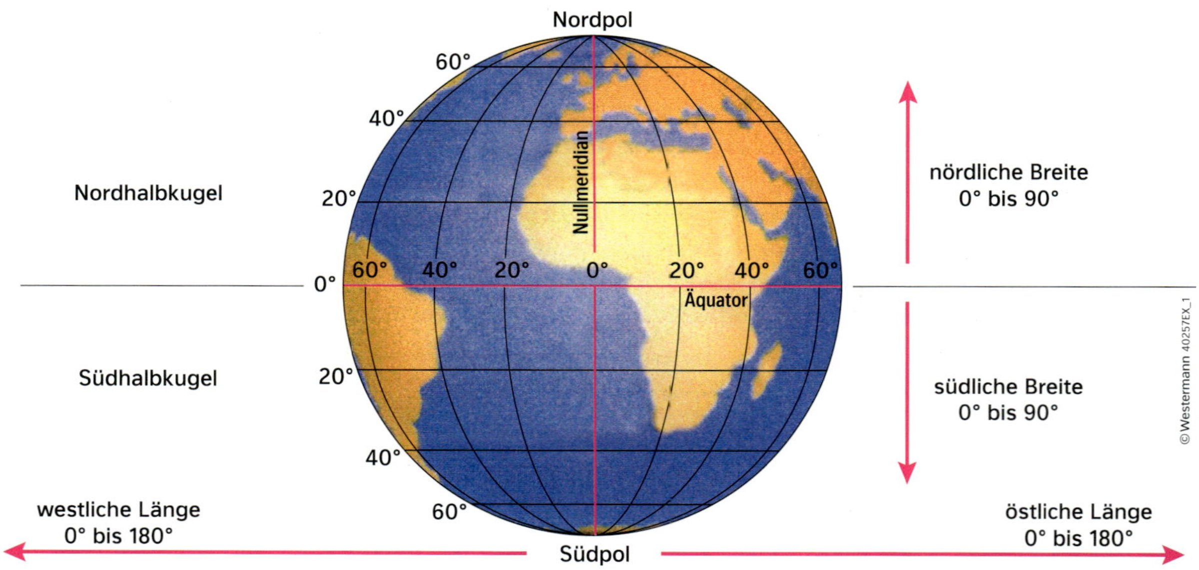

M1 Das Gradnetz der Erde

Längenhalbkreise + Breitenkreise = Gradnetz

Die Längenhalbkreise und Breitenkreise bilden ein gedachtes Gitter, das **Gradnetz** der Erde, mit dem man jeden Punkt auf der Erde exakt bestimmen kann. Alle Breitenkreise, die auf der Nordhalbkugel liegen, haben die Bezeichnung nördliche Breite (n. Br.), die Breitenkreise auf der Südhalbkugel bekommen den Zusatz südliche Breite (s. Br.).

Die Längenhalbkreise westlich des Nullmeridians haben die Bezeichnung westliche Länge (w. L.), alle Längenhalbkreise östlich des Nullmeridians bekommen den Zusatz östliche Länge (ö. L.).

Die Lage eines Ortes im Gradnetz wird durch den Schnittpunkt eines Breitenkreises mit einem Längenhalbkreis angegeben.

AUFGABEN

1 *Nenne Merkmale von Breitenkreisen und Längenhalbkreisen. Lege dazu eine Tabelle in deinem Heft an.*

2 *Erkläre, warum es allein mit den Breitenkreisen oder allein mit den Längenhalbkreisen nicht möglich wäre, eine genaue Position auf der Erde zu bestimmen (M1).*

METHODE

Wir bestimmen die Lage von Orten im Gradnetz

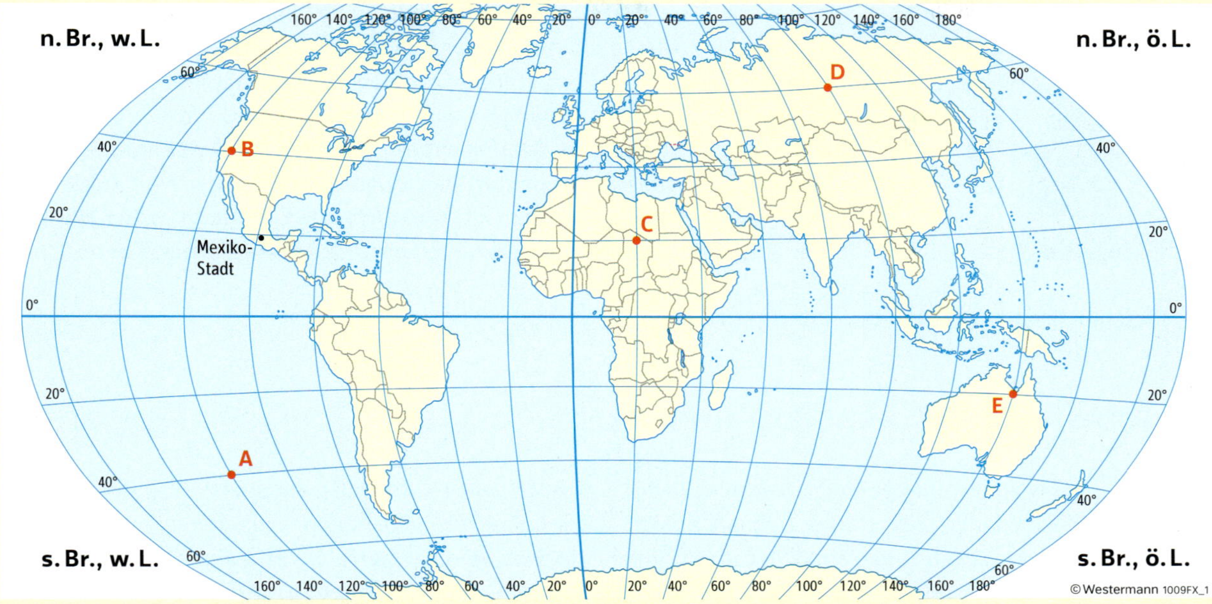

M 1 Unsere Welt im Gradnetz

Mithilfe des Gradnetzes kann jeder Ort auf der Erde durch den Schnittpunkt eines Breitenkreises und eines Längenhalbkreises exakt bestimmt werden:

Vom Ort zur Gradangabe

1. Schritt

- Die Breiten- und Längenhalbkreise werden auf Karten am Kartenrand angegeben.

2. Schritt

- Nenne zuerst den Breitenkreis und anschließend den Längenhalbkreis zur Bestimmung der Gradangabe (Koordinaten) eines Ortes.

Beispiel (M1): *Wie lauten die Koordinaten für den Punkt A? Antwort: Punkt A liegt bei 40 Grad südlicher Breite und 120 Grad westlicher Länge. Man notiert: Punkt A: 40° Süd, 120° West.*

Von der Gradangabe zum Ort

1. Schritt

- Orientiere dich grob auf einer Weltkarte. Beantworte dabei stets die folgenden Fragen: Liegt der Ort nördlich oder südlich des Äquators? Liegt der Ort westlich oder östlich des Nullmeridians? Damit kannst du das Gebiet, in dem sich der Ort befindet, eingrenzen.

2. Schritt

- Mithilfe des Kartenverzeichnisses (Atlas) wählst du nun eine genauere Karte und kannst somit den gesuchten Ort finden.

AUFGABEN

1 *a) Bestimme die Koordinaten der Punkte B – E in der Karte M1 mithilfe des Methodenkastens.*

b) Nenne die Kontinente, in denen sich folgende Breitenkreise und Längenhalbkreise schneiden (M1): a) 30° Süd, 60° West, b) 30° Süd, 120° Ost, c) 60° Nord, 90° Ost, d) 40° Nord, 110° West.

2 *Bestimme die Koordinaten von Mexiko-Stadt, Valencia und Quito (Atlas).*

„Bevor ich meinen Kunden ihre Reiseunterlagen aushändigen kann, sind viele Dinge zu klären. Viele Kunden fragen, welches Klima sie vor Ort erwartet. Diese Frage ist bei kleinen Ländern oft recht einfach zu beantworten. Bei größeren Ländern hingegen wird es schwieriger. Manchmal zeige ich meinen Kunden dann einfach ein Diagramm aus dem Internet. Das ist oft besser verständlich als reine Zahlen. Ob die Kunden dann im Urlaub auch noch gutes Wetter haben werden, kann ich natürlich nicht vorhersagen …“

M1 Welcher Urlaubsort bietet das perfekte Klima?

Wir arbeiten mit Klimadiagrammen

Das Wetter über einen längeren Zeitraum vorherzusagen ist sehr schwierig, da es sich an einem bestimmten Ort rasch ändern kann. Meteorologen berechnen daher anhand von Wetterdaten Durchschnittswerte. Mithilfe dieser Werte lassen sich Klimadiagramme erstellen, die zeigen, welches Klima an einem Ort herrscht. So kann man sich schnell über das Klima an einem Urlaubsziel informieren.

Klimadiagramme auswerten

1. Überblick über die Lage der Station geben

- Schaue dir die Koordinaten, die Höhenlage, die Lage zum Meer, die Lage innerhalb des Kontinents / des Landes / der Region an (Atlas).

2. Beschreibung der Temperatur

- Beschreibe die Temperaturkurve. Gehe dabei auf die Temperaturen im Winter und im Sommer ein.

3. Beschreibung des Niederschlags

- Beschreibe den Verlauf der Niederschlagssäulen. Wann fällt der meiste Niederschlag im Jahr, wann eher wenig?

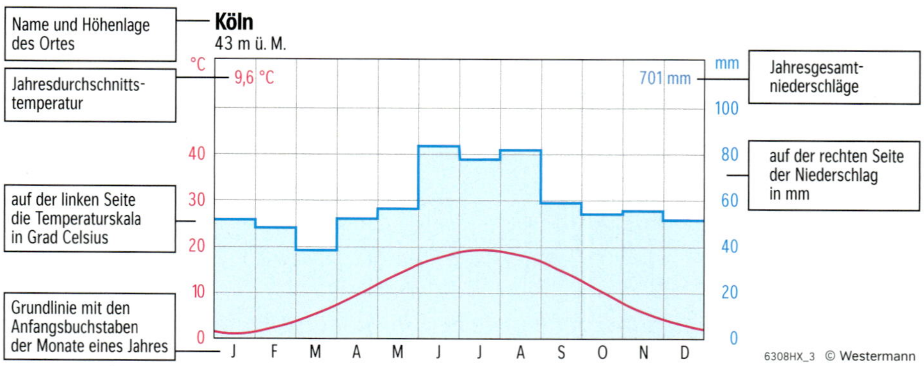

M2 Bestandteile eines Klimadiagramms am Beispiel Köln

Wir zeichnen ein Klimadiagramm

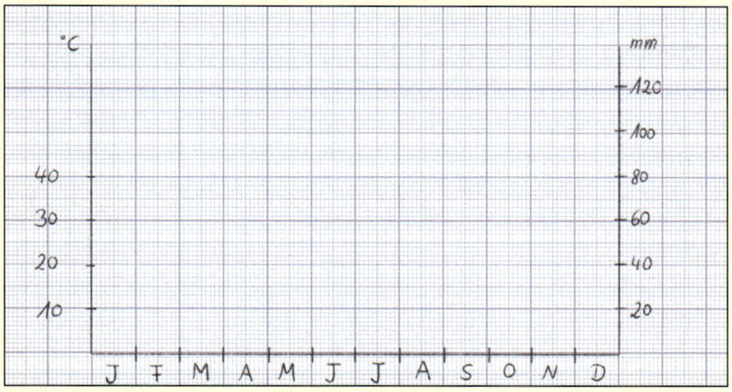

M3 Klimadiagramm vorbereiten

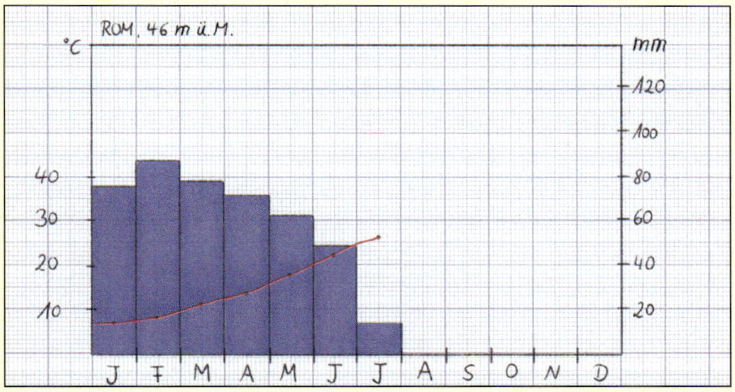

M4 Werte eintragen

Rom, 46 m ü. M.	J	F	M	A	M	J	J	A	S	O	N	D	Jahr
T (in °C)	7	8	11	14	18	23	26	26	22	18	13	9	16
N (in mm)	76	88	77	72	63	48	14	22	70	128	116	106	880

M5 Klimadaten von Rom

Liegen die Niederschlagssäulen über der Temperaturkurve, handelt es sich um **humide** (feuchte) Monate; liegen die Niederschlagssäulen unter der Temperaturkurve, spricht man von **ariden** (trockenen) Monaten.

M6 Humide und aride Monate

Klimadiagramme zeichnen

1. Diagramm vorbereiten

- Zeichne die waagerechte Grundlinie von 12 cm. Teile sie in 12 gleiche Monatsabschnitte und beschrifte diese mit den Anfangsbuchstaben.
- Zeichne an die linke Seite die Temperaturachse. 1 cm entspricht 10 °C. (Prüfe die Temperatur: Bei Minuswerten muss unter der Jahresachse Platz gelassen werden.)
- Zeichne rechts die Niederschlagsachse ein. 1 cm entspricht 20 mm Niederschlag.

2. Werte eintragen

Temperaturkurve zeichnen

- Lies die Temperaturwerte ab und trage sie als Punkte in die Monatsmitte ein.
- Verbinde die Punkte mit einem roten Stift.

Niederschlagssäulen zeichnen

- Lies die Niederschlagswerte ab. Zeichne sie als Säulen ein.
- Male die Niederschlagssäulen mit blauer Farbe aus.

3. Diagramm beschriften

- Trage oben den Namen und die Höhenlage des Ortes ein. Ergänze die Werte für die Jahresdurchschnittstemperatur (rot) und den Jahresniederschlag (blau).

AUFGABEN

1 *Nenne den Unterschied zwischen Wetter und Klima (M1).*

2 *Analysiere das Klimadiagramm (M2) nach der dargelegten Schrittabfolge.*

3 *Übertrage das Klimadiagramm von Rom in dein Heft (M4). Vervollständige es (M5).*

4 *Vergleiche das Klima von Köln mit dem von Rom (M2, M5).*

M1 Abwechslung im Sommerurlaub

Auf der Erde ist es unterschiedlich warm

Das Klima eines Ortes hängt sehr stark davon ab, in welchem Winkel die Sonnenstrahlen eintreffen. Während in Äquatornähe die Sonne steil am Himmel steht, fallen ihre Strahlen in der Nähe der Pole sehr schräg auf die Erde. Das führt dazu, dass die gleiche Strahlenmenge, die am Äquator pro Quadratmeter auf die Erdoberfläche trifft, in den Polargebieten eine deutlich größere Fläche erwärmen muss (M2). Folglich wird es dort nicht so warm.

Aus diesem Grund lässt sich das Klima der Erde in verschiedene Zonen einteilen, die ungefähr parallel zu den Breitenkreisen verlaufen (M3, M4). Die Breitenlage eines Ortes sagt also viel über sein Klima aus.

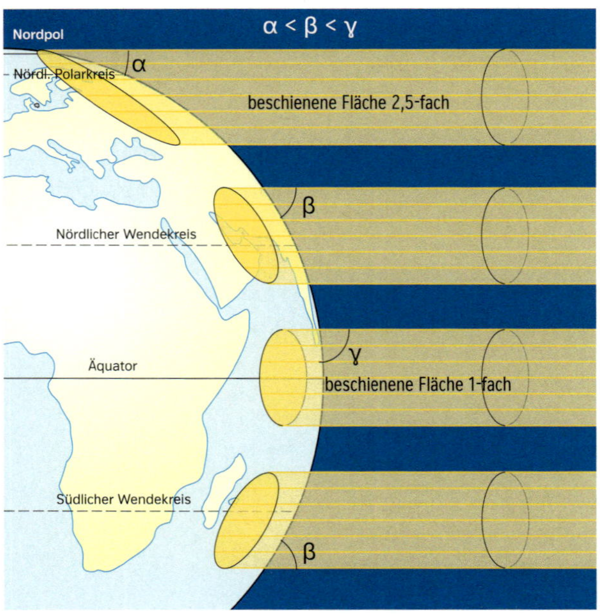

M2 Einfallswinkel der Sonnenstrahlen

Breitenkreise oder Breitengrade nennt man die Linien des Gradnetzes (siehe Seite 22), die von West nach Ost um den Globus verlaufen. Der längste Breitenkreis ist der Äquator mit ungefähr 40 000 km. In Richtung der Pole werden sie kürzer.

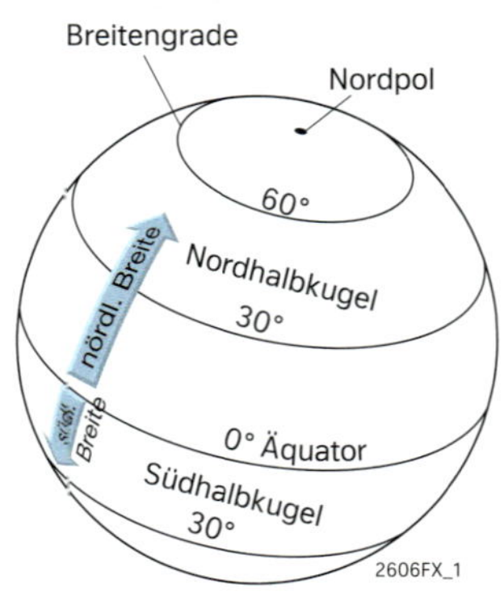

Man unterscheidet 90 Breitengrade auf der nördlichen und ebenso viele auf der südlichen Halbkugel. Der Äquator hat die geographische Breite 0 Grad, der Südpol liegt auf 90 Grad südlicher Breite.

M3 Breitenkreise

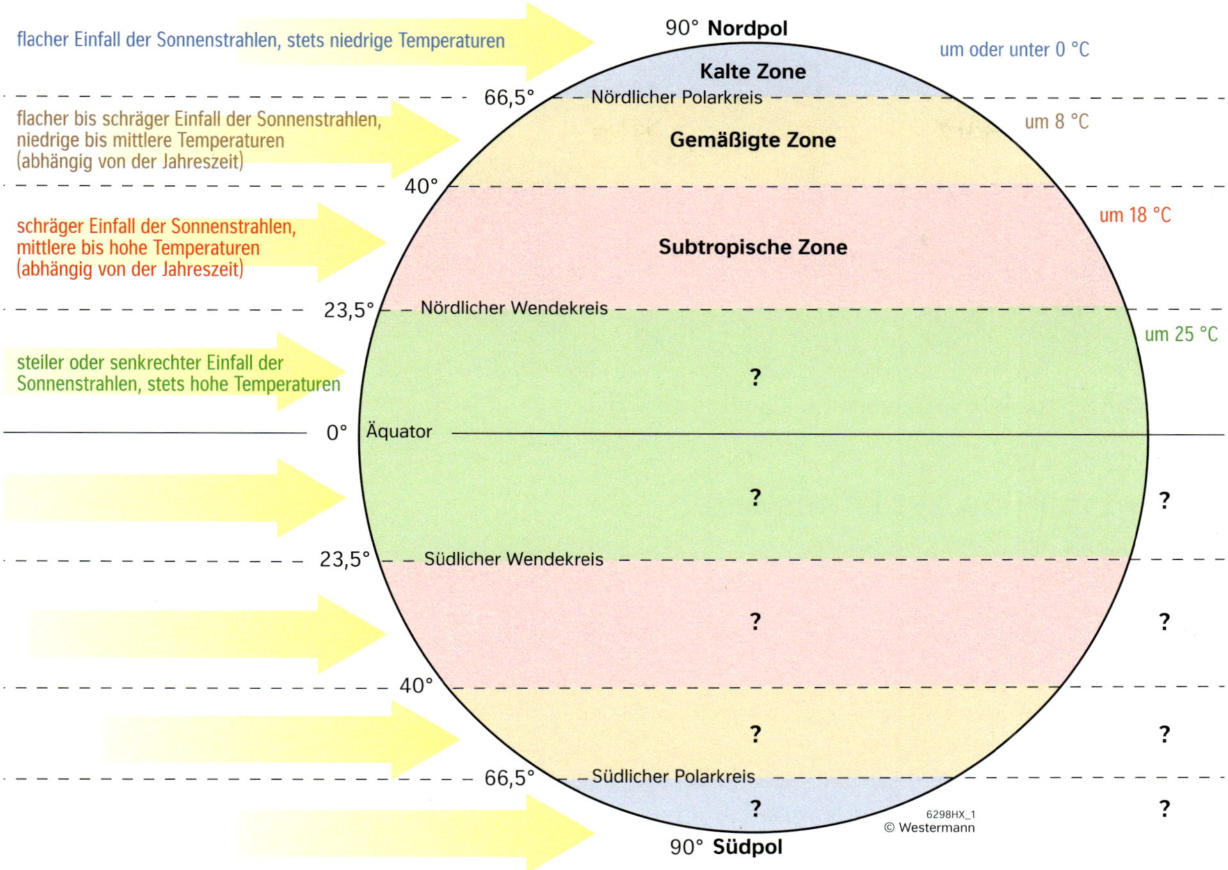

M4 Beleuchtungszonen der Erde

Schülerin: Wie wirkt sich die unterschiedliche Sonneneinstrahlung auf das Klima der einzelnen Zonen aus?
Klimatologe: Die Sonneneinstrahlung hat vor allem Auswirkungen auf die Temperatur in den Zonen. Während in der kalten Zone sehr geringe Temperaturen vorherrschen, ist die Temperatur in den Tropen wesentlich höher.

Schülerin: Was bedeutet der Begriff Tropen?
Klimatologe: Als Tropen bezeichnet man die tropische Zone, die entlang des Äquators verläuft. Der tägliche Wetterablauf ist hier immer gleich. Angrenzend an die Tropen liegen auf der Nord- und Südhalbkugel die Subtropen.

M5 Interview mit einem Klimatologen

AUFGABEN

1 *Erkläre, warum es zu unterschiedlichen Temperaturen auf der Erde kommt (M2).*
2 *Zeichne die Skizze M4 in dein Heft. Ergänze die fehlenden Klimazonen und Temperaturen an den jeweils richtigen Stellen (M5).*
3 *Erkläre den Temperaturunterschied zwischen Grönland und Mallorca im Monat Juli (M1 – M3, Atlas).*
4 *Nennt in Partnerarbeit jeweils einen Staat pro Beleuchtungszone (M4, Atlas, Karte auf S. 220/221).*

M1 Weihnachtszeit in verschiedenen Ländern der Erde

Die Entstehung der Jahreszeiten

Wenn es in Südafrika Sommer geworden ist und die Temperaturen zunehmend steigen, steht dort Weihnachten vor der Tür. Zeitgleich herrscht bei uns Winter. Der Grund für diesen Unterschied ist einfach: Südafrika liegt auf der Südhalbkugel, Deutschland auf der Nordhalbkugel der Erde.

Innerhalb eines Jahres dreht sich die Erde einmal um die Sonne. Dies nennt man **Erdrevolution**. Die **Erdachse** ist grundsätzlich um 23,5 Grad geneigt – und zwar immer in dieselbe Richtung (M3).

Deshalb ist während einer Jahreshälfte die Südhalbkugel (auf der Südafrika liegt) stärker zur Sonne geneigt, während gleichzeitig die Nordhalbkugel von der Sonne weggeneigt ist. Die Bereiche um den Äquator sind hingegen ganzjährig zur Sonne ausgerichtet.

Durch die veränderte Position der beiden Halbkugeln zur Sonne (M3) verändert sich der Einstrahlungswinkel der Sonnenstrahlen. Auf der der Sonne zugewandten Halbkugel fallen sie steiler auf die Erdoberfläche. Dies führt zu einer größeren Erwärmung. Auf der der Sonne abgewandten Halbkugel fallen die Sonnenstrahlen flacher ein – die Erwärmung ist geringer.

Neben der unterschiedlichen Erwärmung hat die Schrägstellung der Erdachse eine weitere Folge: Im Sommer steht die Sonne steiler am Himmel. Die Tage sind lang, die Nächte kurz. Im Winter ist dies umgekehrt. Der Effekt der unterschiedlichen Tageslängen zeigt sich umso deutlicher, je weiter man vom Äquator entfernt ist.

Material: Taschenlampe, Globus, Maßband

Durchführung:

- Richtet die Taschenlampe aus einer Entfernung von ca. 50 cm auf den Äquator. Messt mit dem Maßband den Durchmesser des Lichtkegels.
- Bewegt die Taschenlampe nun in Richtung Nordpol. Beobachtet, wie sich der Lichtkegel verändert.
- Richtet die Taschenlampe auf den nördlichen Polarkreis. Messt mit dem Maßband den Durchmesser des Lichtkegels.
- Vergleicht die Messungen vom Äquator mit der vom nördlichen Polarkreis.

Tipp: Haltet die Taschenlampe exakt waagerecht.

M2 Versuch zu den Jahreszeiten

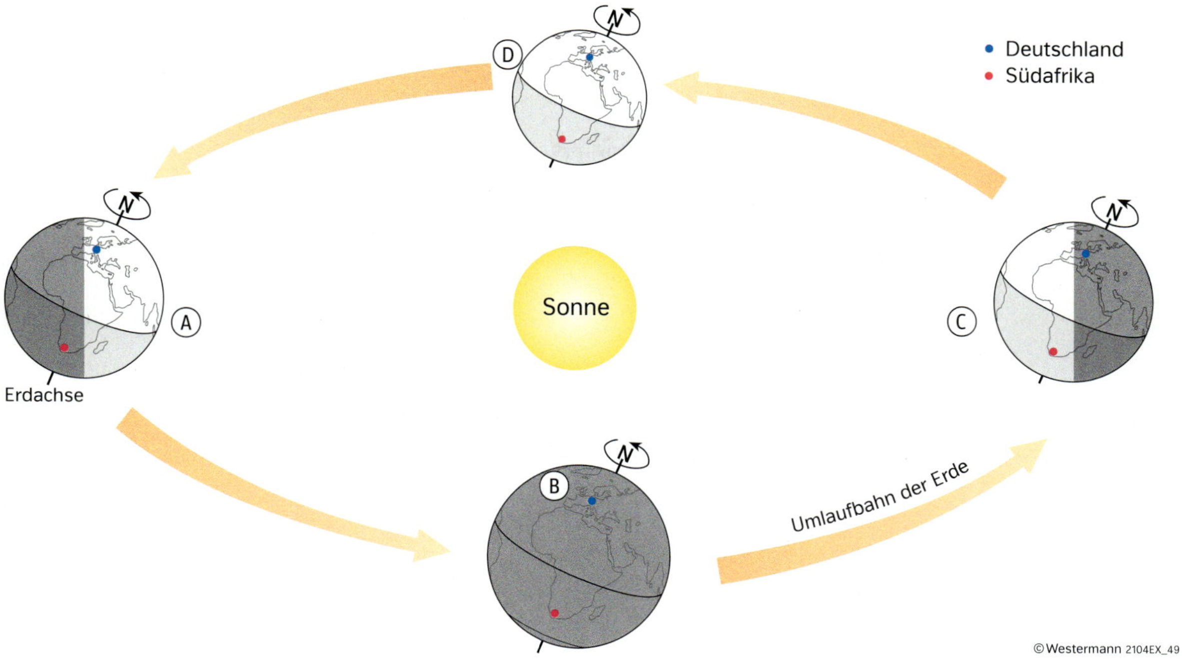

M3 Erdrevolution – Position der Erde zur Sonne zu verschiedenen Zeiten des Jahres

① Der Winter beginnt auf der Nordhalbkugel am 21. Dezember. An keinem Tag des Jahres zeigt sich die Sonne kürzer. Die Nordhalbkugel ist von der Sonne abgewandt, die flach einfallenden Sonnenstrahlen müssen eine größere Fläche erwärmen.

③ Am 21. Juni ist auf der Nordhalbkugel Sommerbeginn. Es herrschen der längste Tag und die kürzeste Nacht des Jahres. Die Nordhalbkugel ist zur Sonne geneigt, sodass die Sonnenstrahlen steiler auftreffen und für eine größere Erwärmung sorgen.

② Am 23. September, dem Herbstbeginn, herrscht Tag- und Nachtgleiche. Das heißt, Tag und Nacht dauern gleich lang. Zum zweiten Mal im Jahr sind weder Nord- noch Südhalbkugel zur Sonne geneigt. Alle Gebiete werden gleich lange beschienen.

④ Am 20. März, dem Frühlingsbeginn, herrscht Tag- und Nachtgleiche. Das heißt, Tag und Nacht dauern gleich lang. Zum ersten Mal im Jahr ist weder die Nord- noch die Südhalbkugel zur Sonne geneigt. Alle Gebiete werden gleich lange beschienen.

M4 Beginn der Jahreszeiten auf der Nordhalbkugel

AUFGABEN

1 *a) Führt in Gruppenarbeit den Versuch M2 durch.*
b) Erklärt die Veränderung der Einstrahlungswinkel.

2 *Ordne den Textbausteinen ①–④ (M4) die entsprechenden Positionen in Ⓐ–Ⓓ (M3) zu.* ↗

3 *Erkläre die Entstehung von Jahreszeiten (M3, M4).*

4 *Nennt Vermutungen, wo die Fotos aufgenommen wurden (M1 ① und ②).*

Web-Code: WES-101550-029

M1 Tromsø (Norwegen) im Juli um 24:00 Uhr

Polartag und Polarnacht

Entstehung von Polartag und Polarnacht

Verantwortlich für **Polartag** und **Polarnacht** ist die Schrägstellung der Erdachse von 23,5 Grad (M4). Im Sommer ist die Nordhalbkugel der Sonne zugeneigt. So wird die Region nördlich des Polarkreises 24 Stunden von der Sonne beschienen. Es herrscht Polartag und die Sonne geht nicht unter (M1). Am Polarkreis sind es genau 24 Stunden (am 21.06.), am Nordpol dauert der Polartag sogar ein halbes Jahr.
Im Winter herrscht in Tromsø Polarnacht (M3). Die Nordhalbkugel ist dann von der Sonne weggeneigt (M4). Die Sonnenstrahlen erreichen die Region nördlich des Polarkreises in 24 Stunden kein einziges Mal. Die Polarnacht dauert am Polarkreis ebenfalls 24 Stunden (am 21.12.) und am Nordpol ein halbes Jahr.
Polartag und Polarnacht gibt es natürlich auch auf der Südhalbkugel. Wenn auf der Nordhalbkugel Polartag ist, dann herrscht auf der Südhalbkugel Polarnacht und umgekehrt.

Leben mit Polartag und Polarnacht

Die ständige Dunkelheit hat einen großen Einfluss auf das Leben der Menschen in den Polargebieten. Jeder Mensch braucht für die körperliche Entwicklung Sonnenlicht. Fehlt dieses, so treten vermehrt Krankheiten auf. Des Weiteren kommt es häufig zu psychischen Belastungen. Das Arbeiten und das Lernen sowohl in Beruf als auch in der Schule ist nur bei künstlichem Licht möglich – und das erhöht den Energiebedarf enorm. Doch auch die ständige Helligkeit im Sommer ist problematisch. Bei Tageslicht zu schlafen bereitet vielen Menschen Schwierigkeiten, sodass bei einigen der Rhythmus von Wachsein und Schlafen durcheinandergerät.

M2 Sonnenbahn an einem Polartag in der Arktis

M3 Tromsø (Norwegen) im Januar um 12:00 Uhr

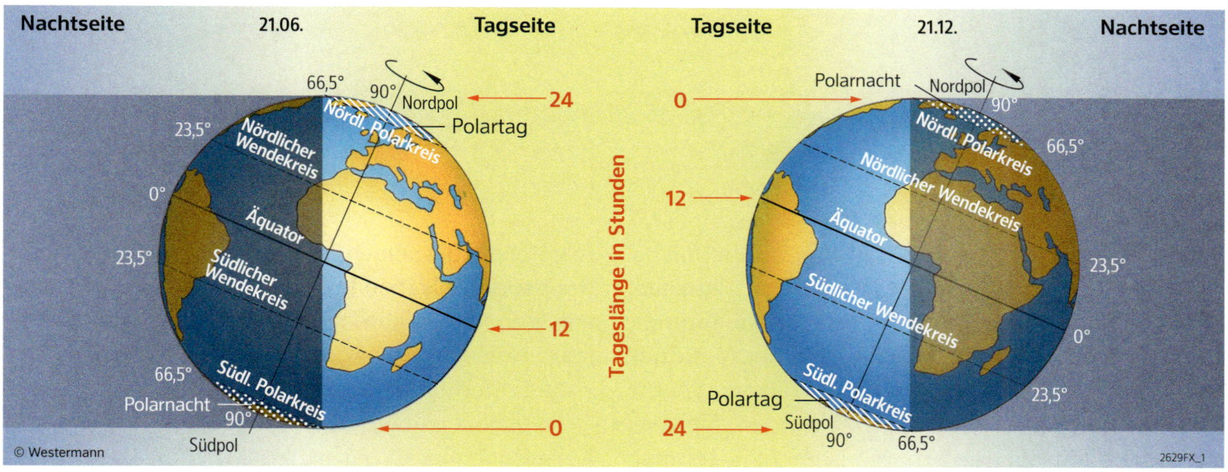

M4 Beleuchtung am 21. Juni und am 21. Dezember

AUFGABEN

1 *Erkläre mit eigenen Worten die Entstehung von Polartag und Polarnacht (M4).*

2 *Begründe, warum in M2 ein Polartag in der Arktis zu sehen ist.*

3 *Beschreibe die Auswirkungen von Polartag und Polarnacht auf das Leben der Bevölkerung (M1, M3, Text).*

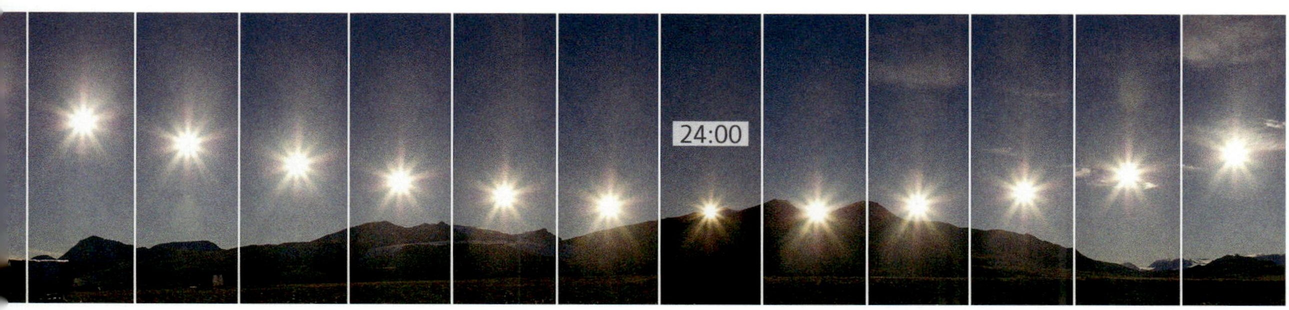

Klima- und Vegetationszonen

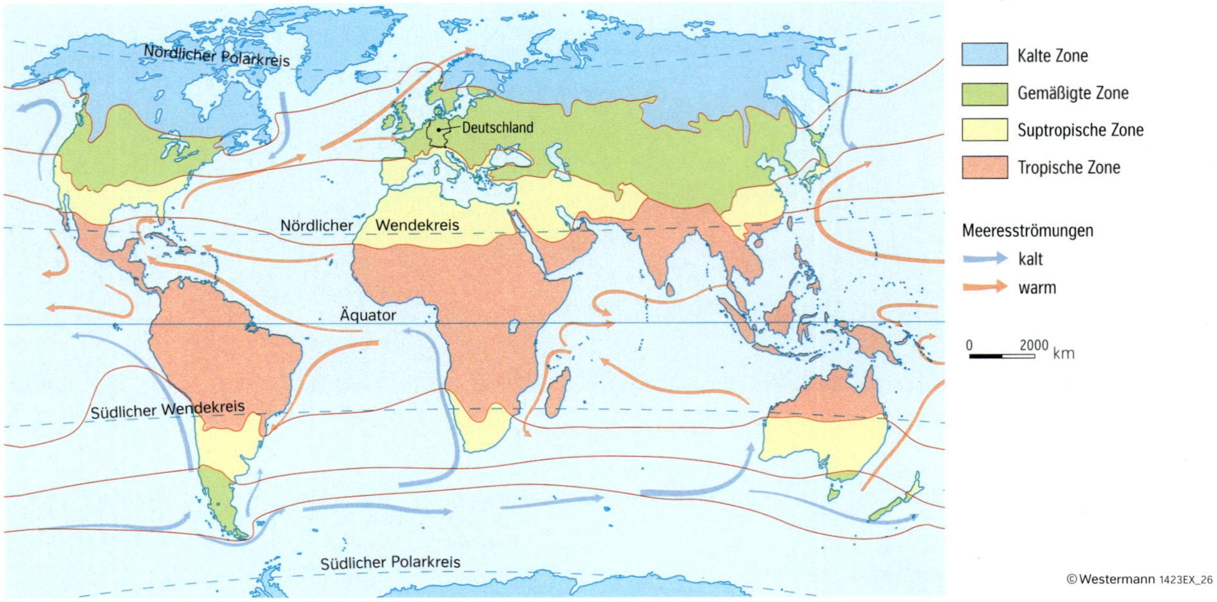

M1 Klimazonen

Die Klimazonen der Erde

Die unterschiedliche Erwärmung der Erdoberfläche ist der wesentliche Grund dafür, dass das Klima auf der Erde sehr verschieden ist. Neben der Temperatur ist der Niederschlag ein wichtiges Merkmal des Klimas. Gebiete mit ähnlichen Werten können zu Klimazonen zusammengefasst werden. Sie verlaufen ungefähr parallel zu den Breitenkreisen der Erde. Man kann aber auch deutliche Abweichungen feststellen, die zeigen, dass das Klima nicht nur von der geographischen Breitenlage, sondern auch von weiteren Klimafaktoren abhängig ist. Diese sind beispielsweise:

- die Entfernung zum Meer,
- die Lage zu Meeresströmungen und
- die Höhenlage.

M2 Bilder aus verschiedenen Klima- und Vegetationszonen

AUFGABEN

1 *Beschreibe, nach welchen Merkmalen sich Klimazonen unterscheiden (Text).*

2 *a) Nenne die Klimazone, in der Deutschland liegt (M1).*

b) Nennt in Partnerarbeit zu jeder Klimazone zwei weitere Länder (M1, Atlas).

3 *a) Ordnet in Partnerarbeit die Bilder in M2 jeweils einer Klimazone (M1) zu.*

b) Begründet eure Zuordnung.

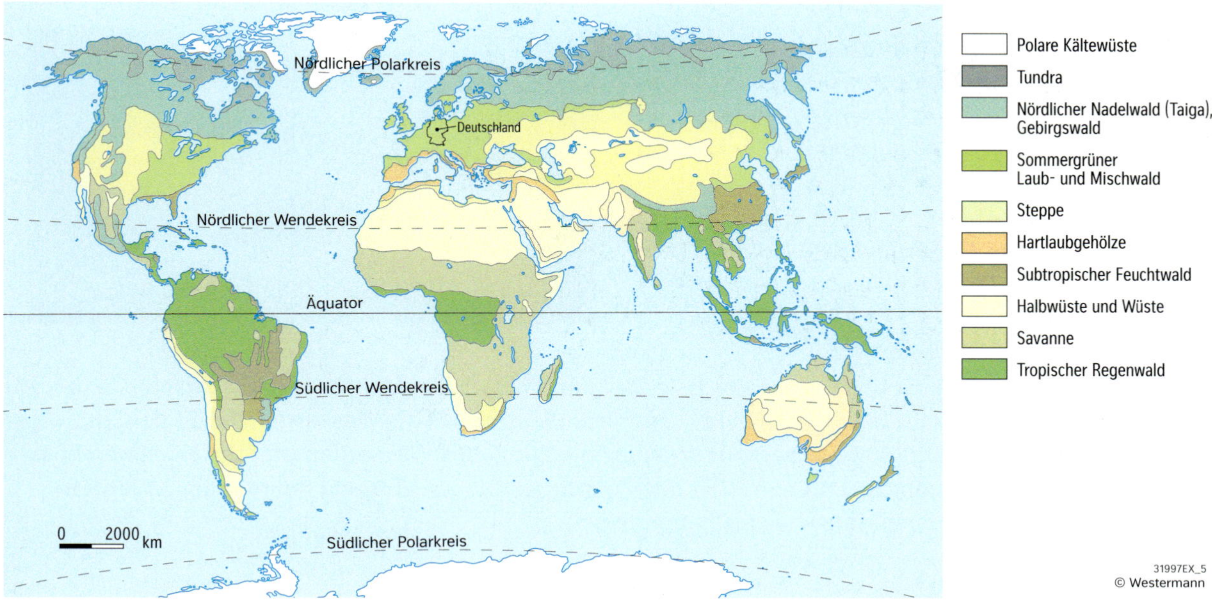

M3 Vegetationszonen

Die Vegetationszonen der Erde

Das Klima der Erde beeinflusst auch die Pflanzenwelt (Vegetation) eines Gebietes, denn zum Wachsen benötigen Pflanzen vor allem Licht, Wärme und Feuchtigkeit. Sind diese Faktoren in ausreichendem Maß vorhanden, kann sich wie in den Regenwäldern der tropischen Zone eine üppige Vegetation entwickeln. In der kalten Zone findet man Pflanzen, die auch bei niedrigen Temperaturen wachsen können. Pflanzen in den Wüstengebieten der Erde haben sich hingegen an hohe Temperaturen und geringe Niederschläge angepasst.

Durch diese Anpassungen an die vorherrschenden Klimabedingungen kann man auch bei den Vegetationszonen teilweise einen bandartigen Verlauf erkennen.

AUFGABEN

4 ✎ *Stelle dar, worin sich Vegetationszonen voneinander unterscheiden (M2, Text).*

5 💬 *Nenne die Vegetationszone, in der Deutschland liegt (M3).*

6 ✎ *Nennt in Partnerarbeit Kontinente mit Anteil an folgenden Vegetationszonen: tropischer Regenwald, sommergrüner Laub- und Mischwald, Wüste, nördlicher Nadelwald (M3, Atlas).*

7 ✎ *Ordnet in Partnerarbeit die Bilder in M2 jeweils einer Vegetationszone zu (M3). Begründet eure Zuordnung.*

8 ✎ *Erkläre den Zusammenhang zwischen Klima- und Vegetationszonen.*

Niederschlag und Verdunstung

Das Amazonasbecken in Südamerika gehört zu den regenreichsten Gebieten der Welt. Wieso es gerade hier in den Tropen so viel regnet, erklärt der folgende Text.

1 *Schreibe den Text in dein Heft. Fülle die Lücken mithilfe der Silben aus dem Wortspeicher.*

In den ... steht die Sonne ganzjährig sehr steil am Himmel. Dies führt zu einer starken ... von Luft, Wasser und Boden. In der Folge ... sehr viel Wasser, das als Wasserdampf mit der Luft ... In der Höhe kommt es zur ... der Luft und deshalb zur ... des Wasserdampfs. Die einzelnen flüssigen ... werden von der Luft zunächst noch getragen. Diesen Vorgang nennt man ... Werden die Tropfen zu schwer, fallen sie als ... herunter.

Wortspeicher:
Ab – auf – bil – chen – den – der – dung – duns – Er – ken – Kon – küh – lung – mung – Nie – on – pen – sa – schlag – ser – steigt – tet – ti – Tro – tröpf – ver – wär – Was – Wol

Zahlen über Zahlen

Für Peter aus Christchurch (Neuseeland) ist eines ganz klar: Wenn das Jahr zu Ende geht, dann beginnt der Sommer. Er ist ganz überrascht, als er erfährt, dass dies auf der Nordhalbkugel anders ist. Er informiert sich darüber, kommt aber mit den ganzen Zahlen durcheinander.

1 *Ordne die Aussagen den richtigen Werten zu.*

365 Tage

23,5 Grad

21.06.

24 Stunden

20.03. und 23.09.

21.12.

Neigung der Erdachse

Drehung der Erde um die eigene Achse

Sommeranfang auf der Nordhalbkugel

Tag- und Nachtgleiche

Umlauf der Erde um die Sonne

senkrechter Sonnenstand über dem südlichen Wendekreis

Polartag

1 *Erika will den Polartag erleben und in eine Stadt reisen, in der sie am 21. Juni um Mitternacht die Sonne sehen kann. Ermittle, in welcher der unten stehenden Städte dies möglich ist (Atlas). Begründe deine Entscheidung.*

Hammerfest, Norwegen	Murmansk, Russland	Anchorage, Alaska (USA)	Reykjavík, Island

Arbeit mit dem Klimadiagramm

1 *Beurteile mithilfe des Klimadiagramms, ob die Aussagen wahr oder falsch sind. Verbessere die falschen Aussagen in deinem Heft.*
1. Die Winter sind kalt, die Sommer sehr warm.
2. Es regnet ungefähr so viel wie in Köln (siehe Seite 24, M2).
3. Die Sommer sind sehr trocken.
4. Der Ort liegt im südlichen Europa.

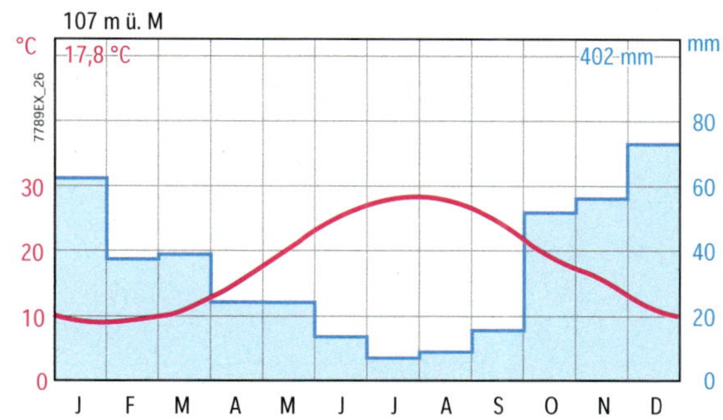

2 *Würdest du den Ort des Klimadiagramms als Urlaubsziel wählen? Begründe deine Entscheidung.*

Das Gradnetz

1 *Bestimme die Koordinaten der Punkte A – E im Gradnetz.*

2 *Die Längenhalbkreise sind alle gleich lang, die Breitenkreise aber unterschiedlich lang. Erkläre.*

3 *Ein Schiff in Seenot sendet den Notruf SOS mit der Position 40° Nord/10° Ost. Nenne die Insel, vor der das Schiff liegt (Atlas).*

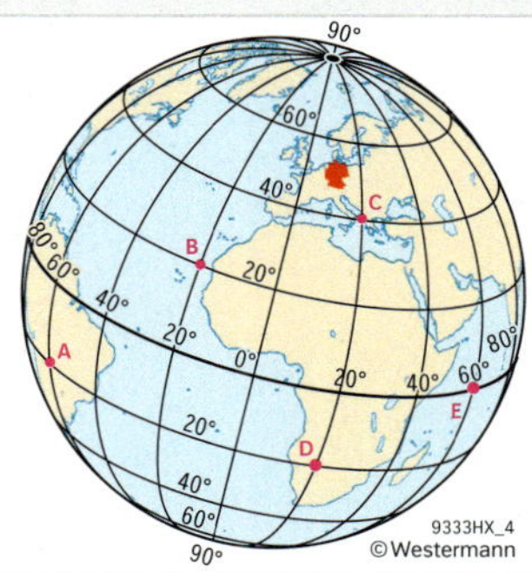

Grundbegriffe

arid
Breitenkreis
Erdachse
Erdrevolution
Gradnetz
humid
Hurrikan
Klima
Klimawandel
Kondensation
Längenhalbkreis
Orkan
Polarnacht
Polartag
Tornado
Treibhauseffekt
Verdunstung
Wetter
Wetterelemente

Web-Code: WES-101550-035

2 Lebensraum Tropen

Amazonas-Regenwald mit gerodeten Flächen

Der Lebensraum der Tropen – ein Überblick

M1 Amazonas-Regenwald in Südamerika

M3 Kaffeeernte in Äthiopien

Tropischer Regenwald

In den Regionen am Äquator ist es durch intensiven Sonnenschein ganzjährig heiß, die mittleren Temperaturen liegen über 24 °C. Außerdem regnet es häufig und ergiebig. Das sind optimale Bedingungen für das Pflanzenwachstum. Allerdings sind die Böden nur wenig fruchtbar. Dies wird dadurch ausgeglichen, dass herabfallende Blätter im Boden schnell von Mikroorganismen zersetzt werden und den Pflanzen so wieder Nährstoffe zur Verfügung stellen. Daher gibt es eine üppige Vegetation: den **tropischen Regenwald**. Hier gibt es eine große Vielfalt an Pflanzen und Tieren. Der geschlossene **Nährstoffkreislauf** im Regenwald wird aber unterbrochen, wenn Ackerbau betrieben wird. Deshalb werden die Anbauflächen nach ein paar Jahren gewechselt. Wenn jedoch auf ehemaligen Regenwaldflächen **Dauerkulturen** wie Kautschuk, Kaffee, Kakao, Bananen, Zuckerrohr oder Ölpalmen in Plantagen angebaut werden, wird der tropische Regenwald zerstört. Das führt immer auch zum Verlust einmaliger Arten.

M2 Tierherde in der Serengeti in Tansania

M4 Maniokanbau in Ostafrika

Savanne

Sommerliche Regen- und winterliche Trockenzeiten prägen die Landschaften in der **Savanne**. Vom Äquator in Richtung zu den Wendekreisen nimmt die Niederschlagsmenge ab. Dies hat Folgen für Pflanzen, Böden und landwirtschaftliche Nutzung.
Während in den Feuchtsavannen Bäume und Sträucher vorherrschen, sind in den Trockensavannen vor allem Gräser die bestimmenden Pflanzen. Die wenigen Bäume haben sich an die Trockenheit angepasst. Mit dem Einsetzen der Regenzeit erwacht die Tier- und Pflanzenwelt jedes Jahr zu neuem Leben. In Feuchtsavannen wird der Anbau durch wenig fruchtbare Böden beschränkt, in Trockensavannen durch Trockenheit. Auf großen Flächen werden Tiere gehalten. Außerdem werden Kulturpflanzen wie Maniok, Mais, Hirse und Reis angebaut.

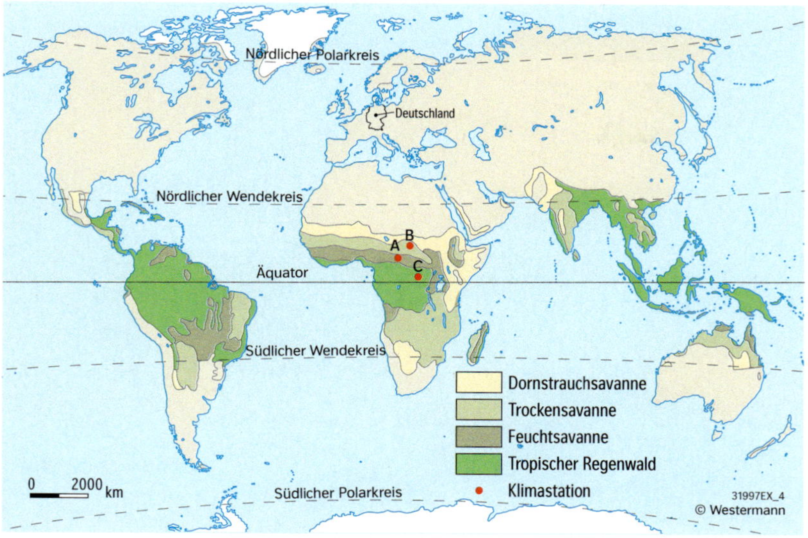

M5 Vegetationszonen – Lebensraum Tropen

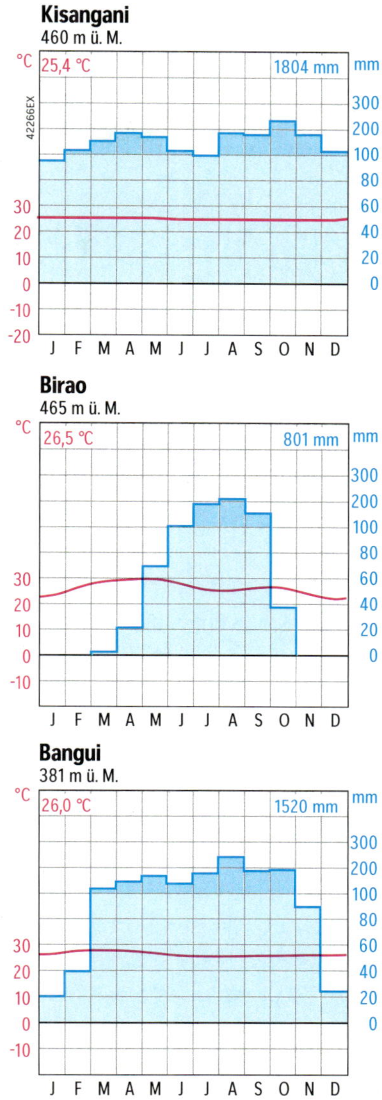

M7 Klimadiagramme

In der Serengeti leben mehr als zwei Millionen Gnus, Zebras, Antilopen und Gazellen. Im Januar und Februar gebären die Gnukühe mehr als eine halbe Million Jungtiere. Sind ihre Weideflächen abgegrast oder die Wasserlöcher während der Trockenzeit versiegt, starten sie ihre große Reise nach Norden. Dabei wandern sie immer dem Regen hinterher und gelangen somit an frisches Gras und gefüllte Wasserstellen. Bis zu 600 Kilometer legen die Tiere jedes Jahr bei ihrer Wanderung zurück.

Besonders bekannt und spektakulär sind dabei ihre Flussüberquerungen, bei denen ihnen Krokodile, Löwen und Geparde auflauern. Rund 300 000 Gnus sterben jedes Jahr auf dem anstrengenden und gefahrvollen Weg. Die riesige Tierherde produziert täglich 420 Tonnen Mist, der der Vegetation als Dünger dient. Die Reise der Gnus gilt als eines der größten Naturschauspiele Afrikas und lockt jedes Jahr rund eine Million Touristen in die Serengeti und die Masai Mara.

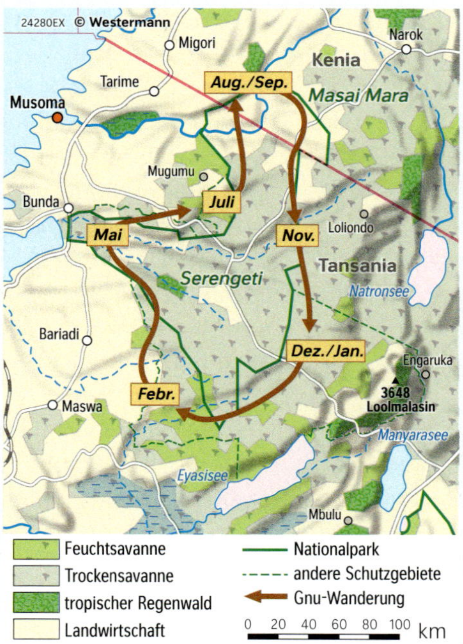

M6 Die größte Tierwanderung der Welt

AUFGABEN

1 *Ordne die Klimadiagramme (M7) den Klimastationen in M5 zu. Begründe deine Entscheidung.*

2 *Beschreibe die unterschiedlichen Nutzungsformen in den Tropen (Text, M1 – M4).*

3 *Gnus wandern trotz Gefahren jedes Jahr durch die Serengeti (M6). Begründe.*

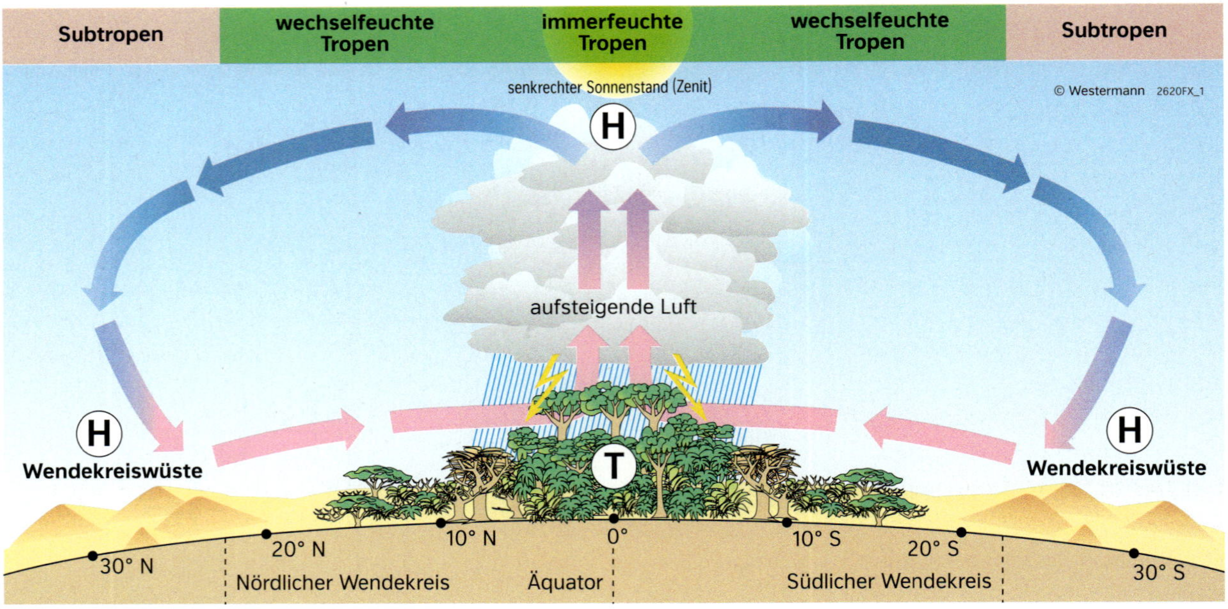

M1 Der Passatkreislauf

Der Passatkreislauf – zwischen den Wendekreisen

Warum ist es rund um den Äquator schön grün, während sich im Norden Afrikas Wüsten befinden? Um das zu erklären, muss man die Sonneneinstrahlung genauer betrachten:
Am Äquator ist der Einfallswinkel der Sonnenstrahlung sehr steil (siehe Seite 26, M2). Dort, wo die Sonne im **Zenit** steht, also senkrecht einstrahlt, erwärmt sich die Luft besonders stark. Die erhitzte Luft dehnt sich aus, wird leichter und steigt auf. Dadurch wird der Luftdruck am Boden geringer und es entsteht ein Tiefdruckgebiet.
Beim Aufsteigen kühlt sich die Luft ab. Der enthaltene Wasserdampf kondensiert, geht also vom gasförmigen in einen flüssigen Zustand über. Es bilden sich kleine Tröpfchen und schließlich Wolken. Starke Niederschläge und Gewitter sind die Folge. Dadurch wird der Luft Feuchtigkeit entzogen.
Die aufgestiegene Luft wird durch nachströmende Luft ersetzt. In der Höhe bildet sich ein Hochdruckgebiet. Die Luft fließt von dort in Richtung der Pole auseinander. Auf diesem Weg kühlt sich die Luft allmählich weiter ab.
Im Bereich der Wendekreise sinkt die Luft wieder zu Boden. Sie wird dabei wärmer und trockener. Am Boden entstehen durch diesen „Luftüberschuss“ Hochdruckgebiete.
Von diesen Hochdruckgebieten strömt die Luft als trockener, warmer **Passatwind** wieder zum tiefen Luftdruck in Richtung Äquator und steigt dort erneut auf. Dieser Kreislauf wird **Passatkreislauf** genannt.

AUFGABEN

1 *a) Zeichne ein Schaubild zum Passatkreislauf (Text, M1).*
b) Beantworte mit eigenen Worten die Frage am Anfang des Textes: „Warum ist es rund um den Äquator schön grün, während sich im Norden Afrikas Wüsten befinden?"

2 *a) Werte die Klimadiagramme aus (M3).*
b) Begründe die Werte mithilfe des Passatkreislaufs (M1, M2).

3 *Erkläre die Vegetationszonen innerhalb der Tropen (M2 – M4).*

4 *In Dakar und Luanda fallen weniger Niederschläge als in Douala (siehe Atlasverweis unten, Karte: Afrika - Niederschläge im Jahr). Begründe (M2).*

Regenzeit auf Wanderschaft

Der Zenitstand der Sonne, also die senkrechte Einstrahlung, pendelt zwischen den beiden Wendekreisen. Sie benötigt dazu genau ein halbes Jahr. Mit dem Zenitstand der Sonne wandert auch der Passatkreislauf und damit die Zone der stärksten Niederschläge, die die Regenzeit verursachen (M2).

Die Anzahl der Monate mit Regenzeit nimmt zu den Wendekreisen hin ab und die Trockenzeit wird länger. In der Region der Wendekreise regnet es fast nie. Dort befinden sich **Wendekreiswüsten**.

Zwischen 10° nördlicher und 10° südlicher Breite ist es immer heiß und feucht. Der Bereich des Äquators gelangt zweimal jährlich in den Einflussbereich ergiebiger Niederschläge. Man spricht von den **immerfeuchten Tropen**. Hier wachsen die tropischen Regenwälder.

Nördlich und südlich davon befinden sich die **wechselfeuchten Tropen**. Typisch sind ganzjährig gleichbleibend hohe Temperaturen und der charakteristische Wechsel zwischen ausgeprägten Regen- und Trockenzeiten. Im Vergleich zu den immerfeuchten Tropen sind sie niederschlagsärmer.

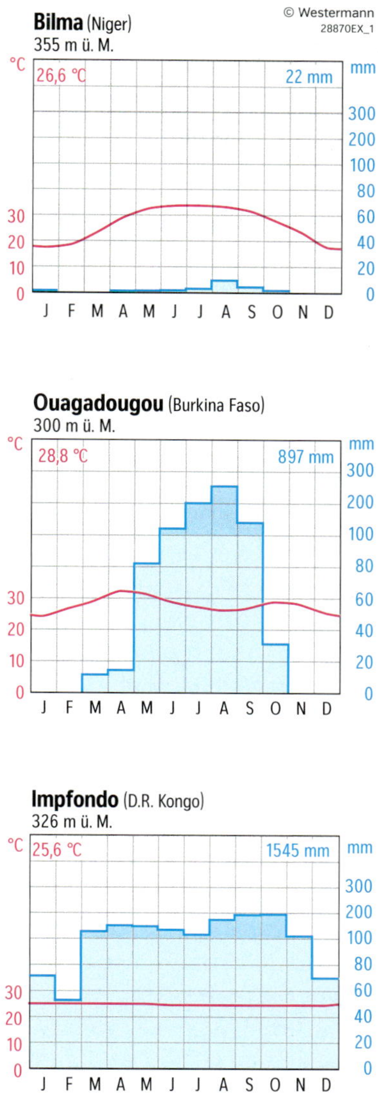

M3 Klimadiagramme

M4 Typische Vegetationszonen: Wüste (A), Savanne (B), tropischer Regenwald (C)

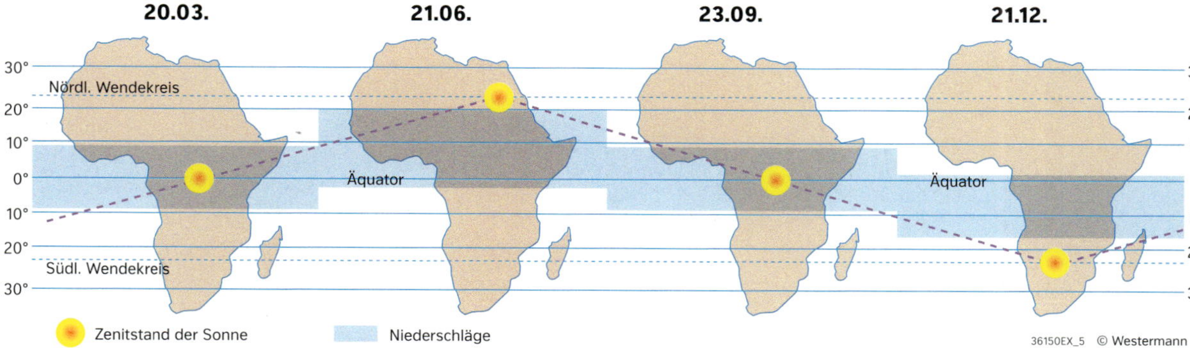

M2 Verlagerung des Passatkreislaufs im Jahresverlauf

M1 Stockwerkbau des tropischen Regenwalds verglichen mit dem Laub- und Mischwald in Mitteleuropa

Faszinierender Lebensraum Regenwald

M2 Lianen an einem Baumstamm

„Seit einigen Jahren erforsche ich den tropischen Regenwald. Das ganzjährig feuchtwarme Klima in dieser Zone um den Äquator ermöglicht ein ständiges Pflanzenwachstum. Man nennt den Regenwald daher auch immergrün.
Ganz beeindruckt bin ich von der riesigen Artenvielfalt. Etwa dreizehn Prozent der Landfläche sind noch von Regenwald bedeckt. Meine Forscherkollegen vermuten dort aber sechzig Prozent der Tier- und Pflanzenarten. Viele der Arten sind jedoch noch unentdeckt. Der ständige Kampf um Licht hat spezielle Lebensformen hervorgebracht. Beispielsweise können Lianen ganze Waldgebiete mit einem riesigen Netzwerk überziehen. Es gibt Tiere, die sich unglaublich gut tarnen können, oder Pilze, die mit Bäumen kommunizieren."

M3 Anja, Biologin

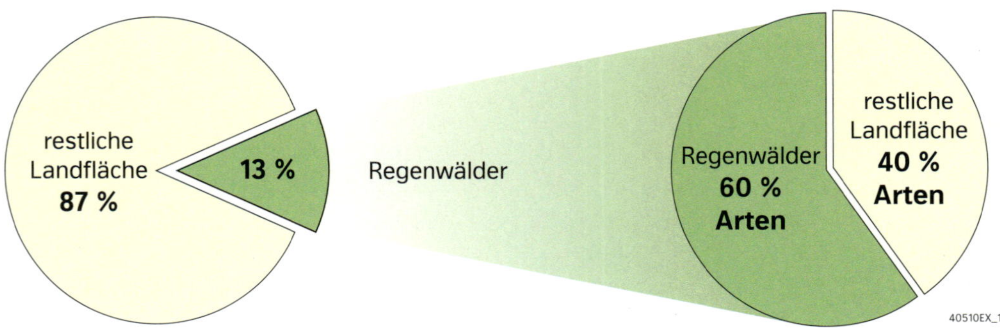

M4 Artenvielfalt des tropischen Regenwaldes

M5 Tiere des tropischen Regenwaldes

Wie viele Arten gibt es auf der Erde?

Auf diese Frage gibt es keine absolut richtige Antwort, weil eine genaue Bestimmung der Artenvielfalt kaum möglich ist und Schätzungen sehr unterschiedlich ausfallen. Wissenschaftler vermuten, dass es weltweit mehr als 8 Millionen Tier- und Pflanzenarten gibt. Entdeckt sind aber erst 1,9 Millionen. Obwohl nur dreizehn Prozent der Erdoberfläche mit tropischem Regenwald bedeckt sind, lebt dort ein Großteil aller Arten. In deutschen Wäldern findet man dagegen nur 11 000 verschiedene Arten. Man kann sich den tropischen Regenwald wie ein Gebäude mit mehreren Stockwerken vorstellen (M1): Die meisten Tier- und Pflanzenarten findet man in der Baumschicht.

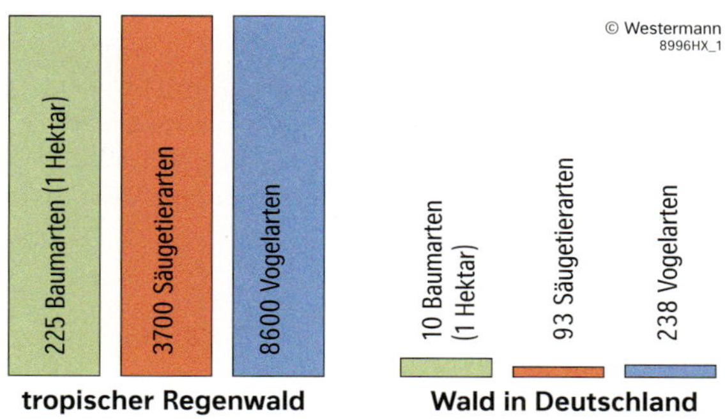

M6 Artenvielfalt im Vergleich

M7 Im tropischen Regenwald

AUFGABEN

1 *a) Nenne besondere Merkmale des tropischen Regenwaldes (M1 – M4).*
b) Beschreibe Unterschiede zum Laub- und Mischwald Europas (M1). Gehe dabei auch auf M6 ein.

2 *Erkläre den Stockwerkbau des tropischen Regenwaldes (M1).*

3 *a) Benennt in Partnerarbeit die Tiere (M5, Internet).*
b) Ordnet die Tiere der Abbildungen Ⓐ – Ⓗ (M5) den einzelnen Stockwerken des Regenwaldes zu (M1). Begründet eure Zuordnung.

Web-Code: WES-101550-043

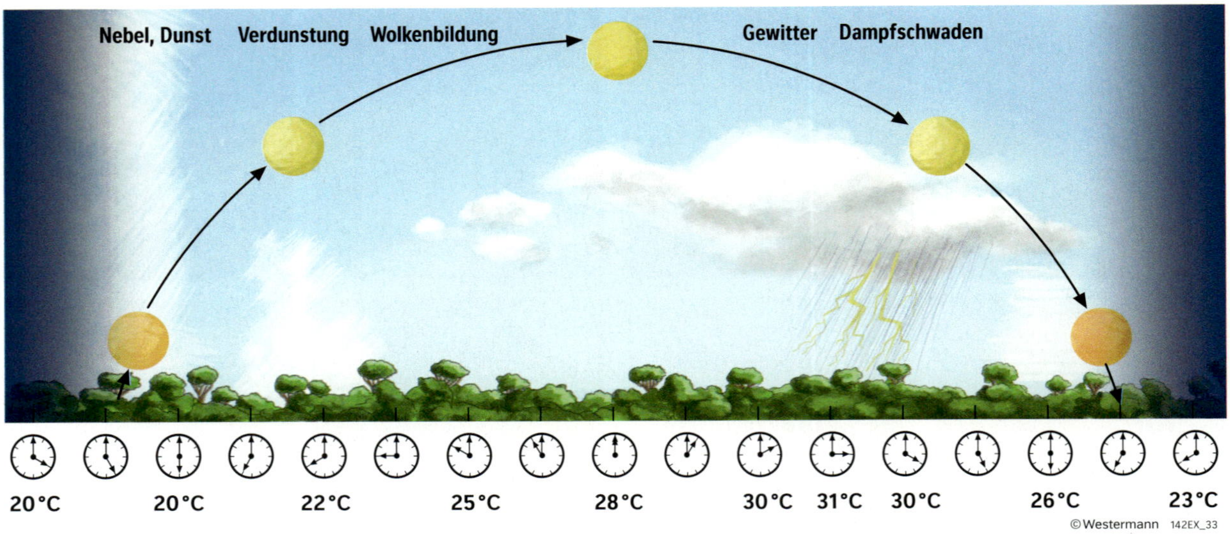

M1 Tagesablauf im tropischen Regenwald und Tageslängen im Vergleich

Ein Tag im tropischen Regenwald

Die tropischen Regenwälder breiten sich um den Äquator aus. Dort ist es ganzjährig warm, die durchschnittlichen Temperaturen sind in allen Monaten etwa gleich hoch. Die täglichen Niederschläge sind ebenfalls hoch, aber gleichmäßig über das Jahr verteilt. Das Wetter ändert sich zwar regelmäßig im Laufe eines Tages, aber es gibt keine Jahreszeiten wie in der gemäßigten Zone. Alle Tage ähneln sich in ihrem Wetterablauf (M1). Der Temperaturunterschied zwischen Tag und Nacht kann im tropischen Regenwald jedoch bis zu 10 °C betragen. Er ist wesentlich höher als die Schwankungen bei der Jahrestemperatur. Daher nennt man das Klima im tropischen Regenwald auch **Tageszeitenklima**.

M2 Gewitterregen im tropischen Regenwald

Ⓐ Es zeigen sich erste größere Wolken, die steil emporsteigen.

Ⓑ Die Wolken werden dunkler und erste Blitze sind zu sehen.

Ⓒ Die Wolken werden weniger und es kühlt sich nach und nach ab. An unserer Feuerstelle bereiten wir das Abendessen vor. Wir stellen wegen der Dunkelheit unsere Kerzen auf.

Ⓓ Die Temperatur nimmt rasch zu und die Geräusche der Tiere werden leiser.

Ⓔ Starker Regen setzt ein. Wir suchen Schutz in unserem Zelt.

Ⓕ Die Pflanzen dampfen unter den ersten wärmenden Strahlen der schnell aufsteigenden Sonne.

M3 Jannos Tagebucheinträge

M4 Nebel und Wolken als Folge hoher Verdunstung

Der tropische Regenwald bietet fast alles, was für ein üppiges Pflanzenwachstum nötig ist: intensive Sonneneinstrahlung in den oberen Stockwerken, ganzjährig hohe Temperaturen und vor allem viel Wasser. Die jährlichen Niederschlagsmengen in den tropischen Regenwäldern liegen meist zwischen 1500 und 4000 mm. Der größte Teil des Niederschlags wird von den Wurzeln der Bäume direkt aufgenommen, in den Stämmen nach oben transportiert und von den Spaltöffnungen der Blätter wieder an die Luft abgegeben. Über den Baumkronen kondensiert der aufsteigende Wasserdampf zu Wolken, die hier auch wieder abregnen.

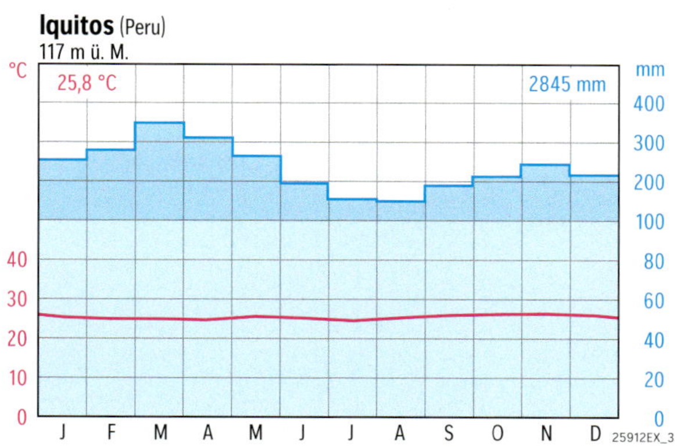

M5 Klimadiagramm von Iquitos

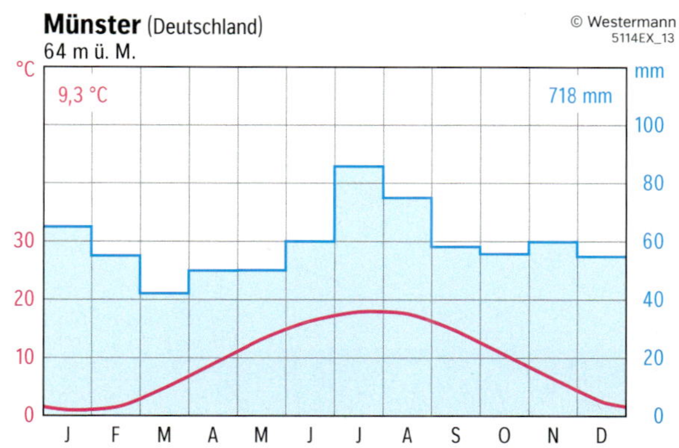

M6 Klimadiagramm von Münster

AUFGABEN

1 *Beschreibe einen typischen Tagesverlauf im tropischen Regenwald (M1, Text).*

2 *Janno war mit seiner Familie im tropischen Regenwald in Peru. Jedoch sind seine Tagebucheinträge durcheinandergeraten. Bringt sie in Partnerarbeit in die richtige Reihenfolge (M3).*

3 *a) Vergleicht die Klimadiagramme von Iquitos und Münster (M5, M6).*

b) Begründet das Vorkommen tropischen Regenwaldes in Iquitos (M5, Text).

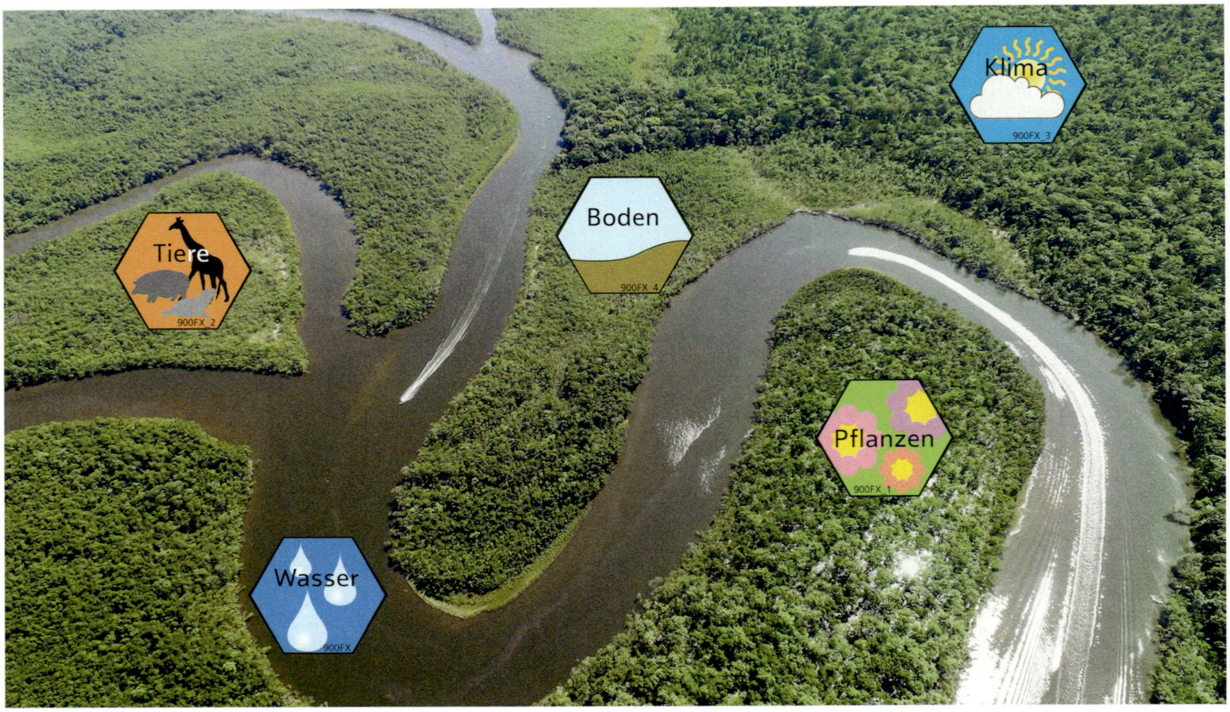

M 1 Naturelemente im tropischen Regenwald

Der Regenwald – ein perfekt abgestimmtes Ökosystem

Obwohl das Pflanzenwachstum sehr üppig ist, enthält der Boden im tropischen Regenwald kaum Nährstoffe. Daher ist er auch für eine ständige landwirtschaftliche Nutzung wenig geeignet. Die fruchtbare Bodenschicht (**Humusschicht**) ist kaum vorhanden und die wenigen Nährstoffe befinden sich in den oberen 10 bis 30 cm der Böden. Daher bilden selbst hohe Bäume keine tiefreichenden Wurzeln aus.

Pflanzenreste, Blätter und Äste werden dank des ganzjährigen feuchtwarmen Klimas direkt von Pilzen und Bakterien zersetzt und von den Pflanzen an der Oberfläche aufgenommen. Außerdem waschen die starken Niederschläge einen Teil der Nährstoffe aus den Böden aus. Die Nährstoffe sind im Regenwald also überwiegend in den Pflanzen selbst gespeichert und kaum in den Böden.

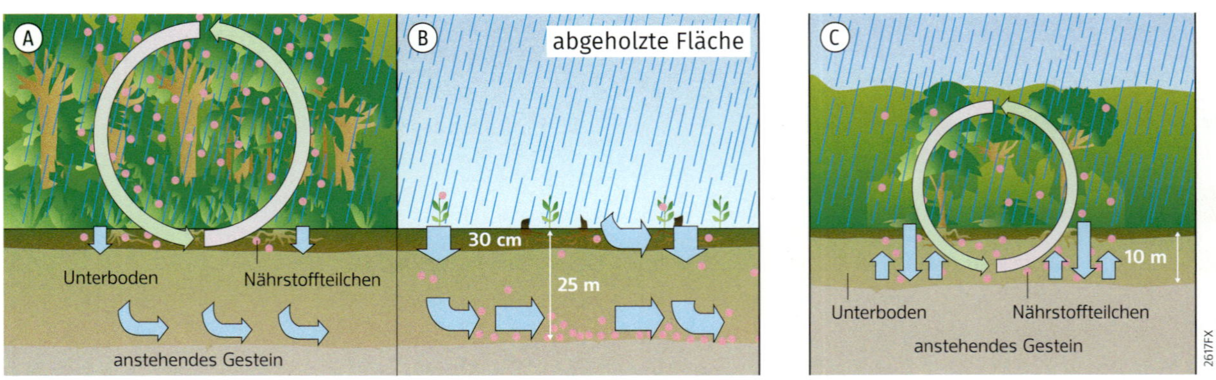

M 2 Nährstoffkreislauf in den Tropen (A, B) und in der gemäßigten Zone (C)

M3 Eingriff des Menschen in ein intaktes Ökosystem

M6 Lage auf dem Globus

Ökosysteme – vielfältige Lebensräume

Der Begriff **Ökosysteme** beschreibt einen Lebensraum mit all seinen Lebewesen. Neben den belebten Teilen sind auch unbelebte Teile – wie das Klima – von großer Bedeutung.

Es gibt viele verschiedene Ökosysteme: das Wattenmeer an der Nordsee, die großen Wüsten wie die Sahara oder der tropische Regenwald. Aber auch eine Wiese, ein Teich oder sogar eine Stadt bilden ein Ökosystem. Der Mensch ist Teil dieser Ökosysteme und greift durch viele Aktionen und Maßnahmen in diese ein. Dies kann dazu führen, dass ein Ökosystem aus dem Gleichgewicht gebracht wird. Die Abholzung des tropischen Regenwaldes und landwirtschaftliche Nutzung führen dazu, dass dieses Ökosystem zerstört wird. Eine Wiederherstellung ist dann kaum möglich.

Die in Südostasien lebenden Orang-Utans sind die größten lebenden Baumsäugetiere. Ihr Name bedeutet aus dem Indonesischen übersetzt „Mensch des Waldes". Das Erbgut von Orang-Utan und Mensch ist sehr ähnlich.
Sie legen täglich weite Strecken zurück, da die Futterbäume oft weit voneinander entfernt sind. Orang-Utans leben nicht in Gruppen, sondern verbringen ihr Leben als Einzelgänger. Dabei bauen sie sich fast täglich aus Blättern und Zweigen ein Schlafnest zwischen den Ästen der Bäume.

M4 Steckbrief: Orang-Utan

Die Kannenpflanze braucht die Nähe zur humusreichen oberen Bodenschicht. Mit Nektar lockt sie Insekten wie Ameisen an. Diese rutschen aufgrund der glatten Oberfläche sehr leicht in das Innere der Pflanze und gelangen so in die mit saurer Verdauungsflüssigkeit gefüllte Kanne. Die Wurzeln der Kannenpflanze sollen gegen Malaria (Tropenkrankheit) helfen. Die Verdauungsflüssigkeit wird von Einheimischen gegen Husten und Hautentzündungen eingesetzt.

M5 Steckbrief: Kannenpflanze

AUFGABEN

1 *Wähle zwei Naturelemente aus M1 aus. Beschreibe dazu, was du bisher über den tropischen Regenwald weißt.*

2 *Vergleicht in Partnerarbeit den Nährstoffkreislauf in den Tropen mit dem Nährstoffkreislauf in der gemäßigten Zone (M2).*

3 *„Der tropische Regenwald ist ein perfekt abgestimmtes Ökosystem." Begründe (M2–M5, Text).*

METHODE

Wir entwickeln ein Wirkungsgefüge

Auf den vorhergehenden Seiten habt ihr herausgefunden, welche Rolle Boden, Pflanzen, Tiere, Wasser und Temperatur im tropischen Regenwald spielen. Aber wie beeinflussen sich diese Faktoren untereinander? So etwas kann man gut mit einem Wirkungsgefüge darstellen.

Ein Wirkungsgefüge entwickeln

1. Schritt: Schlüsselbegriffe notieren
- Notiert die einzelnen Faktoren jeweils auf einem Stichwortzettel.
- Erstellt eine ausreichende Anzahl an Pfeilen, um Zusammenhänge darzustellen.

2. Schritt: Erste Zusammenhänge herstellen
- Wählt zwei Begriffe aus und überlegt, ob zwischen den Faktoren eine Verbindung besteht.
- Verdeutlicht den Zusammenhang durch Pfeile mit einer entsprechenden Beschriftung.

3. Schritt: Zusammenhänge erweitern
- Ergänzt das Wirkungsgefüge um weitere Faktoren.
- Je mehr Faktoren ihr einbindet, desto mehr Zusammenhänge entstehen.
- Verdeutlicht auch diese durch Pfeile.

4. Schritt: Das Wirkungsgefüge präsentieren
- Stellt euer Wirkungsgefüge der Klasse vor.
- Legt besonderen Wert auf die Erklärungen, wie sich die verschiedenen Faktoren gegenseitig beeinflussen.

M1 Schlüsselbegriffe notieren

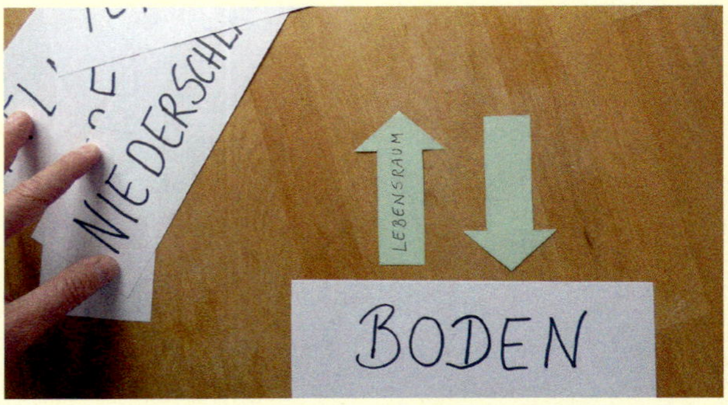

M2 Zusammenhänge herstellen

M3 Das Wirkungsgefüge präsentieren

AUFGABEN

1 *a) Erstellt ein Wirkungsgefüge zum tropischen Regenwald.*
b) Präsentiert das Wirkungsgefüge der Klasse.

2 *Verfasse einen kurzen Text für eine Schülerzeitung mit den Begriffen und Zusammenhängen des Wirkungsgefüges. Im Text soll die Aufforderung, den Regenwald zu schützen, enthalten sein.*

3 *a) Stellt die Eingriffe des Menschen in den tropischen Regenwald im Wirkungsgefüge dar.*
b) Erkläre die Folgen, die sich aus den Eingriffen ergeben.

ZUSATZ

Lernkarte Afrika

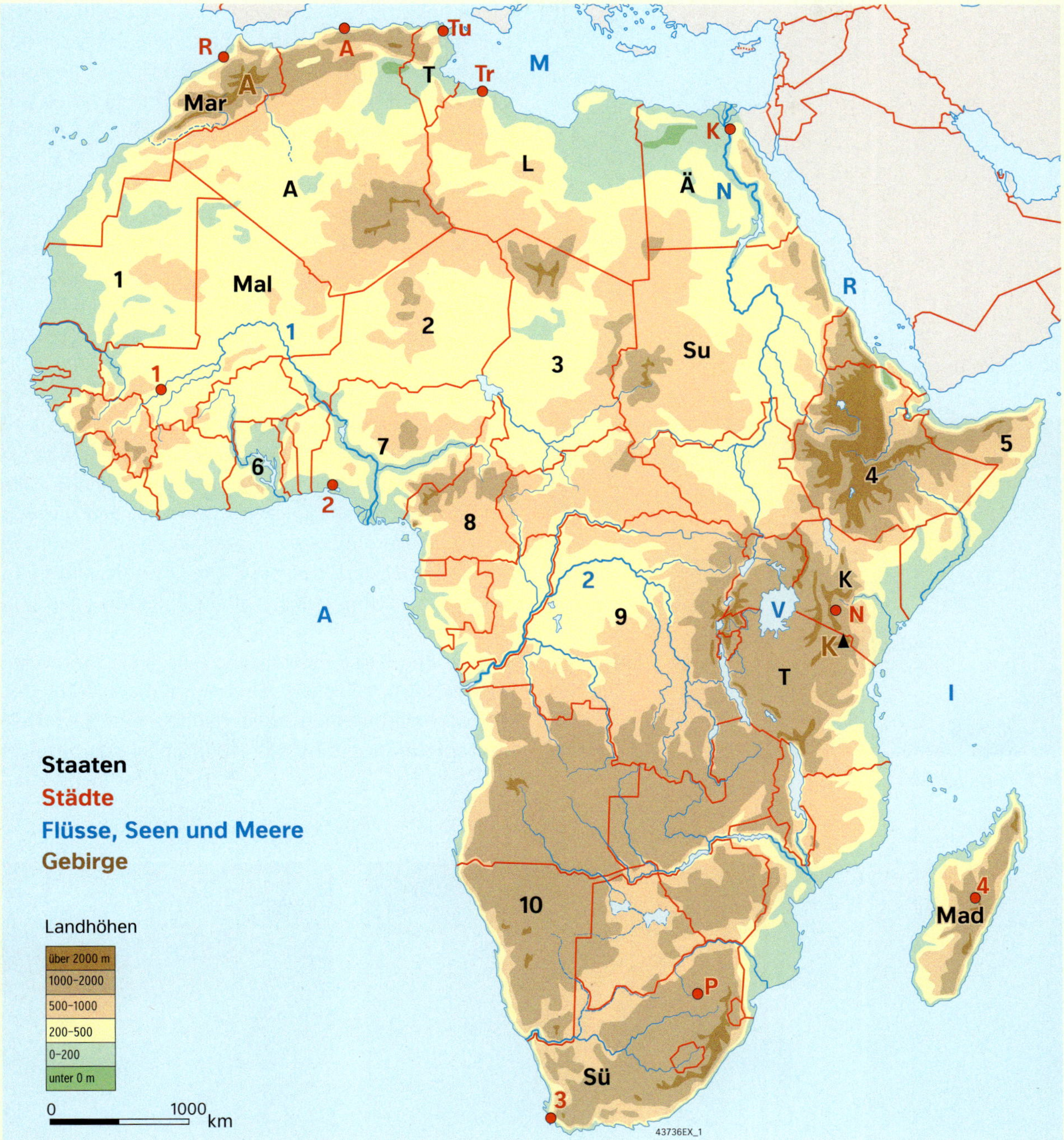

AUFGABEN

1 *Benenne die mit Buchstaben markierten Staaten, Städte, Flüsse, Seen und Meere sowie Gebirge und Berge (Atlas).*

2 *Benenne weitere mit Zahlen markierte Staaten, Städte, Flüsse sowie Gebirge (Atlas).*

Die Yanomami – im Einklang mit der Natur

M1 Siedlungsgebiete der Yanomami

In den tropischen Regenwäldern leben auch heute noch zahlreiche indigene Völker (Ureinwohner). Diese haben ihre Lebensweise an die Bedingungen der Natur gut angepasst. Das indigene Volk der Yanomami siedelt im Grenzgebiet von Brasilien und Venezuela (M1). Etwa 22 000 Yanomami leben auf einer Fläche, die der Größe Österreichs entspricht. Zu einer Dorfgemeinschaft gehören etwa 30 bis 70 Familien. Sie leben in einem großen Gemeinschaftshaus, das „Shapono" heißt (M2). Das runde Haus ist mit einem Stadion zu vergleichen (M3). Zum Innenhof hin ist das Haus offen. Es gibt keine Trennwände. Jede Familie hat jedoch eine eigene Feuerstelle, um die die Hängematten als Schlafstellen gruppiert sind.

M2 Familie im Shapono

Die Yanomami sind Selbstversorger

Der Regenwald liefert den Yanomami alles, was sie zum Leben brauchen. Bei der Versorgung helfen alle mit. Ständig durchstreifen Gruppen im Umkreis von bis zu 30 km den Wald. Einige jagen mit Pfeil und Bogen Vögel und kleinere Tiere. Andere sammeln Wildfrüchte, Honig und größere Insekten oder sind beim Fischen.

Den größten Teil ihrer Nahrung ernten die Yanomami in ihren Gärten. Sie liegen in unmittelbarer Nähe des Dorfes. Kochbananen sowie Maniok, eine kartoffelähnliche Pflanze, sind ihre Hauptnahrungsmittel.

M3 Shapono aus der Luft

M4 Yanomami bei der Jagd

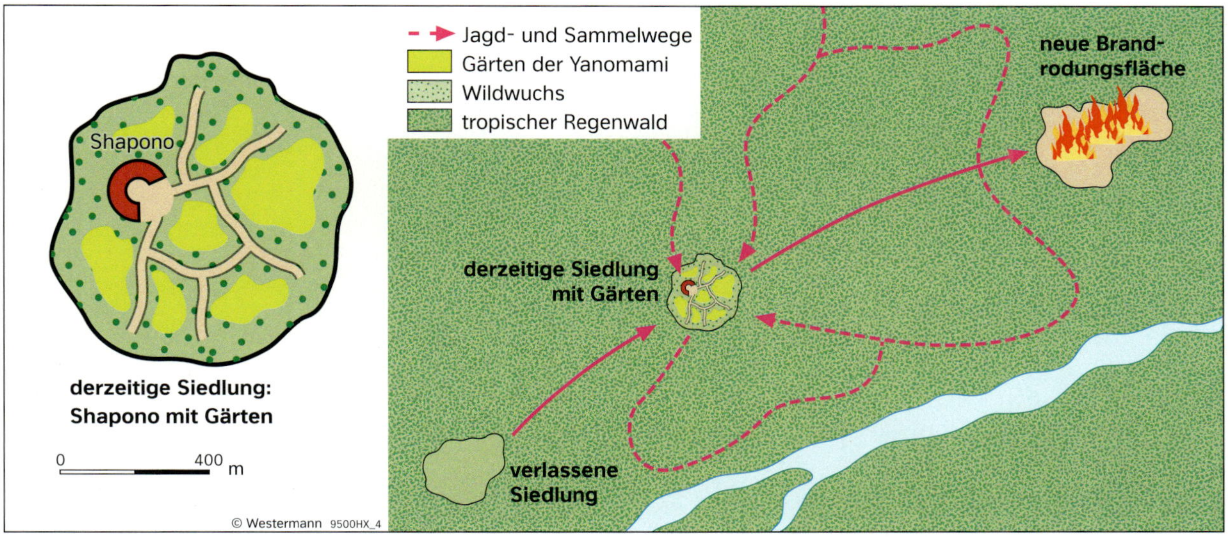

M5 Wanderfeldbau der Yanomami

Die Yanomami betreiben Wanderfeldbau

Ihre Gärten legen die Yanomami durch **Brandrodung** an. Sie leben vom Wald, roden immer nur kleine Flächen und brennen die Pflanzendecke ab. Die nährstoffreiche Asche düngt den Boden. Durch den ständigen Regen werden die Nährstoffe mit der Zeit ausgewaschen. Nach drei bis fünf Jahren ist der Ertrag so gering, dass neue Waldflächen gerodet werden müssen. Die Yanomami verlagern ihre Siedlung. Auf den verlassenen Feldern wächst mit der Zeit neuer Wald. Es vergehen Jahrzehnte, bis die Yanomami auf ihren Wanderungen diese Flächen erneut zum Feldbau nutzen. Deshalb nennt man diese landwirtschaftliche Nutzung **Wanderfeldbau**.

M6 Maniok

Wie sieht die Zukunft aus?

Die Zukunft der Yanomami ist ungewiss: Goldsucher und Siedler dringen in ihren Lebensraum vor und zerstören ihn. Bewaffnete Konflikte und eingeschleppte Krankheiten (z. B. Masern, Grippe) sind eine ernsthafte Bedrohung und sorgten bereits für die Ausrottung ganzer Stämme.

M7 Anbaufrüchte aus den Tropen

AUFGABEN

1 *a) Lokalisiert in Partnerarbeit mithilfe von M1 das Siedlungsgebiet der Yanomami (Atlas). Nennt den Kontinent, auf dem das Gebiet liegt.*

b) Nennt Merkmale, die das Leben der Yanomami auszeichnen (M2 – M4, M6, M7, Text).

2 *Erkläre die Begriffe Brandrodung und Wanderfeldbau (M5, Text).*

3 *„Die Yanomami – im Einklang mit der Natur". Begründet die Behauptung der Überschrift.*

Die Bewirtschaftung der Regenwaldgebiete

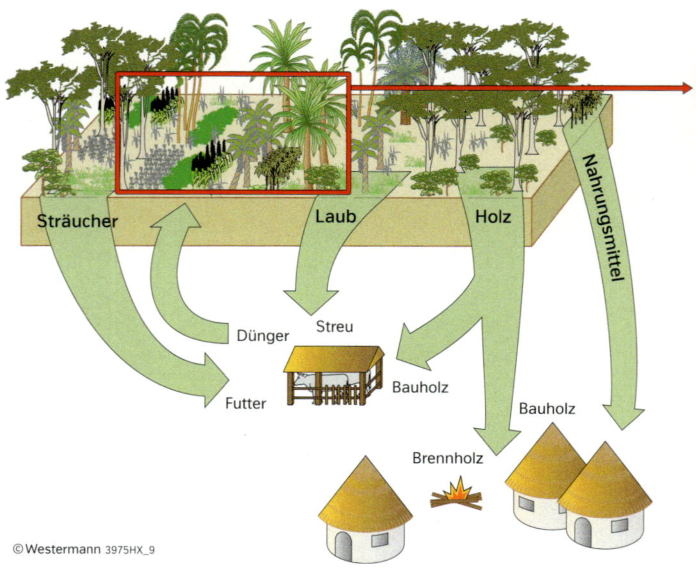

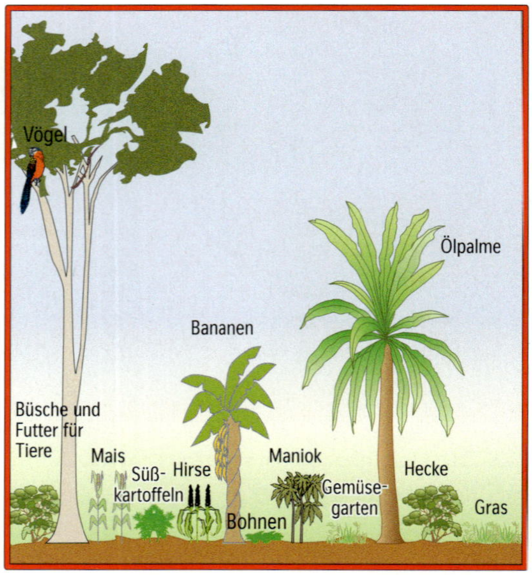

M1 Schema der Agroforstwirtschaft

Neue Formen der Landwirtschaft

Weil die Bevölkerungszahl Südamerikas wächst, werden immer mehr Nahrungsmittel benötigt. Als Folge wurden beispielsweise Brachezeiten verkürzt oder Anbauzeiten verlängert. Dies führt jedoch langfristig zu Ertragseinbußen. Mancherorts entsteht auch eine moderne Landwirtschaft, bei der mit Maschinen auf großen Flächen Getreide und Früchte angebaut werden. Für die traditionelle Anbauweise wird der Platz immer knapper.

So brauchen zum Beispiel die Yanomami neue Methoden, um ihre Erträge zu steigern. Eine Möglichkeit dafür ist die Agroforstwirtschaft.

Bei der Agroforstwirtschaft werden die Bedingungen des tropischen Regenwaldes nachgeahmt. Einzelne Urwaldriesen bleiben stehen, in ihren Schatten werden Fruchtbäume angepflanzt. Dazwischen wachsen Feldfrüchte wie Süßkartoffeln.
Die Nährstoffversorgung sichern Pflanzenreste und der Dung von Tieren.

M2 Lexikoneintrag Agroforstwirtschaft

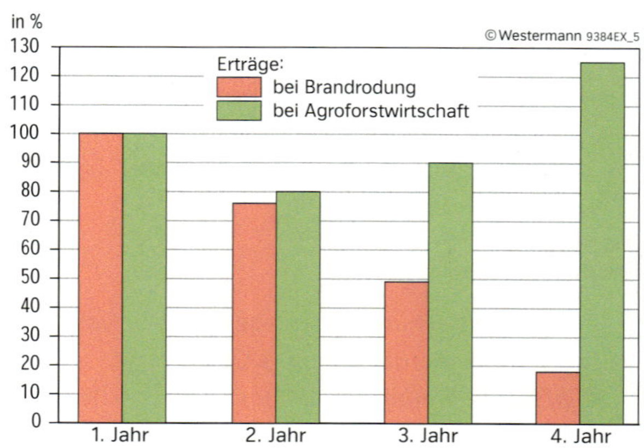

M3 Vergleich von Erträgen

AUFGABEN

1 *Beschreibe das Prinzip der Agroforstwirtschaft (M1, M2).*

2 *Vergleiche die Agroforstwirtschaft mit der Plantagenwirtschaft (M3 – M8).*

3 *Erörtert in Partnerarbeit die Chancen und Risiken, die mit der Palmölproduktion verbunden sind (M4 – M9).*

4 *Recherchiere nach Möglichkeiten, auf Palmöl zu verzichten (M6, Internet).*

M4 Die Frucht der Ölpalme

M7 Ölpalmenplantagen in Indonesien

Unter **Plantagen** versteht man einen landwirtschaftlichen Großbetrieb, der sich auf die Erzeugung eines einzigen Produkts für den Weltmarkt spezialisiert hat (**Monokultur**). Plantagen findet man fast ausschließlich in tropischen oder subtropischen Ländern. Auf ihnen werden beispielsweise Ölpalmen, Kakao, Bananen, Kaffee oder Zuckerrohr angebaut. Viele landwirtschaftliche Produkte werden direkt auf den Plantagen weiterverarbeitet. Dies geschieht mithilfe von Maschinen.

M5 Lexikoneintrag Plantage

„Um die Palmölnachfrage zu decken, wird oft tropischer Regenwald für Plantagen gerodet. Dadurch wird der Lebensraum vieler Tiere zerstört und die einheimische Bevölkerung vertrieben.
Bei der Abholzung wird zudem viel Kohlendioxid freigesetzt. Dadurch wird der Klimawandel beschleunigt.
Palmöl wird für den Export produziert, zum Beispiel für die Herstellung von Biodiesel (M6). Auf den Flächen sollten aber Lebensmittel für die Einheimischen anstatt Exportprodukte angebaut werden."

M8 Umweltschützerin Nasrin Albrecht übt Kritik.

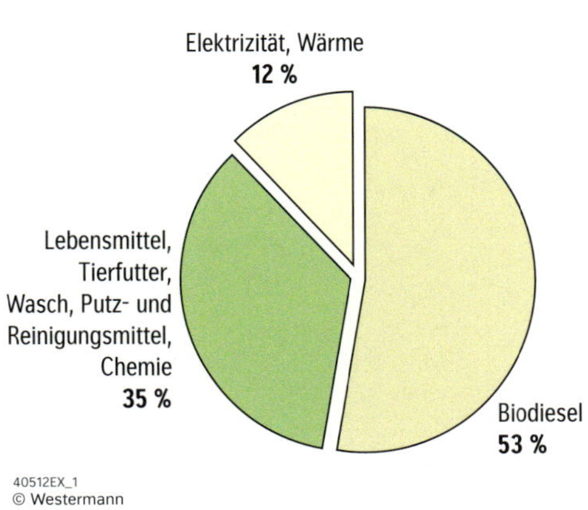

M6 Verwendung von Palmöl

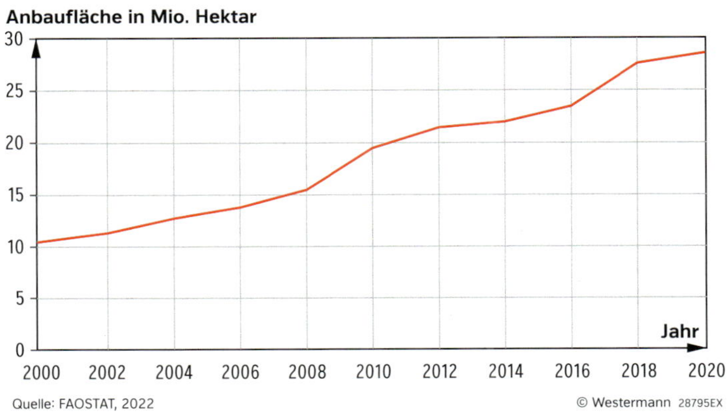

M9 Anbauflächen von Ölpalmen weltweit

M1 Zerstörung des tropischen Regenwaldes

Die Zerstörung des tropischen Regenwaldes

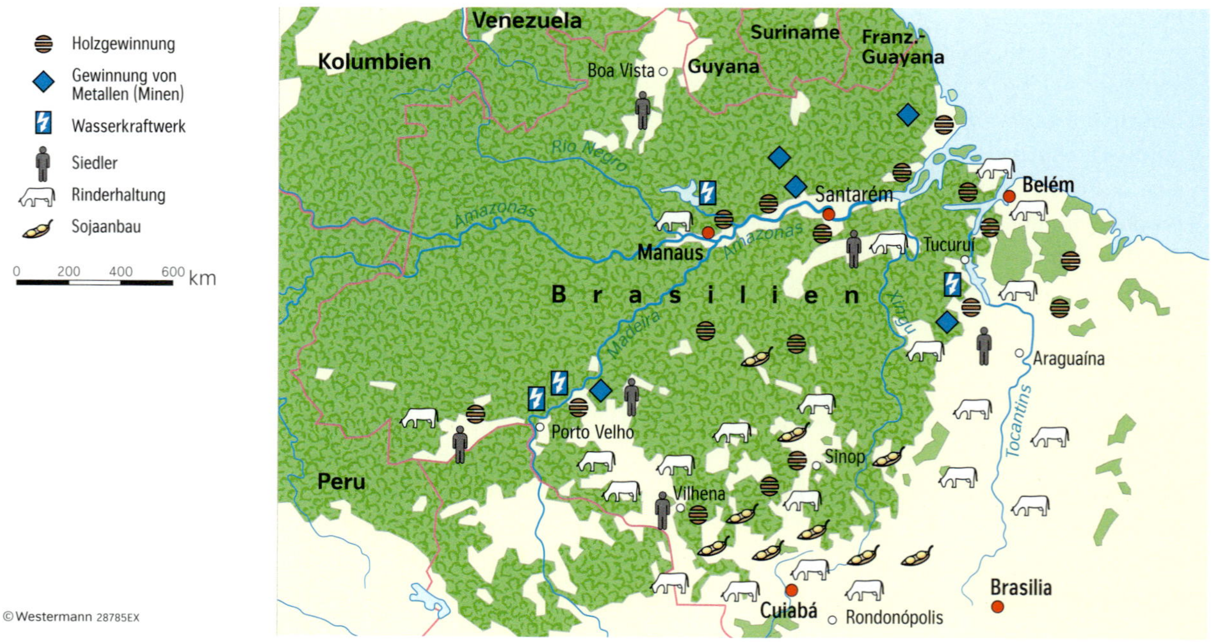

M2 Nutzung des Amazonasgebietes

- Nach Auswertung von Satellitendaten wurden zwischen 1990 und 2019 fast 450000 Quadratkilometer Regenwald in Brasilien abgeholzt. Das entspricht etwa der Fläche von Schweden.
- Im Jahr 2019 betrug die abgeholzte Fläche knapp 10000 Quadratkilometer. Das ist circa ein Drittel der Fläche von NRW.
- Nur 4,2 Millionen Quadratkilometer des tropischen Regenwaldes sind noch unberührt.

M3 Zahlen zur Zerstörung des tropischen Regenwaldes in Brasilien

④

⑤

⑥

Ⓐ Obwohl nur wenige Bäume als wertvolle Edelhölzer genutzt werden können, werden auch zahlreiche andere Bäume gefällt. Beim Fällen und beim Abtransport der Stämme richten die eingesetzten Maschinen große Schäden an.

Ⓑ Auf großen Plantagen bauen internationale Konzerne Sojabohnen an. Diese haben in den letzten Jahren als Exportprodukte an Bedeutung gewonnen. Doch sie werden zu einem sehr geringen Teil als Nahrungsmittel genutzt. Der Großteil wird in Form von Sojamehl an Tiere verfüttert.

Ⓒ In Porto Trombetas liegt die größte Bauxitmine Brasiliens. Der Bodenschatz Bauxit ist das Ausgangsmaterial für Aluminium. Für die Verarbeitung werden große Mengen an Energie benötigt.

Ⓓ Riesige Flächen Regenwald werden für die Rinderhaltung gerodet. Da das Gras hier nur spärlich wächst, brauchen die Rinder eine zehnmal größere Fläche als in Deutschland. Ein Großteil des Rindfleisches ist für den Export bestimmt.

Ⓔ Gewaltige Stauseen werden zur Gewinnung von Wasserkraft errichtet. Der gewonnene Strom kommt nicht nur der Bevölkerung zugute, sondern wird auch für die Aluminiumherstellung benötigt. Der Itaipu-Stausee besitzt eine Wasseroberfläche von 1350 km^2 (2,5-mal so groß wie der Bodensee).

Ⓕ Eisenerze aus der größten Lagerstätte der Welt werden über eine 900 km lange Bahn zu einem Hafen an Brasiliens Nordostküste transportiert. Von hier aus wird das Eisenerz in alle Welt verschifft.

M4 Ursachen und Auswirkungen der Regenwaldzerstörung

AUFGABEN

1 *Was weißt du schon über die Zerstörung des tropischen Regenwaldes? Erstelle eine Mind Map in deinem Heft.*

2 *a) Ordnet in Gruppenarbeit den Bildern ①–⑥ (M1) die entsprechenden Texte Ⓐ–Ⓕ (M4) zu.*

b) Überlegt euch, wo ihr die Text-Bild-Paare in der Karte M2 verorten könnt. Es gibt teilweise mehrere Lösungen. Entscheidet euch innerhalb eurer Gruppe für eine geeignete.

c) Präsentiert eure Ergebnisse der Klasse und begründet eure Einordnungen.

3 *Erörtert in Gruppenarbeit Chancen und Risiken, die mit der Zerstörung des Regenwaldes zusammenhängen. Legt dazu eine Tabelle an.*

ZUSATZ

Experimente zu Regenwaldpflanzen

Da die Regenwälder weit entfernt sind und ihr keine Möglichkeit habt, sie auf der nächsten Klassenfahrt zu bewundern, könnt ihr euch den tropischen Regenwald in euer Klassenzimmer holen. Es folgen zwei Experimente, die ihr in eurem Klassenzimmer durchführen könnt.

Materialien

- eine tropische Pflanze (z. B. Grünlilie, Nestfarn)
- ein großes Glasgefäß mit Deckel (z. B. großes Gurkenglas oder Einmachglas)
- etwas Blähton oder Pflanzenerde
- eine Sprühflasche mit Wasser

So geht ihr vor

1. Füllt in das Glasgefäß etwa 4 cm Blähton oder Pflanzenerde ein.
2. Setzt eine tropische Pflanze in das Glasgefäß.
3. Die Pflanze kräftig mit der Sprühflasche besprühen.
4. Den Deckel schließen und an einen hellen Platz (ohne pralle Sonne) stellen.

M1 Experiment: Regenwald im Gurkenglas

Materialien

- eine Bromelie
- eine Gießkanne oder Wasserflasche
- ein Messbecher (z. B. aus der Physiksammlung)

So geht ihr vor

1. Füllt den Blatttrichter der Bromelie randvoll mit lauwarmem Wasser.
2. Gießt das Wasser aus dem Blatttrichter in den Messbecher.

M2 Experiment: Bromelie als Wasserspeicher

AUFGABEN

1 *a) Führt das Experiment M1 durch.*
b) Beobachtet täglich den Regenwald im Glas. Notiert eure Beobachtungen in einem Protokoll.

2 *a) Schätzt, wie viel Wasser im Blatttrichter einer Bromelie gespeichert werden kann (M2).*
b) Führt das Experiment M2 durch. Vergleicht die Beobachtung mit eurer Schätzung.

ZUSATZ

Lernkarte Südamerika

AUFGABEN

1 *Benenne die mit Buchstaben markierten Staaten, Städte, Flüsse, Seen und Meere sowie Gebirge und Berge (Atlas).*

2 *Benenne weitere mit Zahlen markierte Staaten, Städte, Flüsse sowie Gebirge (Atlas).*

3 *Zeichne eine Kartenskizze von Südamerika und trage in diese ein: zwei angrenzende Ozeane, Brasilien mit drei Städten, den tropischen Regenwald und den Amazonas (Atlas). Erstelle eine Legende.*

M1 Lage auf dem Globus

M3 Bananenplantage (Ⓐ) und Regenwaldhotelanlage (Ⓑ) in Costa Rica

Costa Rica auf dem Weg zur Nachhaltigkeit

Costa Rica liegt in Mittelamerika und ist mit über 50 000 km^2 deutlich größer als NRW (34 000 km^2). In über 30 Nationalparks befinden sich 5 % aller Pflanzen- und Tierarten der Erde. Das Land ist seit einigen Jahren ein Vorbild für nachhaltigen Umgang mit seinen **Ressourcen**. Doch das war nicht immer so. Nachdem ab den 1940er-Jahren große Regenwaldflächen für den Anbau von Bananen und Kaffee gerodet wurden, ging die Waldfläche rapide zurück. Seitdem hat sich aber nachhaltiges Wirtschaften durchgesetzt, zum Beispiel großflächiges Aufforsten mit Neuanpflanzungen.

Der Strom wird zu fast 100 % aus erneuerbaren Energien erzeugt (überwiegend Wasserkraft und Windenergie). Der Ökotourismus hat sich durchgesetzt.

Jahr	Fläche (km^2)
1990	29 700
2000	28 570
2010	28 710
2020	30 350
Quelle: FAO 2021	

M4 Waldfläche in Costa Rica

M2 Bananenplantage

M5 Seilrutsche für Touristen im Regenwald

AUFGABEN

1 *Erstelle eine Definition für den Begriff „Nachhaltigkeit" (Text, M6).*

2 *a) Erstellt in Gruppenarbeit ein Placemat zum Thema „Was bedeutet Nachhaltigkeit in Costa Rica?" (M7). Nutzt dazu M2 bis M6.*

b) Beurteile die Nachhaltigkeit des Umgangs mit Ressourcen in Costa Rica (Text, M4, M6).

3 *Erstelle ein Balkendiagramm zur Bewaldung in Costa Rica (M4).*

„Es ist noch nicht lange her, da hätten wir diesen Baum gefällt und das Gebiet gerodet. Wir hätten das Holz zu Brennholz oder zu Möbeln verarbeitet. Auf der frei gewordenen Fläche wäre hier heute vielleicht eine Bananenplantage. Damals wäre uns der kurzfristige Gewinn wichtiger gewesen.
Heute denken wir zum Glück anders. Wir wissen, dass es für uns und unsere Kinder wertvoller ist, den Baum stehen zu lassen. Er spielt nicht nur eine wichtige Rolle im Ökosystem, sondern ist auch ein wichtiger Grund, warum viele Touristen zu uns nach Costa Rica kommen. Das hat zur wirtschaftlichen Entwicklung des Landes beigetragen und viele neue, gute Jobs geschaffen."

M6 Ein Biologe berichtet jugendlichen Besuchern eines Nationalparks in Costa Rica.

Was ist Nachhaltigkeit?

Die Bedeutung eines nachhaltigen Wirtschaftens wurde nicht erst in Costa Rica erkannt, sondern ist viel älter. Bereits vor rund 300 Jahren forderte der Förster Carl von Carlowitz, dass in seinem Revier immer nur so viele Bäume gefällt werden sollten, wie auch wieder nachwachsen konnten. **Nachhaltigkeit** bedeutet also eine Nutzung von Ressourcen, die sicherstellt, dass nicht mehr verbraucht wird, als nachwachsen kann. Nachhaltigkeit hat sowohl die eigenen Bedürfnisse im Blick, als auch die Bedürfnisse zukünftiger Generationen.
Die Idee der Nachhaltigkeit hat mehrere Dimensionen. Sie beinhaltet nicht nur die Umwelt, sondern bezieht immer auch die Wirtschaft und Soziales mit ein.

Die Arbeit mit einem Placemat (englisch für Tischunterlage) ist eine Methode, mit der verschiedene Bereiche einer Fragestellung bearbeitet werden können. Geht dabei folgendermaßen vor:

- Notiert in der Mitte die zentrale Fragestellung: „Was bedeutet Nachhaltigkeit in Costa Rica?"
- Macht euch in Einzelarbeit Notizen zu eurem Teilbereich (Umwelt, Wirtschaft oder Soziales).
- Beachtet, dass die verschiedenen Dimensionen der Nachhaltigkeit oft fließend ineinander übergehen.
- Dreht das Blatt und informiert euch über die Gedanken eurer Mitschülerinnen und Mitschüler. Fügt Kommentare und Ergänzungen hinzu.
- Beantwortet die zentrale Fragestellung und ergänzt eigene Ideen für mehr Nachhaltigkeit im Alltag.

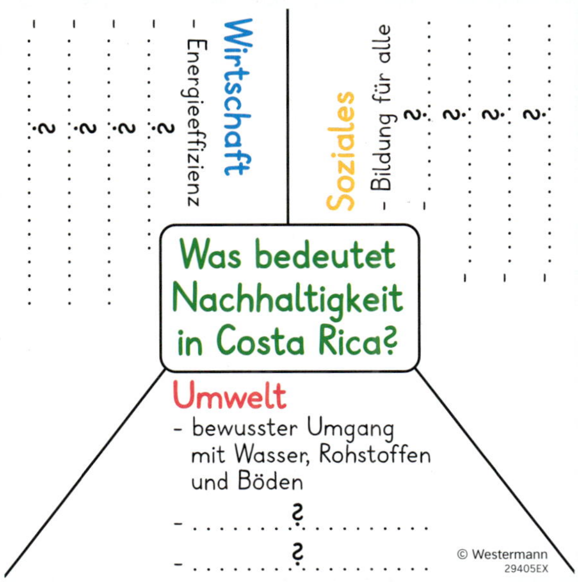

M7 Placemat zum Thema Nachhaltigkeit in Costa Rica

M 1 Junge Frau im Hochland von Äthiopien (Afrika)

Entwicklungszusammenarbeit in Äthiopien

M 2 Lage auf dem Globus

Im Hochland von Äthiopien regnet es für einen ertragreichen Anbau nicht immer ausreichend. In Dürrezeiten drohen Ernteausfälle. Dann leiden viele Menschen unter Hunger. Nothilfe aus Europa und Amerika ist die einzige Rettung für viele Menschen. Die GIZ (Deutsche Gesellschaft für Internationale Zusammenarbeit) fördert verschiedene Projekte für eine nachhaltige Steigerung der Nahrungsmittelproduktion. Die Verantwortlichen der GIZ fragten sich, welche langfristigen Hilfen es für das dürregeplagte Land geben könne.

So entstand die Idee, das Saatgut zu verbessern. In Zusammenarbeit mit Einheimischen gelang es, Saatgut zu entwickeln, das gegen Pflanzenkrankheiten besonders widerstandsfähig ist, an die Klimabedingungen angepasst ist und hohe Erntemengen sichert.

Mit dieser Hilfe zur Selbsthilfe werden die Bauern so unterstützt, dass sie sich bald selbst helfen können. Dabei wird auch Wert auf Nachhaltigkeit gelegt, sodass die Umwelt nicht durch die Landwirtschaft belastet wird. Die Menschen arbeiten gemeinsam mit Fachleuten der GIZ an wirtschaftlichen Lösungen, die die Lebenssituation vor Ort verbessern. Diese dauerhaften und nachhaltigen Projekte bezeichnet man als **Entwicklungszusammenarbeit**. Unterschiede in der wirtschaftlichen Entwicklung und in den allgemeinen Lebensbedingungen werden so dauerhaft und nachhaltig abgebaut.

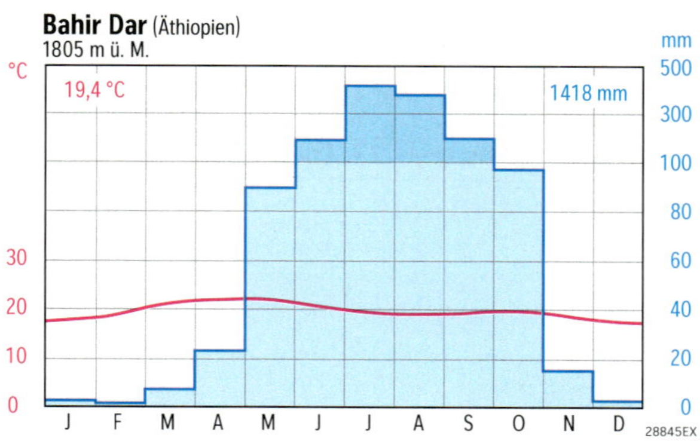

M 3 Klimadiagramm von Bahir Dar

AUFGABEN

1 *Nenne kurz die Besonderheiten der Entwicklungszusammenarbeit in Äthiopien (Text).*

2 *Beschreibe mit Stichworten Lage und Klima im Hochland von Äthiopien (M2, M3, Atlas).*

3 *a) Erläutert in Partnerarbeit Ziele und Maßnahmen des vorgestellten Projekts (M4).*

b) Präsentiert eure Ergebnisse.

4 *Erläutere Beispiele für die Begriffe „Hilfe zur Selbsthilfe" und „Nachhaltigkeit" (M5, Text).*

Ayana stammt aus einem kleinen Dorf in Äthiopien. Nach der Schule hat sie eine Ausbildung an einem landwirtschaftlichen Institut (Ethiopian Institute of Agricultural Research, kurz: EIAR) begonnen.
Jetzt arbeitet sie an der Züchtung lokal angepasster Sorten mit besserer Ertragskraft, Widerstandsfähigkeit und Qualität mit. Dadurch könnte die Produktion von dringend benötigten Nahrungsmitteln deutlich gesteigert werden.

M4 Saatgutprojekt in Äthiopien

In Äthiopien arbeiten fast 70 Prozent der Beschäftigten in der Landwirtschaft. Es ist ein bedeutender Wirtschaftszweig.
Da die Bevölkerungszahl stark ansteigt, muss auch die Erzeugung von Nahrungsmitteln deutlich gesteigert werden. Doch dazu ist die Leistungsfähigkeit der Landwirtschaft zu niedrig. Deshalb soll die Produktivität durch die Entwicklung und den Einsatz widerstandsfähigen und gut angepassten Saatguts nachhaltig erhöht werden. Saatgut von verbesserten Sorten wird bisher nur auf etwa 20 Prozent der Felder verwendet. Doch die Nachfrage nach speziellem Saatgut, das gegen häufige Pflanzenkrankheiten widerstandsfähig ist, steigt stark an. Noch kann die Nachfrage aber nicht gedeckt werden. Deshalb unterstützt die GIZ Bemühungen, Saatgut einheimischer, herkömmlicher Sorten zu entwickeln, statt jedes Jahr teure Sorten aus dem Ausland zu importieren. Damit könnten die Unabhängigkeit der äthiopischen Landwirtschaft verbessert und die landwirtschaftliche Produktivität gesteigert werden.
Das Projekt wird vom äthiopischen Landwirtschaftsministerium durch Umsetzung der nationalen Saatgutpolitik und entsprechender Koordinierung der Entwicklungspartner gefördert und läuft von 2015 bis 2023.

M5 Förderung des Saatgutsektors in Äthiopien

M6 Getreideernte in Äthiopien

M7 Kontrolle der Getreidekörner nach der Ernte

AUFGABEN

5 *Begründe die große Bedeutung des Saatgutsektors für Äthiopien (M5 – M7).*

6 *a) Recherchiert zu weiteren Hilfsorganisationen und ihren Projektarbeiten in Afrika (Internet).*
b) Beurteile in einem kurzen Informationstext die Maßnahmen der Projekte.

Web-Code: WES-101550-061

Savannen – Mangel und Überfluss

Wochenlang ist kein Regen gefallen, die Sonne brennt heiß vom Himmel und das Thermometer zeigt 40 °C. Die Luft flimmert über den verdorrten Gräsern. Die Bäume haben ihr Laub abgeworfen und wirken abgestorben. Die Tage werden heißer und die Luft füllt sich mit Staub. Sorgenvoll schaut der Jäger Nio (siehe Foto) auf seine durstigen Tiere. Dann ballen sich riesige Haufenwolken, doch für Regen reicht es nicht. Am nächsten Tag setzt ein gewaltiger Sturm ein und dann prasselt es mächtig auf das trockene Land. Auf den Wegen bilden sich sofort Bäche und Seen. In ausgetrockneten Flussbetten wälzen sich schlammige Fluten. Überall bildet sich Morast, in den Mensch und Tier einsinken. Die Wege sind unpassierbar, weil es jetzt täglich Gewitter gibt. Das Gras sprießt, die Bäume bekommen Blätter und viele Blumen blühen.

M 1 Tagebucheintrag eines Geographen in den Savannen

Savanne bedeutet „weite Ebene" und ist eine Vegetationszone in den wechselfeuchten Tropen. Sie grenzt beiderseits des Äquators an den tropischen Regenwald und reicht bis zu den Wendekreiswüsten. Geprägt ist sie durch relativ hohe Jahresdurchschnittstemperaturen und den Wechsel zwischen Regen- und Trockenzeit. Typisch sind daher Gräser, Büsche und vereinzelte Bäume.

M 2 Lexikoneintrag Savanne

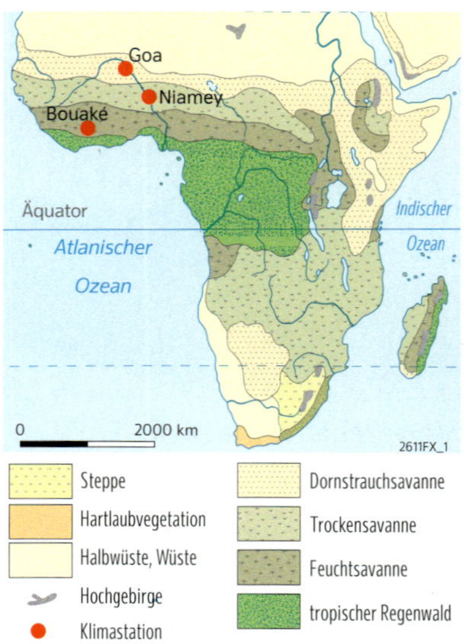

M 3 Vegetationszonen Afrikas

M 4 Savannenarten

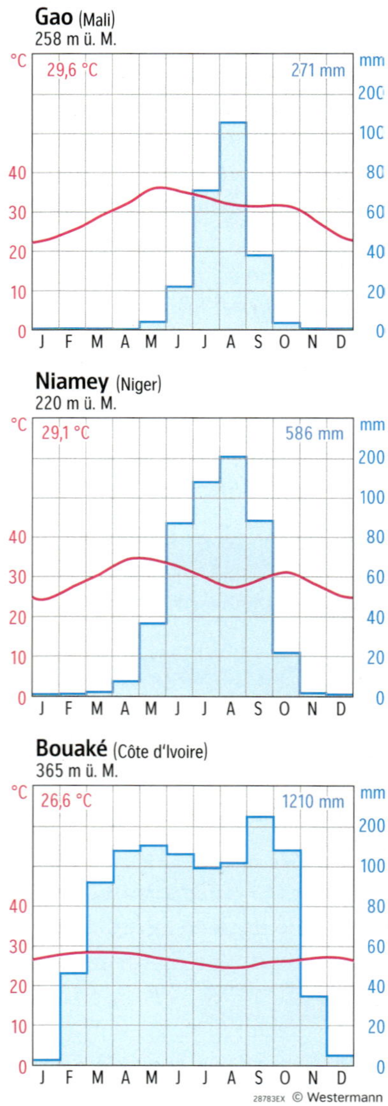

M 5 Klimadiagramme

Dornstrauchsavanne

Trockenzeit: 7 – 10 Monate

Niederschläge: 250 – 500 mm

Vegetation: oft undurchdringliches Dorngestrüpp, nur etwa 25 cm hohes Gras, das den Boden nicht geschlossen bedeckt; Gewächse weisen Verdunstungsschutz auf (z. B. Verdickung der Rinde, Blätter mit Wachsüberzug) oder können in Stämmen (Flaschenbaum), Blättern (Agaven) oder Wurzeln Wasser speichern; schirmförmige Baumkronen

Landwirtschaft: aufgrund geringer Niederschläge nur Viehzucht durch Nomaden

Trockensavanne

Trockenzeit: 5 – 7 Monate

Niederschläge: 500 – 1000 mm

Vegetation brusthohes Gras, Bäume werfen Laub ab und wachsen im Abstand von 10 bis 25 m; Blätter bilden eine Schirmkrone, die den Boden beschattet und Austrocknung verhindert; typisch sind Schirmakazien, Affenbrotbäume (Baobab) und andere Flaschenbäume (speichern in dicken Stämmen Wasser), Ufer der nicht ganzjährig wasserführenden Flüsse sind von Baumstreifen (Galeriewälder) gesäumt

Landwirtschaft: Ackerbau (nur eine Ernte im Jahr möglich), Viehzucht durch Tsetsefliegen (Überträger von Krankheiten) behindert

Feuchtsavanne

Trockenzeit: 2 – 5 Monate

Niederschläge: 1000 – 1500 mm

Vegetation: offene Landschaft mit parkartigem Baumbestand, bis zu 6 m hohes „Elefantengras"; Bäume behalten auch während der Trockenzeit ihre Blätter

Landwirtschaft: hohe Niederschläge ermöglichen zwei Ernten im Jahr; zur Selbstversorgung Anbau von Hirse, Mais, Soja, Maniok; für die Ausfuhr (Export) Anbau von z. B. Erdnüssen, Kakao, Kaffee und Baumwolle; wegen der Tsetsefliegen kaum Großviehhaltung; durch Brandrodung gewinnen Hackbauern zusätzliches Ackerland

M6 Savannentypen

AUFGABEN

1 *Erstelle einen kurzen Infotext zu den drei Savannenarten (M2 – M6).*

2 *Nenne fünf afrikanische Staaten, die Anteil an allen drei Savannentypen haben (M3, Atlas).*

3 *a) Beschreibe das Klima der drei Klimastationen in M5. Bestimme auch jeweils den Monat mit der höchsten Temperatur und den höchsten Niederschlägen.*

b) Begründe die Unterschiede (M3, M5, Atlas).

4 *Wähle aus:*

Ⓐ *Erstelle eine Collage zum Thema „Safari in Afrika".*

Ⓑ *Verfasse eine Fantasiereise zum Thema „Safari in Afrika".*

ALLES KLAR?

Richtig oder falsch?

1 *Beurteile, ob die Aussagen richtig oder falsch sind. Verbessere die falschen Aussagen in deinem Heft.*

1. Die Tropen bestehen aus dem tropischen Regenwald sowie der Feuchtsavanne.
2. Am Äquator fließen die Passatwinde der Nord- und Südhalbkugel zusammen.
3. In den Gebieten der tropischen Regenwälder existieren rund 30 % der Arten.
4. Der größte Anteil des produzierten Palmöls wird in der Futtermittelindustrie verwendet.
5. Die Savannen lassen sich nach der Höhe der Gräser unterscheiden.
6. Nachhaltigkeit bedeutet: Schonungslose Ausbeutung der tropischen Regenwälder.

Tropisches Silbenrätsel

1 *Setze die Silben korrekt zusammen, um die gesuchten Begriffe zu erhalten.*

1. tropische Graslandschaft mit sehr hohen Gräsern
2. landwirtschaftlicher Anbau mit nur einer Art von Nutzpflanze
3. niederschlagsreiche Saison in den wechselfeuchten Tropen
4. Wettergeschehen mit größeren Temperatur- und Niederschlagsänderungen tagsüber als im Jahresverlauf
5. vertikale Aufteilung des Regenwaldes
6. indigenes Volk im tropischen Regenwald

bau – feucht – gen – ges – kli – kul – ma – ma – mie – Mo – ne – no – no – Re – Sa – Stock – Ta – ten – tur – van – werk – Ya – zei – zeit

Passatkreislauf

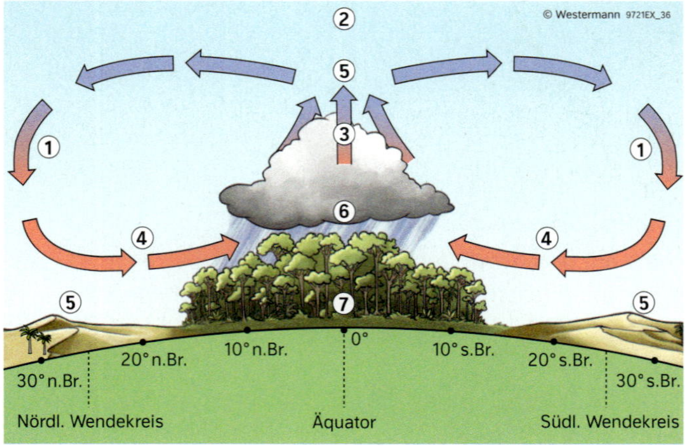

1 *Ordne die unten stehenden Begriffe den Ziffern ①–⑦ in der Grafik zu.*

Hochdruck – aufsteigende Luft – Zenitstand der Sonne – Tiefdruck – Passatwind – absinkende Luft – Kondensation und Niederschlag

2 *Erläutere das Auftreten von hohen Niederschlägen im Bereich des tropischen Regenwaldes.*

Tropischer Regenwald

1 *Schreibe die Sätze vollständig in dein Heft. In der richtigen Reihenfolge ergeben die Buchstaben in den Klammern das Lösungswort.*

1. Savannen sind ...	... für nachhaltiges Wirtschaften notwendig. (**A**)
2. Tropische Regenwälder sind ...	... Gebiete mit ähnlichem Pflanzenwuchs. (**N**)
3. Plantagen sind ...	... rund um den Äquator zu finden. (**A**)
4. Aufforstungen sind ...	... Pflanzungen einer Dauerkultur. (**N**)
5. Vegetationszonen sind ...	... tropische Graslandschaften. (**B**)
6. Die wechselfeuchten Tropen sind ...	... immer sommerfeucht. (**E**)

Lückentext

1 *Schreibe den Text in dein Heft. Fülle die Lücken mit den Wörtern aus dem Wortspeicher.*

Savanne bedeutet ... und ist eine ... in den wechselfeuchten ... Sie grenzt beiderseits des Äquators an den ... und reicht bis zu den Wendekreiswüsten. Geprägt ist sie durch relativ hohe ... und den Wechsel zwischen Regen- und ... Typisch sind daher Gräser, ... und vereinzelte Bäume.

Wortspeicher:
Büsche – Trockenzeiten – tropischen Regenwald – Jahresdurchschnittstemperaturen – Vegetationszone – weite Ebene – Tropen

Grundbegriffe

Agroforstwirtschaft
Brachezeit
Brandrodung
Dauerkultur
Entwicklungszusammenarbeit
Humusschicht
immerfeuchte Tropen
Monokultur
Nachhaltigkeit
Nährstoffkreislauf
Ökosystem
Passatkreislauf
Passatwind
Plantage
Ressource
Savanne
Tageszeitenklima
tropischer Regenwald
Wanderfeldbau
wechselfeuchte Tropen
Wendekreiswüste
Zenit

Web-Code: WES-101550-065

3 Lebensraum Subtropen

Frauen bei der Feldarbeit in Marokko

Der Lebensraum der Subtropen – ein Überblick

M1 Dromedare in Tschad (Afrika)

M3 Oase in Ägypten (Afrika)

Halbwüste und Wüste

Halbwüsten und Wüsten zählen zu den Vegetationszonen und sind typisch für die trockenen Subtropen. Die wohl bekannteste Wüste ist mit etwa neun Millionen Quadratkilometern die Sahara.

Wüsten bilden sich unter ariden Verhältnissen bei Niederschlägen von weniger als 100 mm pro Jahr, Halbwüsten unter 250 mm pro Jahr.

Die Trockenräume sind geprägt durch Vegetationsarmut oder gar Vegetationslosigkeit. In dem heißen und trockenen Klima gibt es nur wenige spezialisierte Pflanzen und Tiere. Zu ihnen zählen Kakteen, die Wasser speichern können, oder der Akazienbaum mit bis zu 80 Meter tiefen Wurzeln.

Eine landwirtschaftliche Nutzung beschränkt sich an den Wüstenrändern häufig auf eine großflächige Viehwirtschaft. Die Oasen an Wasserstellen, Quellen oder Flüssen gelten hingegen als Standorte mit den höchsten landwirtschaftlichen Erträgen auf der ganzen Welt. Hier werden Dattelpalmen, Obst, Getreide und Gemüse angebaut.

M2 Reste eines Steineichenwaldes in Portugal

M4 Reisanbau in China (Asien)

Hartlaubgehölze und subtropischer Feuchtwald

Hartlaubgehölze und subtropischer Feuchtwald befinden sich auf allen Kontinenten auf relativ kleinen Flächen.

In den winterfeuchten Subtropen der Mittelmeerregion können Pflanzen ganzjährig wachsen. Gelegentlich auftretende Dürren sind problematisch. Die ursprünglichen immergrünen Hartlaubwälder (z. B. Steineichen) wurden in der Vergangehnheit großflächig abgeholzt. Heute werden in der Region vor allem Wein, Oliven, Zitrusfrüchte, Obst und Gemüse angebaut. Dies geschieht mit künstlicher Bewässerung und in Gewächshäusern.

In den immerfeuchten Subtropen, denen auch die ursprüngliche Vegetation fehlt, sind wichtige Anbaupflanzen Reis, Erdnüsse, Tabak und Baumwolle. Das ist der Bereich des subtropischen Feuchtwaldes.

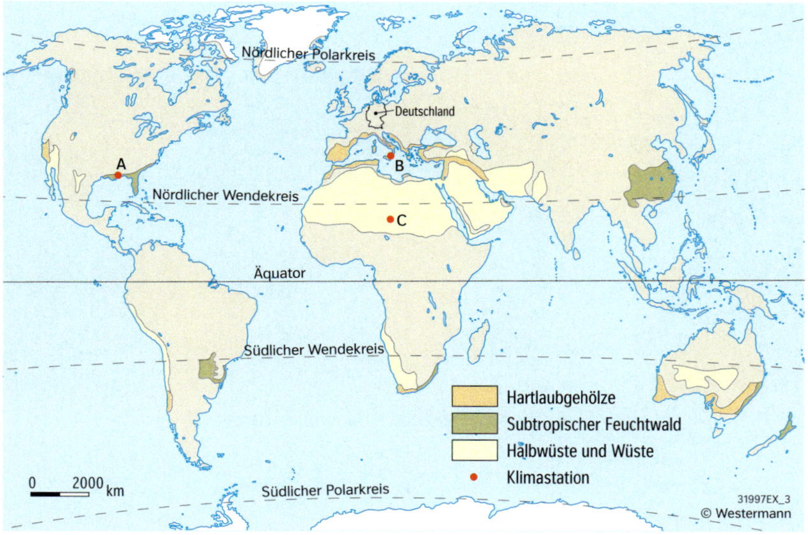

M5 Vegetationszonen – Lebensraum Subtropen

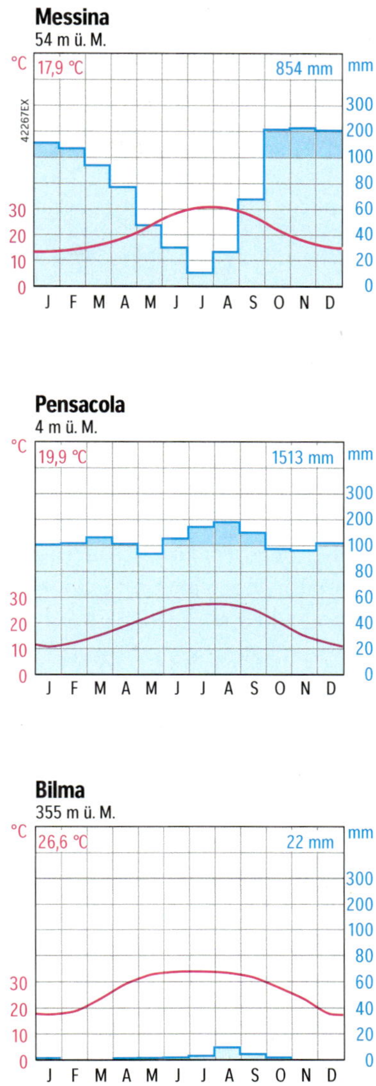

M7 Klimadiagramme

Der immergrüne Olivenbaum ist eine seit der Antike kultivierte Pflanze, die sich mit ihren kleinen Laubblättern und ihren tiefen Wurzeln perfekt an die klimatischen Gegebenheiten der winterfeuchten Subtropen angepasst hat. Olivenbäume benötigen viel Zeit zum Wachsen, können dafür aber mehrere Hundert Jahre alt werden.

90 Prozent der Oliven werden zu Öl gepresst, das sehr gesund ist. Eingelegt werden sowohl die grünen (unreifen) als auch die schwarzen (reifen) Oliven. Aus dem Holz der Olivenbäume werden Möbel, Blockflöten und Küchengeräte (z. B. Kochlöffel, Fleischklopfer, Salatbesteck) hergestellt. Die kulturelle Bedeutung des Olivenbaums ist so prägend für den Mittelmeerraum, dass man diesen sogar mit der Anbaugrenze der Olivenbäume definiert.

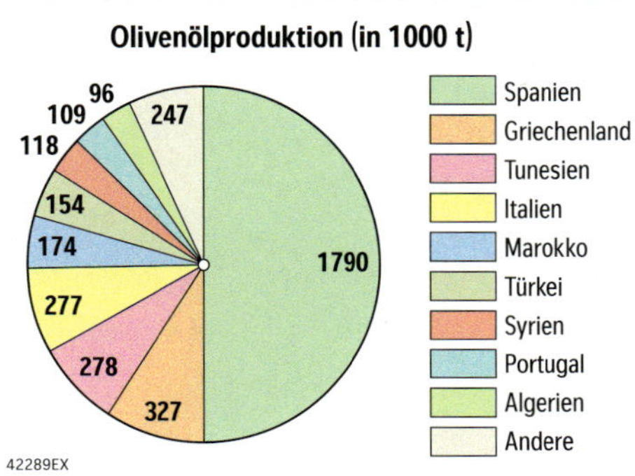

M6 Der Olivenbaum – Wahrzeichen des Mittelmeerraums

AUFGABEN

1 *Beschreibe die Lage der Subtropen (M5, Atlas).*

2 *Ordne die Klimadiagramme (M7) den Klimastationen in M5 zu. Begründe deine Entscheidung.*

3 *Beurteile die Nutzungsmöglichkeiten in den trockenen, winterfeuchten und immerfeuchten Subtropen (Text, M1–M4).*

Landwirtschaft in den trockenen Subtropen

M1 Anbau von Gemüse

M3 Viehwirtschaft der Nomaden

Wie man trotz Trockenheit überleben kann

Große Teile der Subtropen liegen im Passatgürtel. Deshalb überwiegt im ganzen Jahr heiß-trockene Luft. Das führt zu sehr hohen Temperaturen und geringen Niederschlägen. Nur wenige Pflanzen können hier überleben. Die Trockenräume verlangen von Pflanzen und Tieren, aber auch den Menschen sehr große Anstrengungen. Es ist schwierig, **Subsistenzwirtschaft** zu betreiben. Dies bedeutet, Nahrungsmittel anzubauen und sich damit selbst zu versorgen. Daher zählen diese Gebiete noch zu den gering bevölkerten Regionen der Erde. Trotzdem steigen auch hier die Bevölkerungszahlen wegen vieler Geburten an. Deshalb sollen verschiedene Maßnahmen das Überleben sichern.

Den Menschen in den trockenen Subtropen stellen sich weltweit die gleichen Fragen: Wie können die lebensfeindlichen Trockenräume der Subtropen von den Menschen genutzt werden? Welche wirtschaftlichen Maßnahmen können als nachhaltig bezeichnet werden?

„Die Feldarbeit ist mühevoll, da oft Regen ausbleibt und Pflanzen vertrocknen. Früher sind wir weitergezogen und haben Felder neu angelegt. Auf den verlassenen Feldern wuchsen Gräser, der Boden konnte sich erholen. Jahre später haben wir die Flächen wieder genutzt, doch das geht nicht mehr. Viehzüchter nehmen uns den Platz weg. Sie haben die Herden vergrößert und brauchen mehr Weideflächen. Die Tiere zertreten das Gras und fressen alles kahl. Wegen vieler Geburten müssen wir zudem mehr Menschen versorgen. Das Überleben ist für uns schwierig.“

M2 Ackerbauer Aganju berichtet.

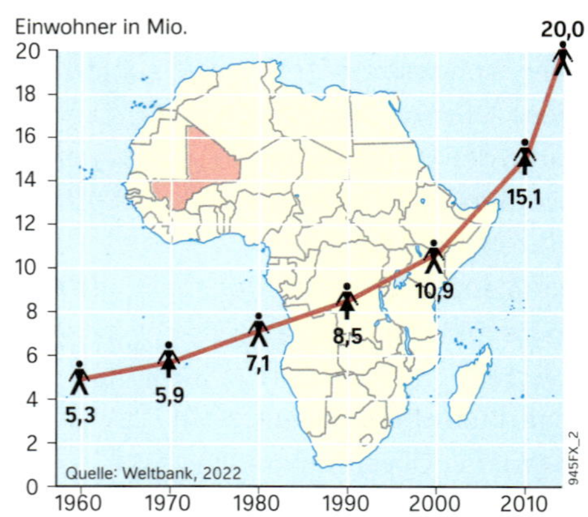

M4 Bevölkerungswachstum in Mali

AUFGABEN

1 *Beschreibe die Schwierigkeiten der Menschen, in den Subtropen die Ernährung zu sichern (M1 – M3).*

2 *Bewerte die räumlichen Folgen der steigenden Bevölkerungszahlen (M2, M4).*

Um trotz der Trockenheit in den Subtropen genug Nahrungsmittel zu erhalten, werden seit vielen Jahrhunderten verschiedene Bewässerungsmethoden angewendet. Dadurch kann das ganze Jahr über Ackerbau betrieben werden. Man unterscheidet hauptsächlich drei Methoden:

Am ältesten und immer noch sehr weit verbreitet ist die **Grabenbewässerung**. Dabei wird Wasser mit Pumpen aus Flüssen oder Brunnen in offenen Gräben oder breiten Kanälen zu den Anbauflächen geleitet. Dort wird es dann verteilt und gelangt in flachen Gräben zu den Pflanzen. Die Anlage und Erhaltung dieser Bewässerungsform erfordert genaue Planung und viel Arbeit, ist aber relativ kostengünstig.
80 Prozent des Wassers gehen jedoch durch Verdunstung oder undichte beziehungsweise beschädigte Gräben verloren.

Die moderne **Karussellbewässerung** ist deutlich teurer. Grundwasser wird in fahrbare oder fest installierte Beregnungsanlagen gepumpt. Dadurch entstehen Bewässerungskreise. Die notwendige Wassermenge kann genau eingestellt werden. Dabei können auch direkt Pflanzenschutzmittel oder Dünger beigemischt werden. Dadurch spart man einen Arbeitsgang. Allerdings gehen 20 bis 40 Prozent des kostbaren Wassers durch die hohe Verdunstung verloren. Deshalb wird tagsüber, wenn die Sonne scheint und die Temperaturen hoch sind, oft nicht bewässert. Außerdem bildet sich das Grundwasser nicht nach, da es aus tief liegenden Schichten gepumpt wird. Es ist endgültig verloren.

Bei der **Tröpfchenbewässerung** haben Wasserschläuche kleine Löcher. Durch diese Löcher treten Wassertropfen nach Bedarf aus. Häufig regeln ferngesteuerte Pumpen den Wasserfluss automatisch. Dadurch ist eine sparsame Dosierung möglich und die Verluste durch Verdunstung bleiben gering. So kann viel Wasser gespart werden und das Grundwasser wird geschont. Der Wasserverlust liegt bei der Tröpfchenbewässerung bei nur etwa 5 bis 10 Prozent.
Jedoch sind diese Anlagen teuer, da die Schlauch- und Rohrleitungen aufwendig verlegt werden müssen.

M5 Künstliche Bewässerungsmethoden in den Subtropen

AUFGABEN

3 *Vergleiche die Methoden der Bewässerung (M5). Berücksichtige dabei die Frage nach der Nachhaltigkeit.*

4 *a) Informiert euch in Gruppenarbeit über Beispiele für Tröpfchenbewässerung (Länder, Technik, Anbauprodukte usw.) (Internet).*

b) Stellt die Ergebnisse in der Klasse vor.

Oasen – grüne Inseln in der Wüste

M1 Oase in Marokko (Afrika)

Nach tagelanger Fahrt durch das öde, wasserlose Land erscheint uns die Oase mit ihren Brunnen und schattigen Palmengärten wie ein Wunder. „Inseln im Meer der Wüste“ werden die Oasen deshalb von den Einheimischen genannt. Natürlich stellt sich uns die Frage: „Woher kommt eigentlich das Wasser einer Oase?“
Der Reiseführer antwortet: „Das Wasser der meisten Oasen stammt aus den Gebirgen. Wenn es dort regnet, versickert das Wasser im Boden. Auf einer wasserundurchlässigen Schicht fließt es unterirdisch viele Hundert Kilometer in die Sahara hinein. An manchen Stellen liegt die Grundwasserschicht nicht sehr tief. Dann kann sie angezapft werden. Bei einem artesischen Brunnen tritt das Wasser dagegen ohne technische Hilfsmittel durch Druck an die Oberfläche (M3, M5). Es können auch Wasservorräte aus lange vergangenen Zeiten genutzt werden. Mithilfe von Motorpumpen wird das kostbare Wasser teilweise aus mehreren Hundert Metern Tiefe gefördert.“

M2 Aus einem Reisebericht

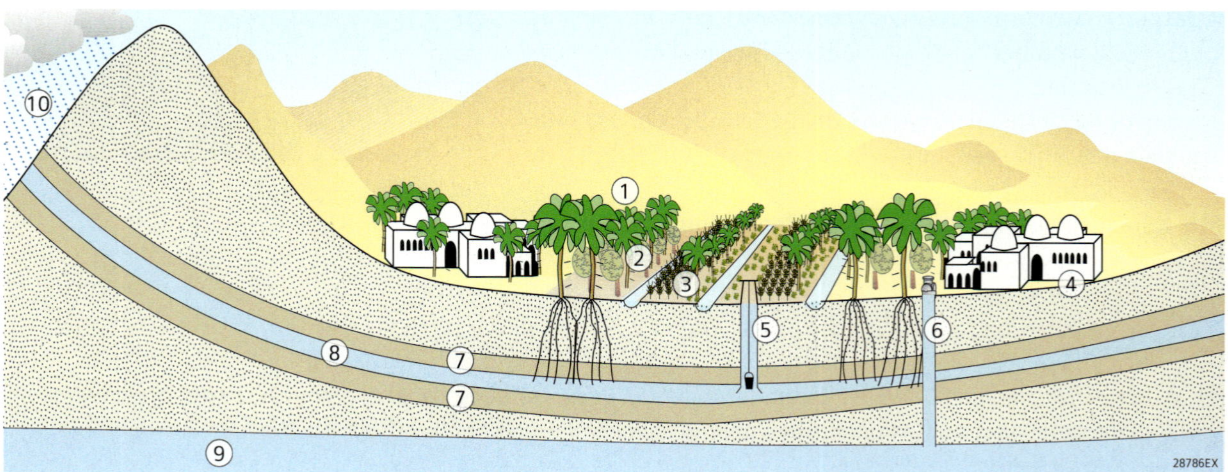

M3 So gelangt das Wasser in die Oase.

In einer Oase sind Wasser und Anbauflächen sehr kostbar. Deshalb legen Oasenbauern ihre Gärten stockwerkartig an.
Das Dach bilden die Dattelpalmen. Sie sind für die Bauern besonders wichtig. Ihre breiten Blätter geben dem Boden Schatten und schützen ihn vor Austrocknung. Außerdem können die Menschen fast alle Teile der Dattelpalme nutzen.
Das mittlere Stockwerk bilden Obstbäume wie Aprikosen, Zitrusfrüchte, Oliven oder Mandeln.
Unten werden in kleinen Feldern Getreide (Gerste, Hirse), Gemüse (Tomaten, Bohnen, Erbsen) und Gewürze oder Tee angebaut. Viele Felder sind so klein, dass die Bauern den Boden nicht mit dem Pflug, sondern nur mit einfachen Hacken bearbeiten können.

M4 Der Stockwerkbau in den Oasen

Bewässerung in den Oasen

Oasen gibt es in Wüsten nur dort, wo Wasser vorkommt. Hier können Pflanzen bei regelmäßiger Bewässerung wachsen.
Vom Brunnen der Oase fließt das Wasser durch ein weit verzweigtes System von größeren Kanälen und kleineren Gräben. Diese sind von niedrigen Dämmen begrenzt. Durch Öffnen und Schließen der Dämme setzt man die Beete unter Wasser. So erhalten die Bauern für einen bestimmten Zeitraum die für sie vorgesehene Wassermenge.

AUFGABEN

1. *Beschreibe die wichtigsten Merkmale der Oasen (M1 – M4).*
2. *Ordne den Zahlen in M3 folgende Begriffe zu: Grundwasserschicht – artesischer Brunnen – Regen – Dattelpalmen – Brunnen mit Motorpumpe – alte Wasservorräte – wasserundurchlässige Schicht – Obstbäume – Siedlung – Getreide und Gemüse.*
3. *Führt das Experiment durch (M5).*

Materialien
- ca. 50 cm Gartenschlauch, ein Trichter
- ein spitzer Gegenstand (z. B. Messer, Korkenzieher)
- ein Streichholz oder etwas Klebeband

Durchführung
1. Bohrt ein Loch in die Mitte des Schlauches. Verschließt es mit Streichholz oder Klebeband.
2. Baut den Versuch wie in M5 auf. Gießt Wasser in den Trichter, bis der Schlauch gefüllt ist.
3. Entfernt das Streichholz oder das Klebeband.
4. Notiert eure Beobachtungen.

M5 Ein Experiment: Artesischer Brunnen

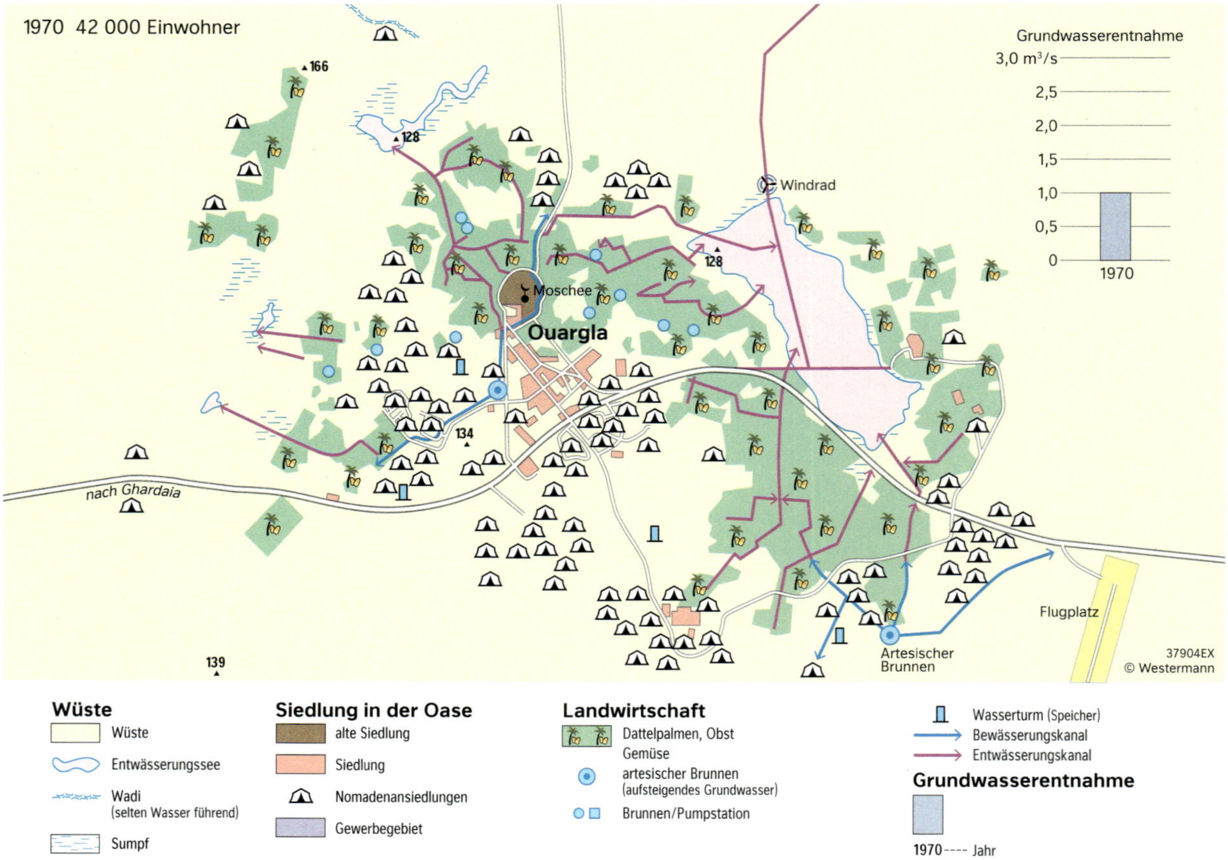

M1 Die Oase Ouargla in Algerien (Afrika) 1970

Wandel in den Oasen

Früher verdienten die Menschen ihr Einkommen in den Oasen durch den Karawanenhandel. Die Kamele wurden getränkt und Verpflegung verkauft. Der Handel mit Datteln, Oliven, Körben und Silberwaren blühte. Später ersetzten Lastwagen den Karawanenbetrieb. Seitdem bringen Lastwagen die meisten Lebensmittel und Güter des täglichen Bedarfs in die Oasen.

Auch die Oase Ouargla in Algerien (Nordafrika) hat sich in vielen Bereichen gewandelt. Wie zahlreiche andere Oasen hat sie sich zu einer Handelsstadt und zu einem Ziel für Touristen entwickelt, die in die Sahara reisen. Die Einwohnerzahl der Stadt wuchs und das Stadtbild veränderte sich. So wurde beispielsweise eine Universität gegründet und ein Gewerbegebiet eingerichtet. Auch die Erdölfunde im nahe gelegenen Hassi Messaoud hatten Einfluss auf die Oase Ouargla.

M2 Die Oase Ouargla im Jahr 1945

Ⓐ Die landwirtschaftliche Anbaufläche hat sich verkleinert.

Ⓒ Die Oase ist heute besser zu erreichen.

Ⓑ Viele Oasenbewohner üben heute andere Berufe aus als früher.

M3 Welche der Aussagen stimmen?

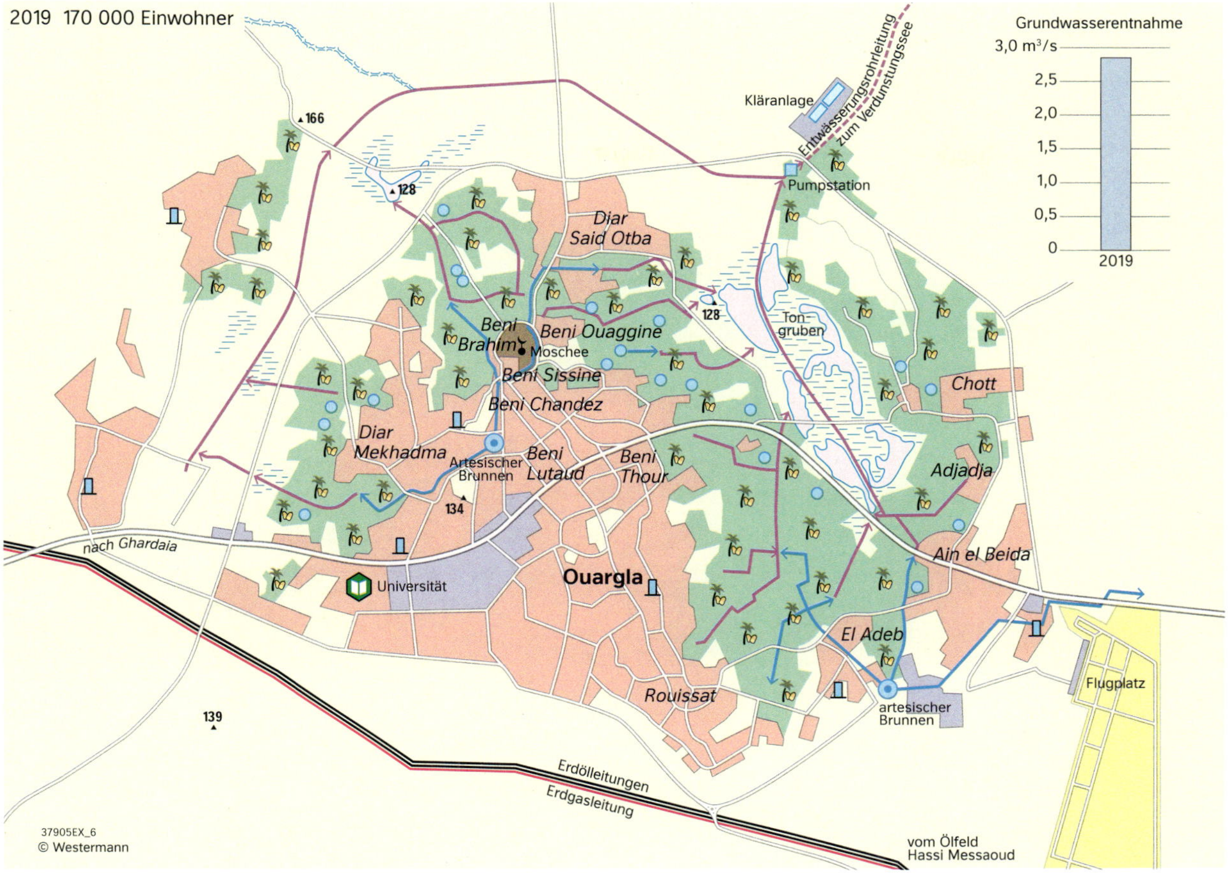

M4 Die Oase Ouargla 2019 (Legende siehe M1)

M5 Hotel in der Wüste

M6 Erdölförderung in Algerien

Ⓓ Ouarglas Einwohnerzahl ist stark gesunken.

Ⓕ Die Einkaufsmöglichkeiten in der Oase haben sich verbessert.

Ⓔ Der Flughafen ist heute kleiner als im Jahre 1970.

Ⓖ Viele junge Menschen brauchen heute nicht mehr abzuwandern.

AUFGABEN

1 *a) Beschreibe die wichtigsten Veränderungen in der Oase.*
b) Überprüfe die Aussagen Ⓐ–Ⓖ in M3 auf Richtigkeit. Untersuche dazu M1 und M4.

2 *Erläutere das heutige Oasenleben mit den vielfältigen Problemen für die Bewohner (M4).*

3 *Erörtere mithilfe der Fotos (M2, M5, M6) den Wandel der Oase von 1945 bis heute.*

M1 Bodenversalzung im Weinanbau in San Juan (Argentinien)

Bodenversalzung – ein Problem in den Subtropen

Ohne Bewässerungsfeldbau ist in einigen Regionen der Subtropen kein Anbau möglich. Der Regen reicht weder in Argentinien für den Weinbau, noch in Kalifornien für Gemüseanbau oder in den Mittelmeerländern für Obst aus. Durch die hohen Temperaturen gedeihen Wein, Gemüse, Obst aber besonders gut, deshalb wird bewässert. Auch in den Oasen wird Wasser auf die Felder geleitet. Die Bewohner gewannen durch den Pflanzenanbau Unabhängigkeit. Mit Jeeps wird die Ernte zu Märkten transportiert und verkauft. Bei Bewässerung kommt es aber zu **Bodenversalzung**. In trockenen Regionen ist die Salzanreicherung im oberen Boden ein natürlicher Vorgang. Bewässerung verstärkt diesen Vorgang. Häufig bilden sich oberflächliche Salzkrusten (M1). Eine Entfernung ist schwierig. Um die Bodenversalzung zu bekämpfen, müssen Entwässerungsrohre im Boden verlegt werden. Diese Methode kostet aber sehr viel Geld.

Das über Bewässerungskanäle auf die Felder geleitete Wasser dringt in den Boden ein und versickert. Das Wasser löst dann Salze aus allen Bodenschichten heraus. Wegen hoher Lufttemperaturen verdunstet das Oberflächenwasser. Dabei wird das versickerte, salzreiche Wasser zurück an die Oberfläche „gesaugt". Wenn dies nun verdunstet, bleiben die vorher im Wasser gelösten Bodensalze an der Bodenoberfläche zurück.

M2 Wie entsteht Bodenversalzung?

Das Hauptproblem bei der Bodenversalzung besteht darin, dass viele Pflanzen Salzkrusten und Bodensalze nicht vertragen. Die Bodensalze verringern die Fähigkeit der Pflanzen, Wasser aufzunehmen. Das behindert sofort das Pflanzenwachstum, es entwickeln sich nur kleine Pflänzchen. Dadurch sinken auch die Ernteerträge. Schätzungen zufolge sind weltweit 20 bis 30 Prozent der bewässerten Flächen von Bodenversalzung betroffen.

M3 Folgen der Bodenversalzung

M4 Entwässerungsrohre im Mittelmeerraum

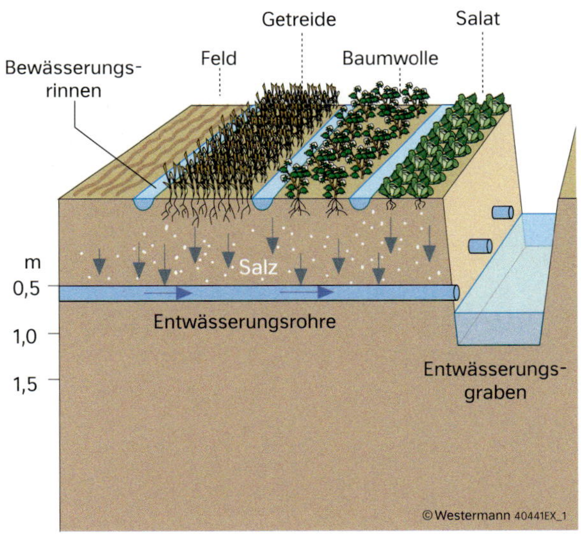

M5 Be- und Entwässerung

Materialien
- ein durchsichtiger Behälter aus Glas oder Plastik
- eine Packung Kochsalz
- etwa vier Tassen lockere Gartenerde

Durchführung
1. Streut auf dem Grund des Behälters einen Esslöffel Salz aus. Bedeckt diese dünne Salzschicht dann mit einer 5 cm dicken Erdschicht und drückt diese leicht an. Danach wird der Boden ordentlich gewässert.
2. Nach 24 Stunden in der prallen Sonne oder auf einem Heizkörper ist das Wasser verdunstet. Es hat sich ein feiner Salzniederschlag an der Oberfläche gebildet.
3. Begießt anschließend den im Versuch erzeugten Salzboden erneut und kippt das Wasser ab. Nach erneutem Trocknen ist die Salzkruste verschwunden.
4. Zur Vorstellung der Ergebnisse könnt ihr eine digitale Präsentation mit eigenen Fotos und Stichworten anfertigen.

M6 Versuch zur Bodenversalzung und Entwässerung

AUFGABEN

1 *Erkläre den Begriff „Bodenversalzung" mit eigenen Worten (Text, M1).*

2 *Führt den Versuch zur Bodenversalzung durch (M6). Haltet einzelne Schritte in einem Protokoll fest.*

3 *Stelle in einer Kausalkette (nur Stichworte) Ursachen und Folgen der Bodenversalzung dar (M2, M3).*

4 *„Eine falsche Bewässerungstechnik führt dazu, dass den Pflanzen weniger Wasser zur Verfügung steht als zuvor." Begründe diese Aussage (M3).*

5 *Führt eine Diskussion zum Thema „Bodenversalzung – ein unvermeidliches Problem?" durch (M5). Nehmt dabei verschiedene Rollen ein.*

Desertifikation – die Wüste wächst

M1 Auswirkungen von Desertifikation

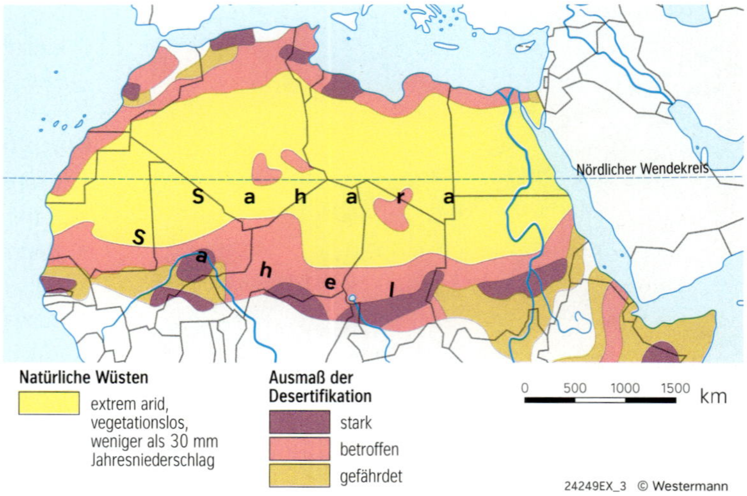

M3 Desertifikation im nördlichen Afrika

Neben der Bodenversalzung droht in den Subtropen auch eine andere Gefahr: die **Desertifikation**.

Intensiver Ackerbau

Das Bevölkerungswachstum zwingt die Menschen zur Steigerung der Ernteerträge. Die Böden werden bis zur Unfruchtbarkeit beansprucht. Es bildet sich keine Grasdecke mehr. Der Boden ist der Sonne ausgesetzt und trocknet aus. Regenfälle spülen in der Regenzeit die fruchtbare Bodenschicht weg, weil das Wasser nicht versickern kann.

Bäume dienen als Brennholz

In der Sahelzone gibt es selten Strom oder Gas. Die Menschen kochen mit dem Holz der wenigen Büsche und Bäume. Diese haben aber die Aufgabe, den Boden festzuhalten und Schatten zu spenden.

Tiefbrunnen und größere Viehherden

Tiefbrunnen sollen Nomaden und ihre Tiere vor dem Verdursten bewahren. Die Nomaden vergrößern aber ihre Herden, um für schlechte Zeiten vorzusorgen. Mit ihren Tieren bleiben sie in der Nähe der Wasserstellen. Dort fressen die Tiere alles kahl und verdichten mit den Hufen den Boden. Eine schützende Pflanzendecke kann sich nicht mehr bilden. Man spricht von **Überweidung**.

M2 Ursachen von Desertifikation

1) Bevölkerungswachstum
↓
2) ?
↙ ↘
3a) ? | 3b) ?
↓ | ↓
4a) ? | 4b) ?
↓ | ↓
5 Übernutzung | 5 Überweidung
↘ ↙
6) ?
↓
7) ?
↙ ↘
8a) ? | 8b) ?

Wortspeicher:
aus Weideland wird Wüste – Anwachsen der Viehherden – Bau von Tiefbrunnen – Verkürzung der Brachezeit – Vegetation stirbt ab – Austrocknung des Bodens – hoher Nahrungsmittelbedarf – aus Ackerland wird Wüste – intensive Bewirtschaftung der Felder

M4 Flussdiagramm

Steinwälle und Halbmonddämme

Niedrige Steinwälle werden errichtet, um die **Erosion** (Abtragung des Bodens) durch Wind und Starkregen zu verringern. Das abfließende Wasser wird dadurch abgebremst, im Wasser mittransportierter Sand lagert sich ab.

Bereits zerstörte Flachen werden durch halbmondformige Gräben und Dämme geschützt. Regenwasser sammelt sich in den Gräben und in der Umgebung kann wieder Gras wachsen. Am Fuß der Dämme werden Bäume gepflanzt. Kahle Flächen werden so wieder grün und nutzbar.

Baumpflanzungen

Aufforstung soll den Baumbestand erneuern. Die Baumsetzlinge müssen gewässert und vor herumlaufenden Ziegen geschützt werden. Andernfalls fressen die Ziegen die Setzlinge und behindern die Aufforstungen.

Mischkulturen statt Monokulturen

Um mehr Geld zu verdienen, wurden oft Pflanzen in Form von Monokulturen für den Export angebaut. Diese laugen aber den Boden einseitig aus und sind anfällig für Krankheiten. Deswegen wird vermehrt auf Mischkulturen gesetzt. Deren Sortenvielfalt schont die Böden und mindert das Risiko einer schlechten Ernte.

Energiesparen beim Kochen

Traditionelle Kochstellen bestehen aus drei Steinen, auf die ein Topf gestellt wird. Dazwischen brennt ein Feuer. Dabei geht aber viel Energie verloren – es wird also mehr Brennholz verfeuert. Um beim Kochen den Holzverbrauch zu senken, wurden energiesparende Lehmöfen entwickelt. Der Topf steht dabei auf einem Ring aus Lehm, der nur an einer Seite offen ist. So geht weniger Hitze verloren.

M5 Maßnahmen gegen die Wüstenausbreitung

AUFGABEN

1 *Übertragt das Flussdiagramm M4 in euer Heft. Setzt die Begriffe aus dem Wortspeicher an den richtigen Stellen ein.*

2 *Notiere drei Länder, die stark von der Desertifikation betroffen sind (M3, Atlas).*

3 *„Der Bau von Tiefbrunnen ist umstritten." Diskutiert in der Klasse Pro- und Kontra-Argumente (M2).*

4 *a) Erklärt in Gruppenarbeit eine Maßnahme gegen die Desertifikation (M5). Stellt sie der Klasse vor.*
b) Bewertet die Notwendigkeit dieser Maßnahmen hinsichtlich der räumlichen Folgen.

5 *Erläutert die Notwendigkeit von Schutzmaßnahmen für Baumsetzlinge (M5: Baumpflanzungen).*

6 *a) Recherchiert in Partnerarbeit über das Projekt „Grüne Mauer" im nördlichen Afrika (Internet).*
b) Stellt eine Präsentation mit den wichtigsten Informationen und Fotos zusammen. Präsentiert eure Ergebnisse der Klasse.

M1 Die Region El Ejido (Spanien) 1974 ...

M3 ... und 2019

Tomatenanbau in den Subtropen

Tomaten sind die wichtigste Gemüsesorte bei uns. Dies war nicht immer so. Früher haben die Kunden Gemüse und Obst nach der Jahreszeit eingekauft. Oder sie haben es im eigenen Garten angebaut. Im Winter hat man eingemachtes Obst und Gemüse verwendet. Etwa ab 1980 bauten niederländische Landwirte und spanische Unternehmen in großflächigen Glashäusern an. Mit diesen **Treibhauskulturen** war es möglich, über das ganze Jahr beliebte Obst- und Gemüsesorten anzubauen, zu ernten und zu liefern. In den Supermärkten kann man jetzt immer alle beliebten Produkte kaufen, denn Lkw bringen Apfelsinen, Tomaten, Salate frisch in die Geschäfte. Die Nachfrage stieg stark an und in vielen Regionen Südeuropas (z. B. Spanien), wo Mittelmeerklima herrscht, entstanden viele Agrarbetriebe unter Plastikplanen. In dieser trockenen Region wird überwiegend Grundwasser für die Bewässerung der Treibhauskulturen verwendet. Dies geschieht häufig mittels Tröpfchenbewässerung.

- wüstenähnlicher Landstrich; ehemals ärmste Region Spaniens
- wirtschaftlicher Anstieg zu einer der reichsten Regionen Spaniens
- circa 350 km^2 großes Intensivanbaugebiet unter Folie
- hauptsächlich werden Tomaten, aber auch Gurken, Paprika und Wassermelonen angebaut
- Arbeitskräfte, überwiegend Flüchtlinge aus Nordafrika, die in Wohnhütten (Chabolas) wohnen
- Temperaturen unter Folie von bis zu 50 °C
- Einwohner von El Ejido: 1980: 500; 2000: 50 000; 2019: 84 000

M2 Das „Mar del plastico" (deutsch: Plastikmeer) – ein Steckbrief

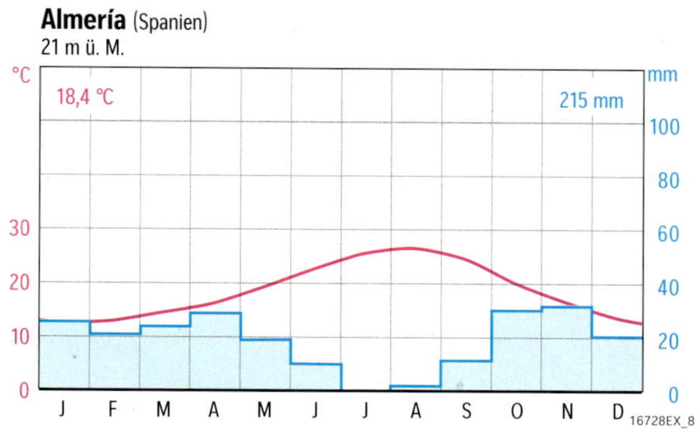

M4 Klimadiagramm von Almeria

- stammt ursprünglich aus Südamerika
- besteht zu etwa 95 % aus Wasser
- Wasserbedarf bis zur Ernte: 50 l pro Tomate
- durchschnittlicher Tomatenverzehr in Deutschland: 28 kg pro Jahr

M5 Steckbrief Tomate

Umweltfolgen

Seit einigen Jahren werden die Gewächshäuser in Spanien immer weiter ins Hinterland (M1, M3) gebaut. Dafür müssen die Hänge der Gebirge (Sierra de Gador) gerodet, zu Flächen eingeebnet und planiert werden. Dadurch kommt es zu sehr starken Erosionsproblemen. Die oberen Erdschichten werden bei Regen weggeschwemmt. Zur Bewässerung der Obst- und Gemüseplantagen wird Wasser aus jahrtausendealten unterirdischen Grundwasservorkommen hinaufgepumpt, ohne dass es wieder aufgefüllt werden kann.

Arbeitsbedingungen

Rund 50 Prozent der in El Ejido tätigen Arbeiter und Ernte-Helfer sind illegale Zuwanderer aus Afrika, die auf den Gemüseplantagen und Gewächshäusern meist als Tagelöhner beschäftigt werden.
Viele müssen während der Ernte bis zu 16 Stunden am Tag arbeiten. Richtige Arbeitsverträge wie in Deutschland gibt es nur selten. Der Stundenlohn liegt unter 3 Euro. Viele der illegalen Einwanderer hausen in Chabolas, da sie keine richtigen Wohnungen bezahlen können. Chabolas sind behelfsmäßig zusammengebaute Hütten aus Latten und Plastikplanen.

M6 Chabolas (Wohnhütten)

AUFGABEN

1 *Erkläre, warum frische Tomaten in Deutschland im ganzen Jahr zum Kauf angeboten werden können (Text).*

2 *Vergleiche die beiden Satellitenbilder (M1, M3).*

3 *Beschreibe in einem kurzen Text die Veränderungen, die in der Region El Ejido stattgefunden haben (M2).* ↗

4 *Werte das Klimadiagramm von Almeria aus (M4).*

5 *„Die Tomate hat in Spanien ideale Wachstumsbedingungen." Bewerte diese Aussage und ihre Wirkungsabsicht (Text, M4, M5).*

M1 Gemüseernte vor 60 Jahren

M4 Tomatenernte mit Maschinen heute

Kalifornien – Fruchtgarten der USA

In Kalifornien liegt das wichtigste landwirtschaftliche Anbaugebiet der USA. Mehr als zehn Prozent aller Agrarprodukte werden hier produziert, obwohl die landwirtschaftliche Fläche nur drei Prozent des Ackerlandes der USA ausmacht. Die marktorientierte Landwirtschaft konzentriert sich auf das etwa 600 Kilometer lange Zentraltal (Central Valley).
Über 400 Nutzpflanzen werden angebaut, wodurch Kalifornien eine führende Stellung einnimmt. Ein Drittel der Produktion wird in mehr als 150 Länder verkauft, zum Beispiel nach Kanada, Japan und in europäische Länder.

Neben den guten Böden ist auch die Lage im Windschatten der Gebirge ein Vorteil, da kalte Winde die Ernte nicht gefährden können. Jedoch reicht der Regen im Sommer für die Landwirtschaft nicht aus. Daher wird Wasser aus dem Norden (Küstengebirge) und aus der Sierra Nevada (M6) zur Bewässerung genutzt. Dadurch kann aber das Grundwasser absinken, was zum Problem für Landwirtschaft und Bewohner der Millionenstädte wird. Auch der Colorado River, der größte und wichtigste Fluss im Westen der USA, erreicht oft nicht mehr den Golf von Kalifornien, weil er schon vorher austrocknet.

M2 Kaliforniens Anteile an der Produktion der USA

„Ich heiße Paul Smith und habe eine Farm bei Fresno, mitten im Central Valley. Das ist ein heißes, trockenes Tal. Dürre, Luftverschmutzung und Rauch von Waldbränden behindern unsere Arbeit. Im Sommer wird es über 50 Grad heiß. Deshalb müssen wir bewässern. Auf unserer Farm gibt es bewässerte Tomaten- und Gurkenfelder und Mandelplantagen. Das treibt die Kosten in die Höhe, da Wasser teuer ist. 2020 war die schlimmste Waldbrandsaison in der Geschichte. Die Brände zerstörten viel Land. Während der Brände mussten alle Schutzmasken tragen. Doch einen Vorteil gab es: Die Temperaturen waren geringer, weil Rauch die Sonne verdeckte.
Landwirtschaft ist die wichtigste Wirtschaftsform, unser Lebensmittelpunkt. Früher hatten wir keine Maschinen und Traktoren und brauchten viele Landarbeiter. Heute arbeiten nur 50 Erntehelfer bei mir. Wegen der Corona-Pandemie ging die Nachfrage nach Gemüse und Obst zurück, da überall geschlossen war. Wir konnten den Beschäftigten keine Arbeit bieten. Sie hatten finanzielle Schwierigkeiten.
Die Luftverschmutzung durch Abgase und Ölindustrie ist zudem sehr hoch. Diese Bedingungen gab es früher nicht. Wir brauchen strengere Umweltschutzgesetze und niedrigere Wasserpreise."

M3 Farmer Smith berichtet.

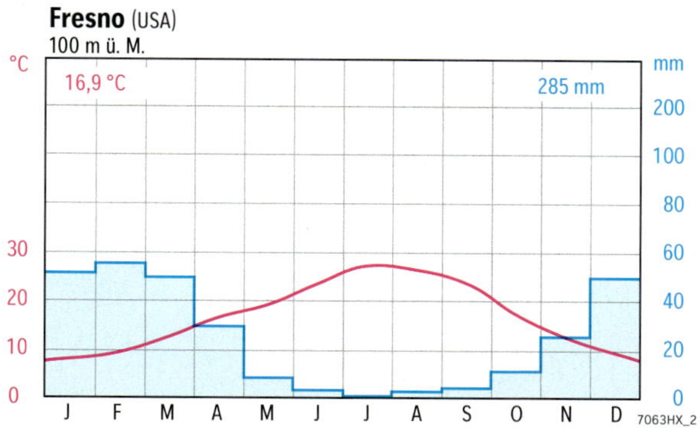

M5 Klimadiagramm von Fresno

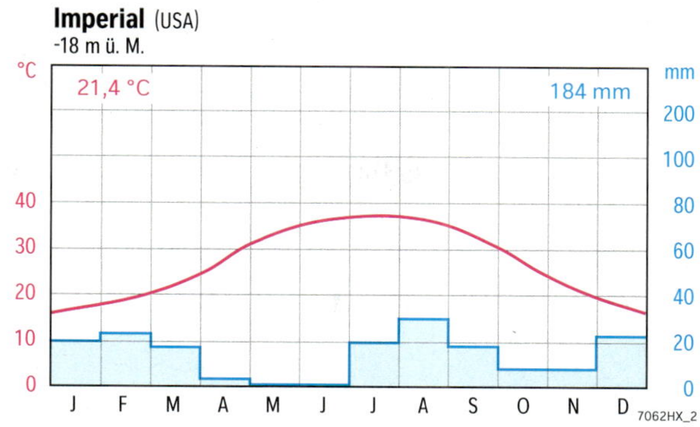

M7 Klimadiagramm von Imperial

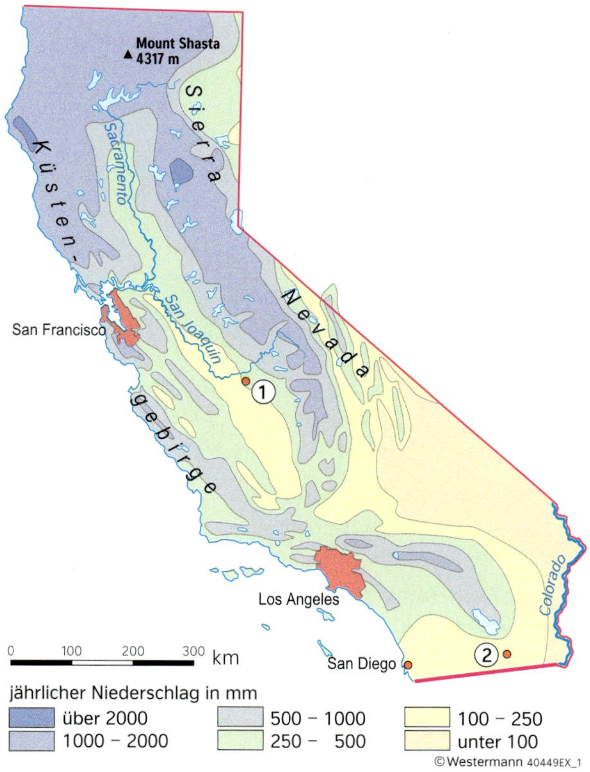

M6 Wasserverteilung und Niederschläge in Kalifornien

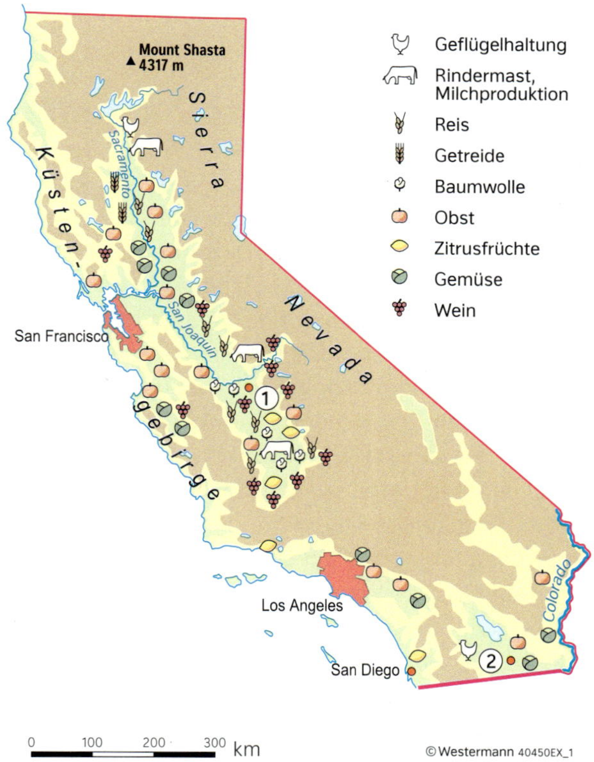

M8 Landwirtschaftliche Nutzung in Kalifornien

AUFGABEN

1 *Erkläre die Bezeichnung „Kalifornien – Fruchtgarten der USA" (Text, M8).*

2 *Vergleiche die Fotos M1 und M4.*

3 *a) Wertet die Klimadiagramme in Gruppenarbeit aus (M5, M7).*

b) Ordnet die Klimadiagramme (M5, M7) den Orten ① und ② (M6, M8) zu. Begründet eure Entscheidung.

4 *a) Notiere wichtige Produkte der kalifornischen Landwirtschaft (M2, M3, M4, M8).*

b) Erkläre die Bedeutung der kalifornischen Landwirtschaft für die USA (Text, M2, M3).

5 *Erläutere die Probleme, von denen Paul Smith berichtet (M3).*

M1 Überschwemmung und Buschbrand in Australien

Australien – Landwirtschaft trotz Trockenheit?

In Australien eignen sich weniger als zehn Prozent der Fläche für landwirtschaftlichen Anbau. Nur wenn genug Regen fällt oder wenn Brunnen vorhanden sind, kann man den Boden nutzen. Auf den meisten zu den Subtropen gehörenden Flächen fehlt ausreichender Niederschlag für ertragreichen Ackerbau. Deshalb sind sie nur für Weidewirtschaft geeignet. Die jährlichen Regenmengen in Australien können von Jahr zu Jahr stark schwanken. Auch innerhalb einzelner Jahre treten starke Schwankungen auf. Auf lange Dürreperioden mit heftigen Buschfeuern kann Starkregen folgen, der zur Überflutung ganzer Landstriche führt. Das Wasser kann nicht in den ausgetrockneten, harten Boden einsickern und kostbarer Ackerboden wird weggeschwemmt.

- **Hitze:** 50,7 °C
  im Januar 1960, Oodnadatta
- **Kälte:** −23,0 °C
  im Juni 1994, Charlotte Pass
- **Starkregen:** 319 mm in 24 h
  im Oktober 2017, Bundaberg
- **trockenster Frühling:** weniger als 20 % der durchschnittl. Regenmenge, 2019, Australien
- **höchste Windgeschwindigkeit:** 408 km/h
  im April 1996, Barrow Island

M3 Wetterrekorde Australien

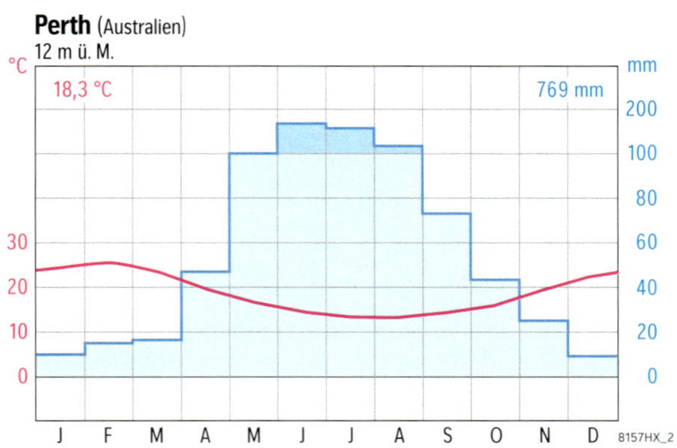

M2 Klimadiagramm von Perth

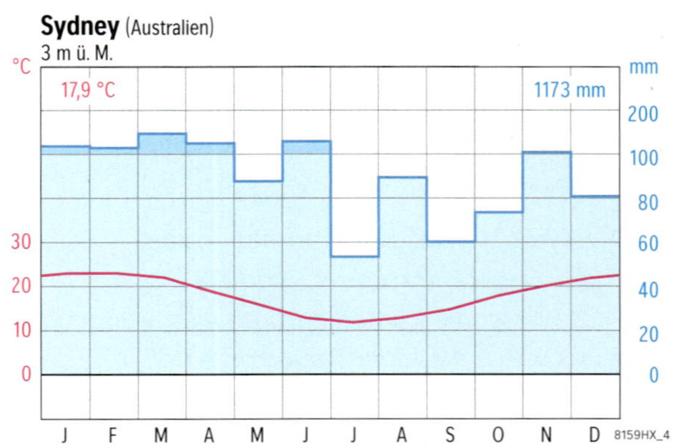

M4 Klimadiagramm von Sydney

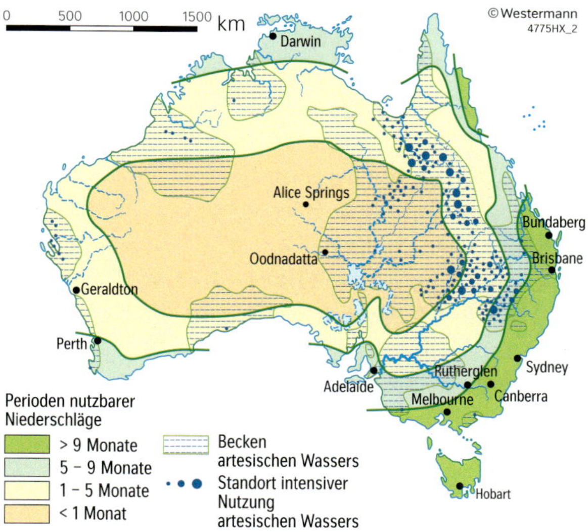

M5 Niederschlagsverteilung und Wasservorkommen

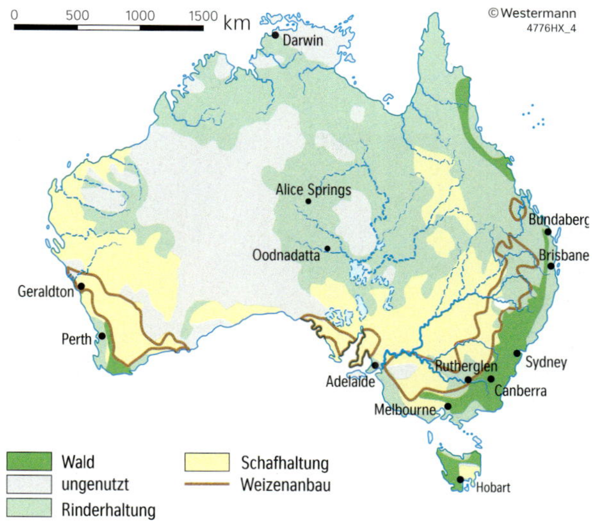

M7 Landnutzung in Australien

„Meine Farm mit 30 000 Schafen liegt im Westen Australiens und ist mit 1600 km² mehr als viermal so groß wie Köln. Die meiste Zeit verbringe ich mit meinen Cowboys draußen auf der Weide, etwa um die Tränken in Ordnung zu halten.
In den letzten Jahren machte uns die Trockenheit zu schaffen. Die Tiere bekamen zu wenig zu trinken und viele verdursteten. Im Jahr 2020 haben Buschfeuer viele Tiere getötet. Wir werden im nächsten Jahr mehr Wasser verbrauchen und haben gefordert, die Wassergebühren zu reduzieren. Außerdem werden wir einen Tiefbrunnen anlegen müssen, da wir kein artesisches Wasser haben."

M6 Herr Hyder aus Westaustralien

„Wein aus Australien ist seit einiger Zeit ein Exportschlager. Meine Vorfahren haben Wein fast nur für den Eigenbedarf angebaut. Die Erträge waren nicht vergleichbar mit denen in Europa.
Obwohl wir ähnliche Temperaturen wie im Mittelmeerraum haben, fallen die Niederschläge zum Beispiel in Italien regelmäßiger. Wir müssen dagegen häufiger bewässern, um Trockenzeiten zu überbrücken. In den letzten Jahren gab es zudem Rekord-Temperaturen, bei denen ganze Rebstöcke vertrocknet sind. Im Februar 2020 ist dann auch noch durch Überschwemmungen kostbarer Boden verloren gegangen."

M8 Frau Davenport aus Südostaustralien

AUFGABEN

1 *Beschreibe die wichtigsten Herausforderungen für die Landwirtschaft in Australien (M1, M3, M5).*

2 *a) Werte die Klimadiagramme von Perth und Sydney aus (M2, M4).*
b) Vergleicht in Partnerarbeit die Klimadiagramme M2 und M4 mit den Klimadiagrammen auf Seite 69.

3 *Erläutere die räumliche Verteilung der Landnutzung in Australien (M7). Berücksichtige dabei auch die Niederschlagsverteilung (M5).*

4 *Vergleiche die Farm von Herrn Hyder mit einem typischen Bauernhof aus deiner Region (M6).*

5 *Beurteile die Chancen und Risiken für den Weinbaubetrieb von Frau Davenport, wenn sie einen weiteren Weinberg kaufen sollte (M8).*

METHODE

Wir werten Satellitenbilder aus

M1 Satellit

Etwa 4600 Satelliten umkreisen mit unterschiedlichen Aufgaben die Erde. Die meisten werden für Kommunikationszwecke (Telefon, Fernsehen, Radio, Datenübertragung) verwendet. Weitere Satelliten sind für das Ortungssystem GPS oder für die Wetterbeobachtung verantwortlich. Satelliten können mit präzisen Kameras und Sensoren aus großer Höhe detailreiche Fotos aufnehmen. Die Schärfe und Genauigkeit der Bilder ist im Laufe der Jahre immer besser geworden, sodass man auch einzelne Menschen erkennen kann. Besonders spannend ist es, Bilder von Orten im Zeitlauf zu vergleichen, um bestimmte Entwicklungen zu beobachten (z. B. Verringerung von Waldflächen, Vergrößerung von Städten).
Der Vergleich des identischen Bildausschnitts vor und nach einem Naturereignis wie einem Tsunami oder einem Erdbeben ermöglicht wichtige Erkenntnisse (z. B. für Vorsorgemaßnahmen).

M2 Zerstörungen in Sydney

Satellitenbilder auswerten

1. Schritt: Satellitenbild verorten
- Bestimme mithilfe des Atlas oder eines Internetkartendienstes den Ort der Aufnahme.
- Ermittle die Nordrichtung und die Größe des Bildausschnitts.
- Ordne das Bild auch zeitlich ein.
- Informationen über den Ort und den Zeitpunkt der Aufnahme findet man oft in einer Bildunterschrift.

2. Schritt: Satellitenbild beschreiben
- Gliedere das Bild in Teilbereiche.
- Beschreibe die Farben und Muster sowie Anordnung und Ausdehnung der Bildelemente. Welche Einzelheiten sind zu erkennen?
- Beschreibe die abgebildeten Oberflächenstrukturen, die du erkennst, wie bebaute Flächen, Straßen, Wald, Flüsse usw.

3. Schritt: Satellitenbild auswerten
- Finde Ursachen und Gründe für die dargestellten Merkmale.
- Nenne Besonderheiten, die dir auffallen, und finde Erklärungen dafür.

4. Schritt: Satellitenbilder vergleichen
- Vergleiche die Unterschiede und Gemeinsamkeiten, die dir bei der Beschreibung und Auswertung der Einzelbilder aufgefallen sind. Welche Veränderungen sind zu erkennen?
- Finde Erklärungen für diese Unterschiede.

AUFGABEN

1 *Werte selbstständig die Satellitenbilder aus (M3, M4). Nutze den Methodenkasten.*

2 *Vergleiche die Zerstörungen auf dem Foto M2 mit dem Satellitenbild M4.*

3 *Erläutere mögliche Einsatzmöglichkeiten für den Vergleich von Satellitenbildern.*

4 *Werte mit einem Internetkartendienst die aktuelle Bebauung von Sydney aus (Internet).*

M3 Umgebung der Städte Nowra und Bomaderry in Australien (180 km südlich von Sydney) – 25.01.2020

M4 Umgebung der Städte Nowra und Bomaderry in Australien (180 km südlich von Sydney) – 10.02.2020

Web-Code: WES-101550-087

Mit dem Geländewagen durch die trockenste Wüste der Welt

Nach erfolgreichem Abschluss ihrer Ausbildung beschließen Lydia und Robert aus Deutschland, einen Traum in die Tat umzusetzen. Sie reisen in die Wüste Atacama.

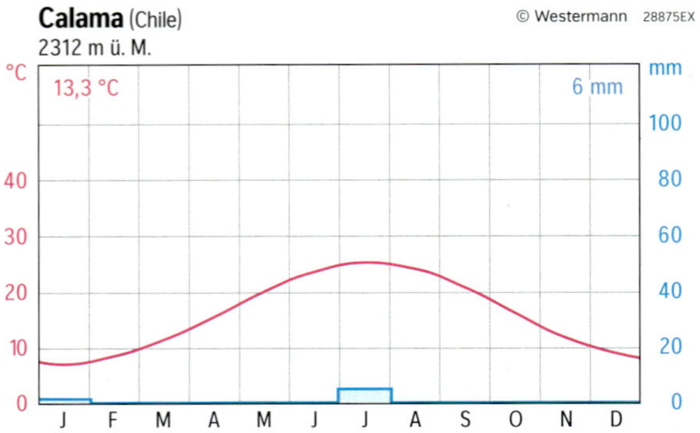

M 1 Klimadiagramm von Calama

M 3 Mit dem Jeep durch die Atacama

Wir könnten mit einem Jeep die Atacama erkunden. Das ist die trockenste Wüste der Welt. Sie liegt im Norden von Chile.

Dann fliegen wir über Santiago de Chile nach Calama und mieten dort einen Jeep. Wir fahren zuerst in das auf 2500 Meter Höhe gelegene San Pedro de Atacama. Dort können wir viele andere Touristen aus der ganzen Welt treffen.

Im Reiseführer steht, dass es wegen unterirdischer Quellen Landwirtschaft auf bewässerten Terrassen gibt. Und zwar zur Versorgung der Bewohner und der Touristen. San Pedro de Atacama besteht überwiegend aus eigenwilliger Lehm-Architektur und ungepflasterten Straßen.

Das erinnert mich an Wildwestfilme. Übrigens liegt unser Ziel San Pedro de Atacama 80 km vom Flughafen Calama entfernt. Es hat so hohe Temperaturen und so wenig Regen wie Calama (M1).

Regen ist in der Atacama sehr selten. Über der durch den Humboldtstrom (kalte Meeresströmung) abgekühlten Meeresluft befindet sich wärmere Luft. Dies nennt man Inversion und verhindert die Bildung von Regenwolken (M8). Und aus Richtung Osten verhindern die Anden, dass es in der Atacama zu Regen kommt.

Wir müssen an warme Kleidung denken. Nachts sinken die Temperaturen auf 10 °C ab, teilweise auf unter −10 °C. Und tagsüber ist es sehr heiß. Das wird uns zu schaffen machen. Wir nehmen Wasserflaschen mit, die brauchen wir wegen der Hitze.

M 2 Vorbereitung auf die Reise durch die Atacama

Die Atacama in Nordchile gilt als die trockenste und schönste Wüste der Welt. Ihre Nord-Süd-Ausdehnung beträgt rund 1200 km. Sie gehört zu den **Küstenwüsten**. Ihr subtropisches Klima gilt als extrem arid. An einigen Orten ist seit über 100 Jahren kein Niederschlag gefallen. Calama ist die Stadt mit der längsten Trockenzeit (von 1871 bis 1971). Viele Regionen sind komplett unbesiedelt.

M4 Atacama – die trockenste Wüste der Welt

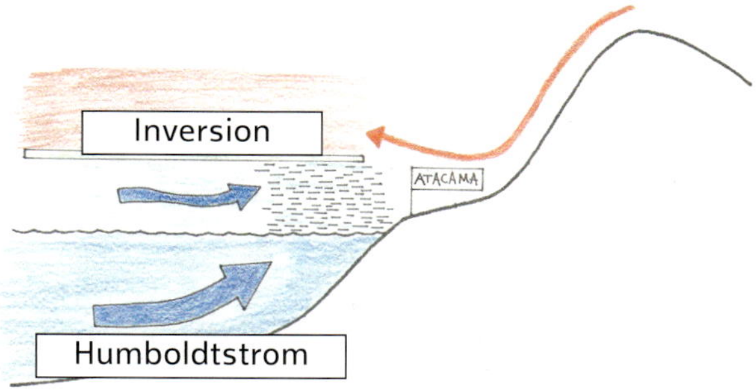

M8 Schema Küstenwüsten

M5 Lage auf dem Globus

Name	Größe in km²	Höchst-temperatur	Niederschlag/Jahr
Atacama	10000	31 °C	12 mm
Gobi	1300000	42 °C	150 mm
Große Sandwüste	300000	42 °C	250 mm
Kalahari	1000000	38 °C	250 mm
Sahara	9000000	50 °C	45 mm

M7 Die Atacama im Vergleich mit anderen Wüsten

M6 Verschiedene Wüstenarten in der Atacama

AUFGABEN

1 *Beschreibe Besonderheiten, auf die sich Lydia und Robert vorbereiten müssen (M1, M2).*

2 *Vergleiche das Klima der Atacama mit anderen Wüsten (M1, M7).*

3 *Erkläre den Begriff „Küstenwüste“ (M2: siehe Sprechblase unten links, M8).*

4 *a) Plane eine mehrtägige Atacama-Tour mit verschiedenen Stationen (Internet, M6).*
b) Stelle deine Tourpläne in einem Kurzvortrag vor.

5 *a) Vergleicht in Gruppenarbeit die Atacama mit jeweils einer anderen Wüste (M7, Atlas, Internet).*
b) Stellt eure Ergebnisse in einem Kurzvortrag vor.

6 *San Pedro de Atacama hat 110000 Einwohner und 180000 Touristen (2019) pro Jahr. Beurteile die dadurch entstehenden Chancen und Probleme. Beziehe besonders das Thema Nachhaltigkeit mit ein.*

Wüsten und Oasen

1 *a) Beschreibe die Fotos ① und ② und nenne die jeweilige Wüstenart.*
b) Nenne eine weitere Wüstenart.

2 *a) Erkläre, wie in der Wüste (Foto ②) eine Oase (Foto ③) entstehen könnte.*
b) Nenne typische Merkmale einer Oase.
c) Stelle den Stockwerkanbau in den Oasen in einer beschrifteten Skizze dar.

Richtig oder falsch?

1 *Die Buchstaben der richtigen Antworten ergeben den Namen eines Landes im nördlichen Afrika.*

1. Im Mittelmeerraum wird hauptsächlich Getreide angebaut. (**B**)
2. Eine sorgfältige Entwässerung kann Bodenversalzung verhindern. (**M**)
3. Die Grabenbewässerung hat nur einen geringen Wasserverbrauch. (**E**)
4. Steinwälle können gegen Erosion schützen. (**A**)
5. In den Subtropen wehen meist Nordwinde. (**T**)
6. Der Tomatenanbau in Spanien dient der Versorgung der eigenen Bevölkerung. (**W**)
7. Bodenversalzung und Desertifikation sind große Gefahren in den Subtropen. (**L**)
8. In Kalifornien werden über 10 % aller landwirtschaftlichen Produkte der USA produziert. (**I**)

Was ist wo möglich?

1 *Beantworte die folgenden Fragen zu den Subtropen. Notiere die Antworten in deinem Heft.*

In welcher Region der Subtropen ...

1. ... sind Reste immergrüner Hartlaubwälder zu finden?
2. ... findet man Reisanbau?
3. ... ist das Überleben wegen gestiegener Bevölkerungszahlen schwieriger geworden?
4. ... werden Dattelpalmen, Obstbäume, Getreide, Gemüse und Gewürze stockwerkartig angebaut?
5. ... liegt das wichtigste landwirtschaftliche Anbaugebiet der USA?
6. ... werden Tomaten in Gewächshäusern angebaut?

Desertifikation

Ⓐ

Ⓑ

1 *„Die Desertifikation ist eine Folge menschlicher Eingriffe in die Natur." Erläutere diese Aussage. Beziehe dich dabei auch auf die Fotos Ⓐ und Ⓑ.*

Was gehört wozu?

1 *Schreibe die Sätze vollständig in dein Heft.*

1. Künstliche Bewässerung verstärkt ...	... sind typisch für die Subtropen.
2. Milde Winter und heiße Sommer sind ...	... durch Karussellbewässerung.
3. Auf der Südhalbkugel gehören zu den Subtropen ...	... führen langfristig zur Desertifikation.
4. Kreisrunde Felder entstehen ...	... den Vorgang der Bodenversalzung.
5. Intensiver Ackerbau und Überweidung ...	... der Süden Afrikas sowie Teile Südamerikas und Australiens.

Hier tanzt doch einer aus der Reihe!

1 *Ein Begriff in der Reihe gehört nicht dazu. Finde den Begriff und begründe deine Entscheidung.*

1. Wassermelonen – Weizen – Gurken – Tomaten
2. Passate – trocken-heiße Luft – geringe Niederschläge – Golfstrom
3. Bodenversalzung – Tröpfchenbewässerung – Karussellbewässerung – Grabenbewässerung
4. Steinwälle – Baumpflanzungen – intensiver Ackerbau – Mischkulturen

Grundbegriffe

Bodenversalzung
Desertifikation
Erosion
Grabenbewässerung
immerfeuchte Subtropen
Karussellbewässerung
Küstenwüste
Oase
Subsistenzwirtschaft
Treibhauskultur
trockene Subtropen
Tröpfchenbewässerung
Überweidung
winterfeuchte Subtropen

Web-Code: WES-101550-091

4 Lebensraum gemäßigte Zone

Herbst in einer deutschen Weinregion

Der Lebensraum der gemäßigten Zone – ein Überblick

M1 Sommergrüner Laubwald in Deutschland

M3 Kartoffelernte in den Niederlanden

Sommergrüner Laub- und Mischwald

Sommergrüne Laub- und Mischwälder sind typisch für diese Vegetationszone. Das gemäßigte Klima mit kühlen Wintern, warmen Sommern (Jahreszeitenklima) und ganzjährig ausreichenden Niederschlägen machen sie zu einem idealen Waldstandort. Von naturbelassenen Wäldern gibt es in vielen Regionen dieser Zone nur noch Reste.

Zusammen mit dem fruchtbaren, nährstoffreichen Boden sind die guten klimatischen Bedingungen auch der Grund für die intensive landwirtschaftliche Nutzung und die dichte Besiedelung. Die Bauern können Pflanzen mit unterschiedlichen Wachstums- und Reifezeiten anbauen, wie etwa Kartoffeln, verschiedene Getreidesorten und Mais, aber auch viele Obst- und Gemüsesorten.

Viehzucht und Milchviehhaltung wird intensiv betrieben. Milchkühe werden vor allem in Regionen mit einem hohen Anteil von Grünland (Wiesen und Weiden) gehalten.

M2 Grassteppe in den Great Plains (USA)

M4 Maisanbau und Rinderzucht in Argentinien

Steppe

Auch die baumlosen Steppengebiete werden intensiv landwirtschaftlich genutzt. Hier ist es aber deutlich trockener als in der Zone des sommergrünen Laub- und Mischwaldes. Die Böden (z. B. fruchtbare Schwarzerden) eignen sich zum Getreideanbau (Weizen, Mais und Soja) auf riesigen Feldern.

In den niederschlagsarmen Gebieten wird die Fläche bewässert oder Viehzucht betrieben. In den USA geschieht die Viehzucht in Freiluftmastbetrieben (Feedlots). Dort nennt man die Steppen Prärie, in Südamerika Pampa.

Sinken die Niederschläge unter 200 Millimeter im Jahr, spricht man von Wüstensteppe oder kalten Wüsten, im Gegensatz zu den heißen Wüsten an den Wendekreisen. Auf dem spärlichen Grasbewuchs ist nur noch Weidewirtschaft möglich.

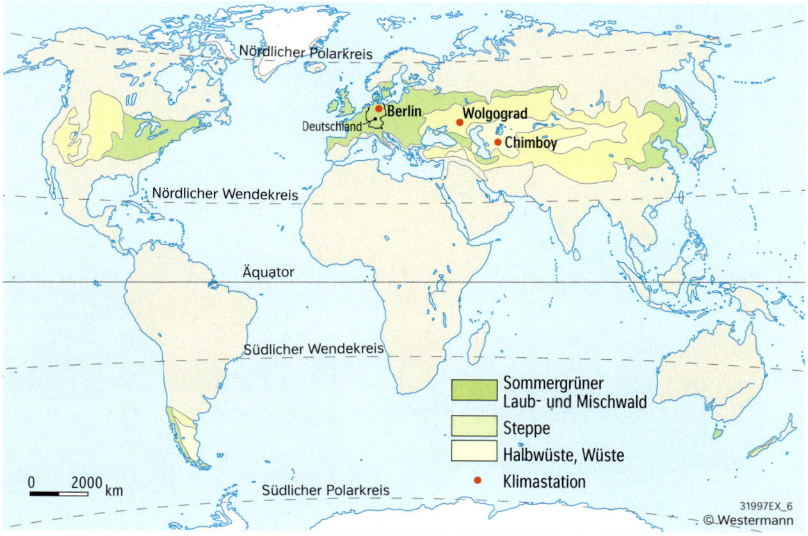

M5 Vegetationszonen – Lebensraum gemäßigte Zone

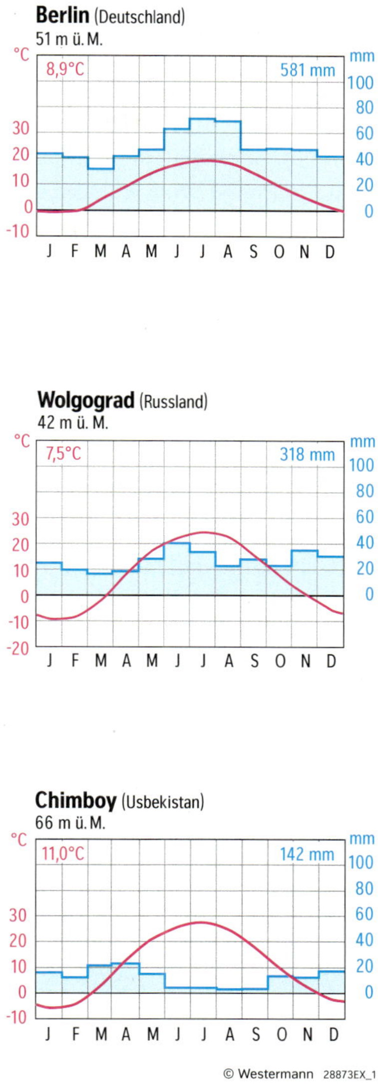

M7 Klimadiagramme

Rund ein Drittel der Fläche Deutschlands ist mit Wald bedeckt. Von Natur aus würden Laubbäume überwiegen, vor allem Buchen. Jedoch wurden die Wälder schon seit dem Mittelalter intensiv forstwirtschaftlich genutzt und großflächig mit den schneller wachsenden Fichten und Kiefern aufgeforstet.
Diese Baumplantagen sind aber viel anfälliger für Schädlinge, Waldbrände, Sturm- und Dürreschäden (siehe oben) als ein natürlich gewachsener Wald. Dies führte dazu, dass seit geraumer Zeit viele Wälder krank sind (siehe unten). Daher versuchen Förster, den Wald wieder in robustere Mischwälder umzuwandeln. Dies gilt auch im Hinblick auf den Klimawandel als sinnvoll, da gerade die ursprünglich aus kälteren Regionen stammenden Fichten und Kiefern besonders schlecht mit den höheren Temperaturen und den längeren Trockenperioden umgehen können.

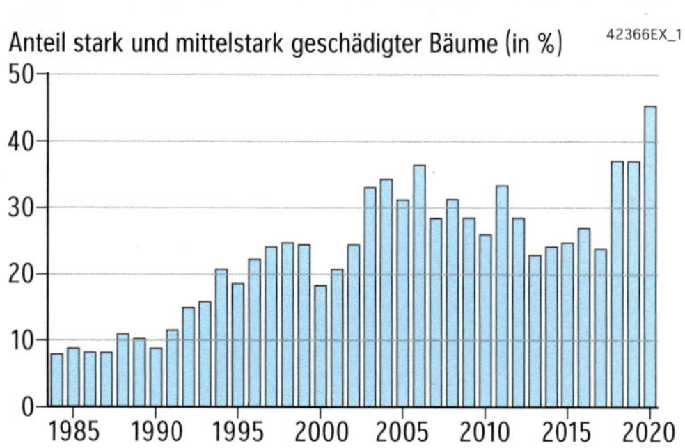

M6 Wald in Gefahr

AUFGABEN

1 *Notiere stichwortartig wesentliche Merkmale der gemäßigten Zone (Text, M5).*

2 *Nenne mindestens fünf Länder auf verschiedenen Kontinenten, die zur gemäßigten Zone gehören (Atlas, M5).*

3 *Werte die Klimadiagramme aus (M7).*

4 *Begründe Bemühungen zur Rettung der Wälder (M6).*

Das Klima der gemäßigten Zone

Ist das Klima in der gemäßigten Zone überall gleich? Wahrscheinlich nicht. Wir möchten auf diesen Seiten überprüfen, ob es Unterschiede zwischen den einzelnen Klimastationen gibt und worin sie bestehen. Vielleicht gibt es sogar Regeln für die unterschiedlichen Temperatur- und Niederschlagswerte.

Zeile 1: Anhand der Karte M3 lassen sich die Entfernungen der einzelnen Klimastationen von der Atlantikküste errechnen. Messt dazu zuerst die Strecke auf der Karte. Aus der gemessenen Entfernung könnt ihr mithilfe der Maßstabszahl die Entfernung berechnen: gemessene Entfernung [cm] x 2 000 000 [Maßstabszahl]. Als Ergebnis erhaltet ihr die Strecke in Zentimetern. Streicht von eurem Ergebnis fünf Nullen und ihr bekommt die Entfernung in Kilometern. Als Alternative könnt ihr auch die Maßstabsleiste oder digitale Karten nutzen.

Zeilen 2, 3 und 4: Diese Daten könnt ihr aus den Klimadiagrammen ablesen.

Zeile 5: Den Temperaturunterschied errechnet ihr aus der Differenz von Juli- und Januartemperatur. Achtung bei negativen Zahlen.

M1 Hinweise zum Ausfüllen der Tabelle M2

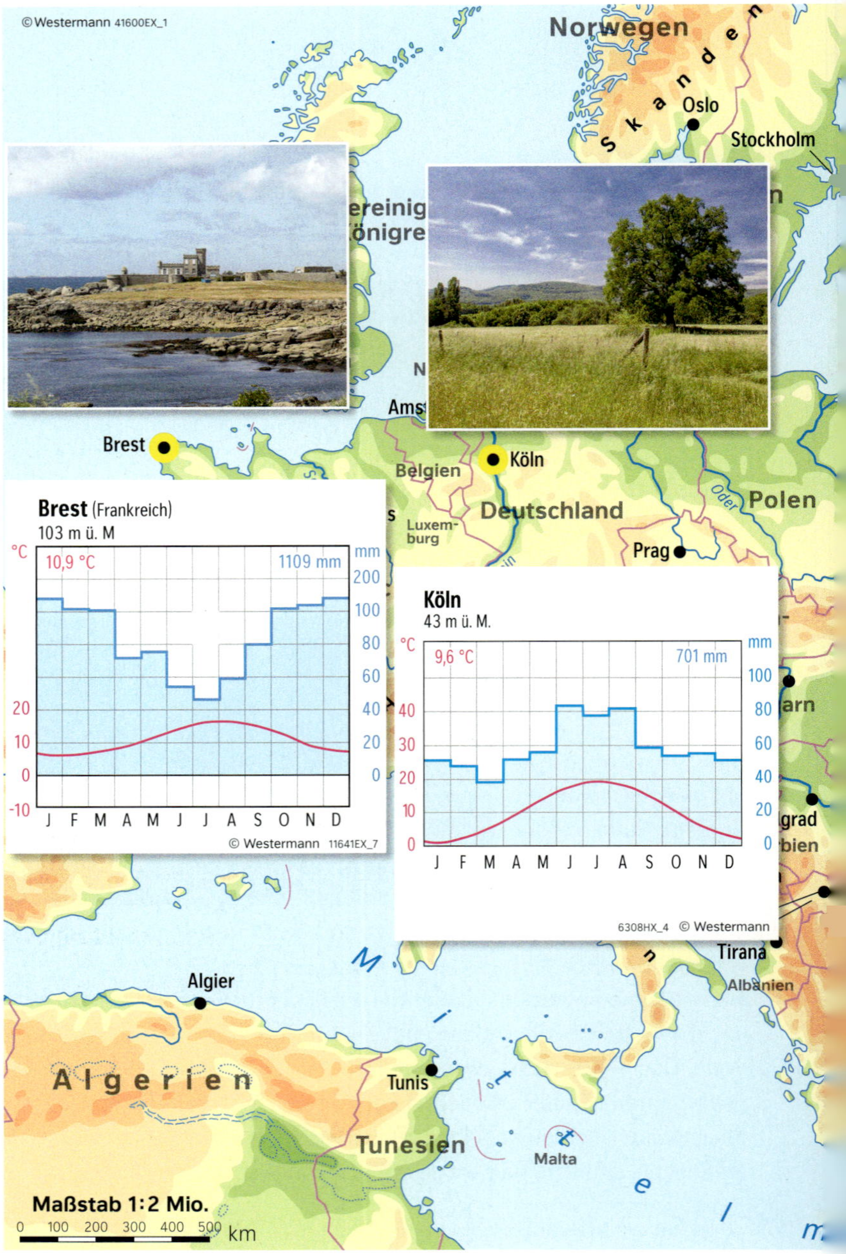

M3

Nr.	Merkmal	Brest/ Frankreich	Köln/ Deutschland	Charkiw/ Ukraine	Kysylorda/ Kasachstan
1	Entfernung vom Atlantik (in km)	?	?	?	?
2	Jahresniederschlag (in mm)	?	?	?	?
3	Januar-Temperatur (in °C)	?	?	?	?
4	Juli-Temperatur (in °C)	?	?	?	?
5	Temperaturunterschied (Juli/Januar) (in °C)	?	?	?	?

M2 West-Ost-Vergleiche in der gemäßigten Zone

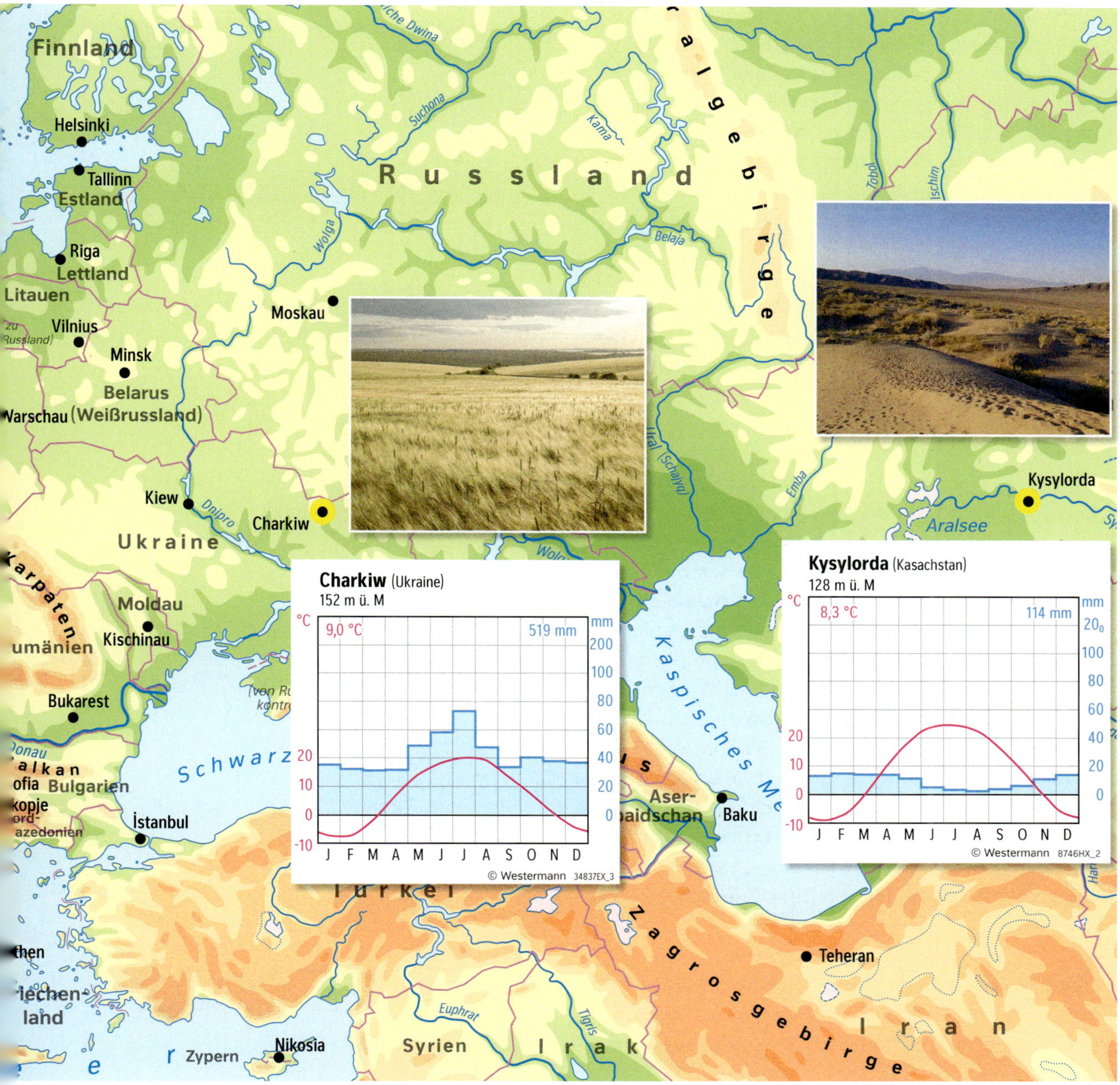

AUFGABEN

1 Übertrage die Tabelle M2 in dein Heft und vervollständige sie (M1, M3).

2 a) Beschreibe, wie sich der Niederschlag mit der Entfernung zum Atlantik verändert (M2: Zeile 1 und 2).

b) Beschreibe, wie sich die Temperatur mit der Entfernung zum Atlantik verändert (M2: Zeile 3, 4 und 5).

3 Begründe die Veränderungen des Klimas von Brest bis nach Kysylorda (M3: Klimadiagramme).

4 Vergleiche die landwirtschaftlichen Nutzungsmöglichkeiten von Staaten in Meeresnähe (z. B. Frankreich) mit Staaten, die im Inneren des Kontinents liegen (z. B. Kasachstan) (M3).

Gunsträume für die landwirtschaftliche Nutzung

Die Picardie liegt im Norden Frankreichs. Das maritime Klima und die Bodenqualität sorgen für gute Nutzungsmöglichkeiten in der Landwirtschaft. So werden z. B. Zuckerrüben und Weizen angebaut. Auch in anderen Regionen Frankreichs lässt sich problemlos Ackerbau betreiben. Was angebaut wird, hängt von Temperaturen, Niederschlägen und Bodenqualität ab.

Problem Überdüngung

Um die landwirtschaftlichen Erträge zu steigern, wird oft zusätzlich mit Gülle (Abfallstoffe von Nutztieren) gedüngt. Überschüssiger Dünger gelangt ins Grundwasser und über die Flüsse ins Meer. Dies führt z. B. an der Küste zu einem vermehrten Algenwachstum.

M 1 Landwirtschaft in Westeuropa – Beispiel Frankreich

Auch im Übergangsklima der gemäßigten Zone wird Ackerbau betrieben. Südwestlich von Berlin liegt die Magdeburger Börde. Dort ist der Boden mineralstoffreich und fruchtbar. Hier werden anspruchsvolle Pflanzen wie Zuckerrüben und Weizen angebaut. In Gebieten mit geringerer Bodenqualität werden meist Futterpflanzen (z. B. Mais) angebaut, denen weniger fruchtbare Böden zum Wachsen ausreichen.

Problem Überdüngung

Um die Erträge zu erhöhen, wird auch in Deutschland zusätzlich gedüngt. Dies hat negative Auswirkungen auf die Wasserqualität von Grundwasser und von Bächen und Flüssen.

M 2 Landwirtschaft in Mitteleuropa – Beispiel Deutschland

Ursprünglich gab es in der Ukraine nur ausgedehnte Grasländer, die von Viehhirten genutzt wurden. Diese Steppenvegetation war dem Kontinentalklima mit sommerlicher Trockenheit angepasst. Als man erkannte, dass die Schwarzerde äußerst fruchtbar ist, begann man Ackerbau zu betreiben. Bis heute werden die Böden intensiv bewirtschaftet.

„Missernte durch Dürre“ und „Bodenerosion“

Sommerliche Trockenperioden und Bodenerosion führen oft zu Missernten. Ohne Grasbewuchs sind abgeerntete Felder Regenfällen und Wind ausgesetzt. Die wertvolle Humusschicht wird abgeschwemmt oder weggeweht. Durch Anlegen von Waldschutzstreifen schützt man heute den Boden vor Erosion (Abtragung).

M 3 Landwirtschaft in Osteuropa – Beispiel Ukraine

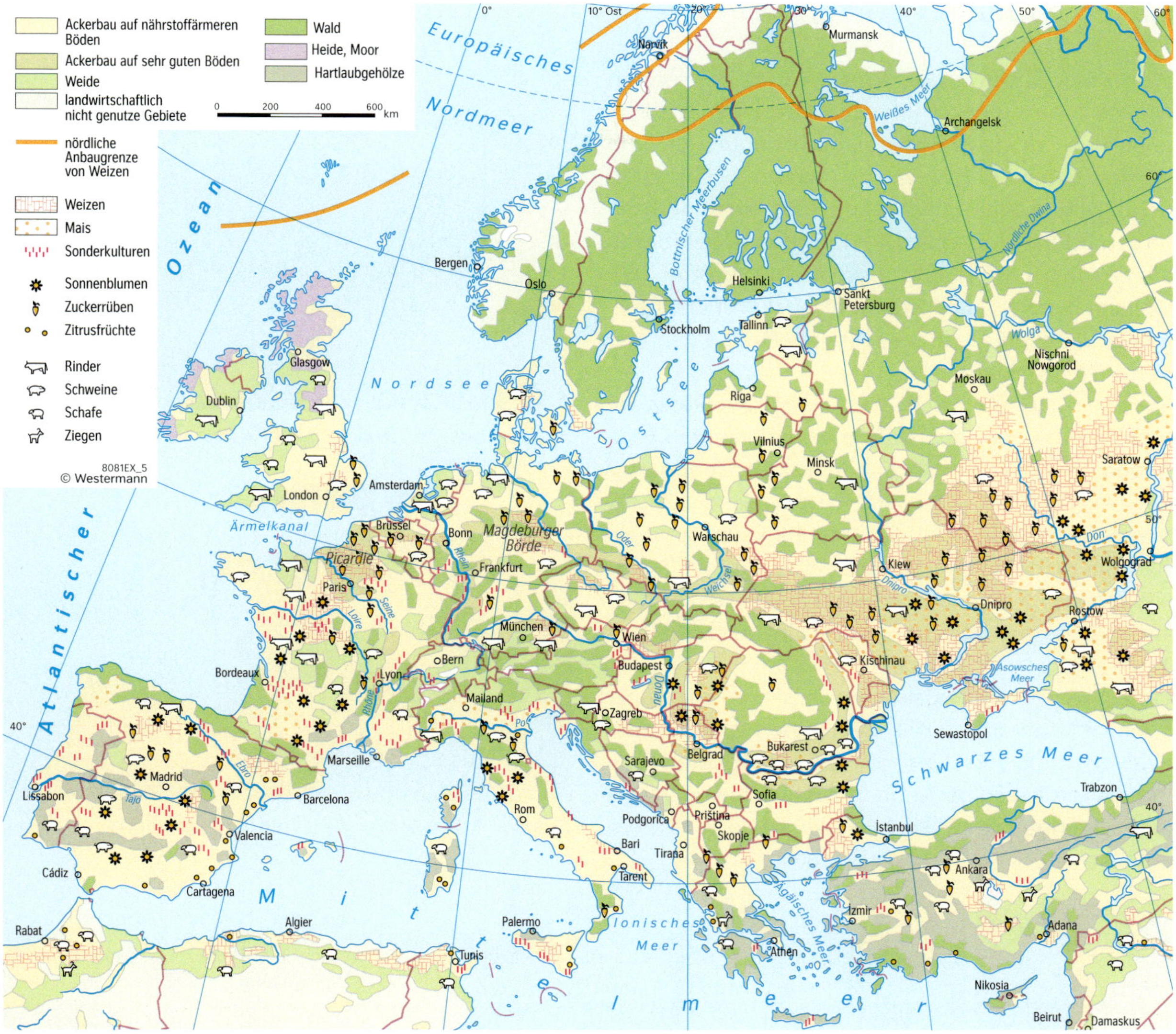

M4 Bedingungen für die Landwirtschaft in Europa

Weizen braucht gute Böden und bevorzugt wintermilde, sommerwarme Klimabedingungen. Im Frühjahr, wenn die Halme wachsen, aber auch während der Kornreife im Frühsommer braucht der Weizen ausreichend Niederschläge. Es soll aber auch nicht zu viel regnen. Die Temperaturen sollten während der Kornreife nicht zu hoch sein, d.h. möglichst nicht über 25 °C liegen. Hohe Sommertemperaturen führen zu deutlichen Ertragseinbußen.

M5 Anbaubedingungen für Weizen

AUFGABEN

1 *Beschreibe wichtige Merkmale der Landwirtschaft in Europa. Unterscheide zwischen West-, Mittel- und Osteuropa (M1 – M4). Nutze dazu eine Tabelle.*

2 *Trotz relativ guter Voraussetzungen für die Landwirtschaft in Europa kann es zu Schwierigkeiten kommen. Benennt diese (M1 – M3).*

3 *In M4 ist die nördliche Anbaugrenze von Weizen verzeichnet. Erkläre diese Grenze mithilfe von M5. Nutze auch den Atlas.*

4 *Begründet mithilfe von M4, welche Gebiete Europas landwirtschaftlich nur begrenzt nutzbar sind.*

Guter Boden ist entscheidend!

Wenn wir Straßen und Wege verlassen, gehen wir meist ahnungslos über trockene oder schlammige Erde, die man Boden nennt. Neben Luft und Wasser gehört der Boden zu unseren wichtigsten Lebensgrundlagen, denn er erfüllt wichtige Aufgaben oder Funktionen (M1). Er dient Kleintieren als Lebensraum, ist Standort wichtiger Pflanzen, Wasserspeicher, Filter oder gibt Auskunft über vergangene Zeiten. Deshalb sollte der Boden genauer betrachtet werden.

Physikalische, chemische und biologische Prozesse lassen Boden neu entstehen. In der gemäßigten Zone dauert es rund 250 Jahre, bis sich ein Zentimeter Boden bildet. Der wertvollste Bodentyp ist die fruchtbare Schwarzerde (M2). Sie bietet Pflanzen optimale Wachstumsbedingungen, denn die Wurzeln finden einen guten Halt und Luft zum Atmen. So nehmen sie Wasser und die zum Wachstum notwendigen Mineralien auf.

Viele Tiere, Pilze und Bakterien zersetzen abgestorbenes Pflanzenmaterial. Dabei entsteht Humus, eine Mischung verschiedener Zersetzungsprodukte. Humus verbessert die Krümelstruktur (Bodenzusammensetzung) und hält das Wasser, das die Pflanzen aufnehmen.

M2 Schwarzerde der gemäßigten Zone

M3 Ein Landwirt erklärt den Ackerboden.

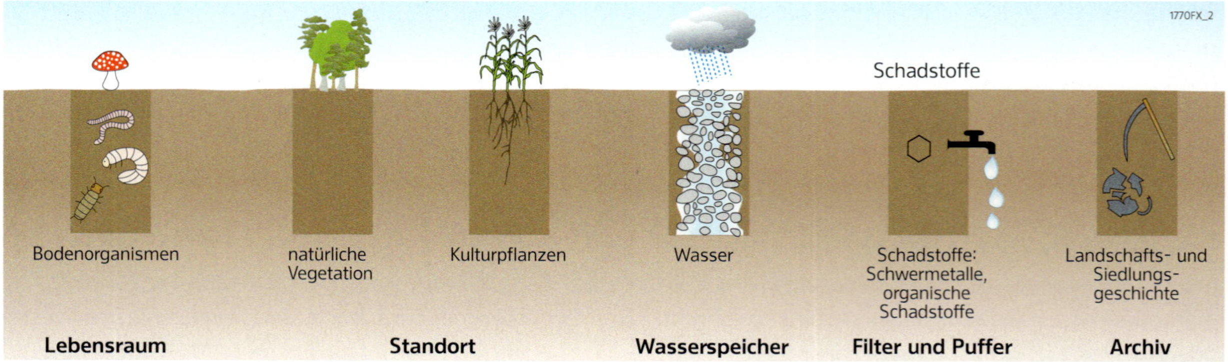

M1 Funktionen des Bodens

AUFGABEN

1 *Erkläre, warum der Boden neben Luft und Wasser eine wichtige Lebensgrundlage ist (Text).*

2 *Begründe, dass der Boden auch ein wichtiger Standortfaktor sein kann (Text).*

3 *a) Nenne Beispiele für Eingriffe der Menschen in die Funktionen des Bodens und die Verschlechterung der Bodenqualität (Text, M1).*

b) Erörtere die damit verbundenen Chancen und Risiken.

4 *Interviewt einen Landwirt (M3), um etwas über Ackerböden zu erfahren. Erstellt einen Fragebogen.*

schueler.diercke.de | 100855-061-03

Böden sind gefährdet

M1 Gefahren für den Boden

„Mutter Erde“ wird von vielen Völkern verehrt. Auf fruchtbarem Boden wächst alles für unsere Ernährung: Getreide, Obst, Gemüse und Tierfutter wie Futtermais. Auch für natürliche Ökosysteme bildet der Boden eine Grundlage. Im Boden wurzeln Bäume oder die Wiesenpflanzen. In ihm leben viele Lebewesen.

Fruchtbar sind nur die oberen Zentimeter. Wenn diese Schicht Wind und Wetter ausgesetzt ist, wird der Boden weggeweht oder weggeschwemmt. Das nennt man Erosion.

Auch der Bau von Straßen, Siedlungen oder Industrieanlagen lässt wertvollen Boden verschwinden. Abwässer und Schadstoffe vergiften fruchtbare Böden. Weltweit gehen jedes Jahr ca. 25 Mrd. Tonnen Boden verloren, das sind knapp 1 % der landwirtschaftlichen Flächen. Bodenschutz ist also eine wichtige, aber auch schwierige Aufgabe.

- Versickerungsmulden
- Bodenversiegelung vermeiden, Flächen entsiegeln
- Schadstoffbelastungen verringern
- Abfälle fachgerecht entsorgen
- Anwendung von Pflanzenschutzmitteln verringern
- Erosion verhindern
- Bodenverdichtung durch Traktorreifen vermeiden
- ungeschützten Boden bepflanzen

M2 Maßnahmen zum Bodenschutz

AUFGABEN

1 *Beschreibe Ursachen für Bodenverluste (M1).*

2 *Erläutere die Bodenverluste im Hinblick auf die Ernährung der Weltbevölkerung.*

3 *a) Nenne Maßnahmen zum Bodenschutz, die du kennst oder schon gesehen hast (M2).*

b) Stelle sie der Klasse vor.

Web-Code: WES-101550-101

M1 Landwirtschaft in den Great Plains

Die Great Plains – Kornkammer der USA

Zahlreiche Farmen in den USA liegen in den Great Plains (M4). Das ist eine weite Graslandschaft im zentralen Tiefland der USA. Weil der Boden hier sehr fruchtbar ist und sich gut bearbeiten lässt, werden große Flächen als Ackerland genutzt.

Die Farmen nehmen teilweise riesige Ausmaße an. So bestehen einzelne Farmen aus mehr als 6000 Hektar Land (das entspricht einer Größe von über 8000 Fußballfeldern). Drei Viertel davon wird als Ackerland genutzt, der Rest als Weideland. Die Bewirtschaftung erfordert einen großen Maschinenpark, denn nur wenige Arbeiter bewirtschaften die riesigen Flächen.

Die Farmen verkaufen Argarprodukte im Wert von mehreren Milliarden Dollar pro Jahr, vor allem Weizen und Futtermais.

Die Erträge hängen jedoch stark von den jährlichen Niederschlägen ab. In manchen Jahren reichen sie nicht für das Wachstum des Getreides aus. Deshalb bewässern die Farmer den größten Teil des Ackerlandes mittels Beregnungsanlagen. Das Wasser dafür pumpen sie aus einer tiefen Grundwasserschicht hoch. Das ist zwar teuer, aber ohne diese Maßnahme wären die Ernteausfälle hoch.

M2 Ein Bewässerungskarussell bewässert bis zu 100 Hektar Ackerland.

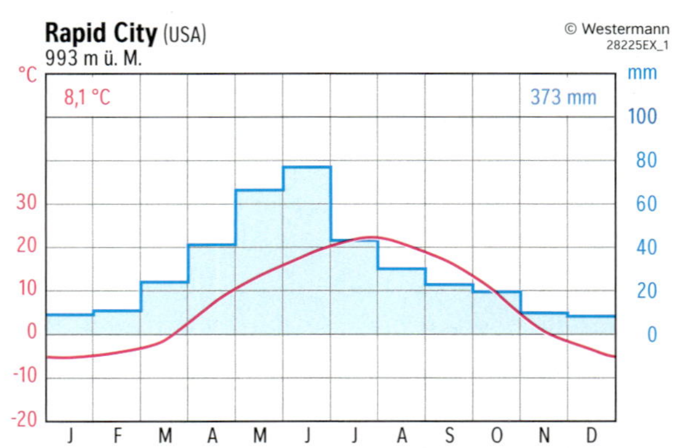

M3 Klimadiagramm von Rapid City

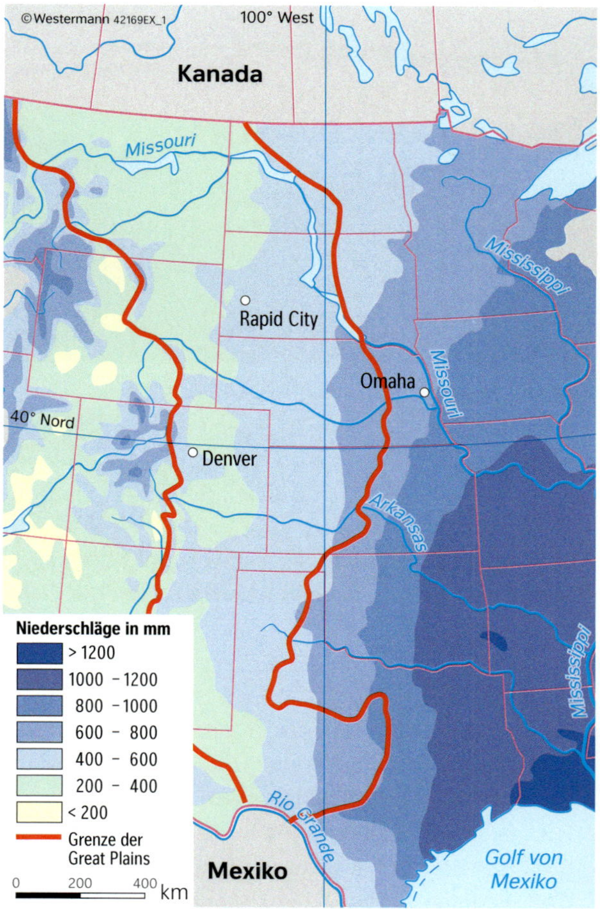

M4 Niederschläge in den Great Plains

M5 Winderosion auf einem Acker

M6 Konturpflügen

Bodenerosion in den Great Plains

Während die Wurzeln des ursprünglich in den Great Plains wachsenden Präriegrases den Boden „festhielten", liegt der Ackerboden nach der Ernte ungeschützt da. Wind, aber auch Wasser (nach starken Regenfällen) können die obere, fruchtbare Schicht des Bodens abtragen.

Trotz der bis heute auftretenden Dürreperioden haben sich die Great Plains zu der Kornkammer der USA entwickelt. Dazu beigetragen haben Maßnahmen zum Schutz des Bodens vor Erosion (M5 – M7).

- wechselnde Abfolge von bebauten und unbebauten Feldstreifen (Streifenanbau)
- Verzicht auf Monokulturen, Wechsel des Anbaus von Weizen, Mais und Soja
- Verbleib der Getreidestoppeln und des gehäckselten Strohs auf dem Feld nach der Ernte
- Verzicht auf Pflügen bzw. Verringerung der Eindringtiefe beim Pflügen des Bodens

M7 Bodenschutzmaßnahmen in den Great Plains

AUFGABEN

1 *Beschreibe, wie die Landwirtschaft in den Great Plains funktioniert (Text, M1, M2).*

2 *a) Werte das Klimadiagramm M3 aus.*

b) Erläutere mithilfe des Klimadiagramms M3 die Bedeutung von Bewässerung in den Great Plains.

3 *Erkläre den Prozess der Bodenerosion durch Wind und Wasser (Text, M4, M5).*

4 *Beurteile Probleme und mögliche Lösungsansätze des Getreideanbaus in den Great Plains (M2 – M7).*

M1 Feedlot zur Massentierhaltung von Rindern

M3 Getreideernte in den Great Plains

USA – der größte Agrarproduzent

Die USA sind einer der wichtigste Exporteure für landwirtschaftliche Produkte (M2). Der Grund dafür liegt in der hohen Produktivität.
Die USA erzeugen von einigen Produkten mehr, als sie verbrauchen. Zudem können landwirtschaftliche Erzeugnisse in großen Mengen kostengünstig hergestellt werden. Auch die Anbaubedingungen (Klima, Böden) tragen dazu bei. Entscheidend ist aber vor allem der technische Fortschritt.

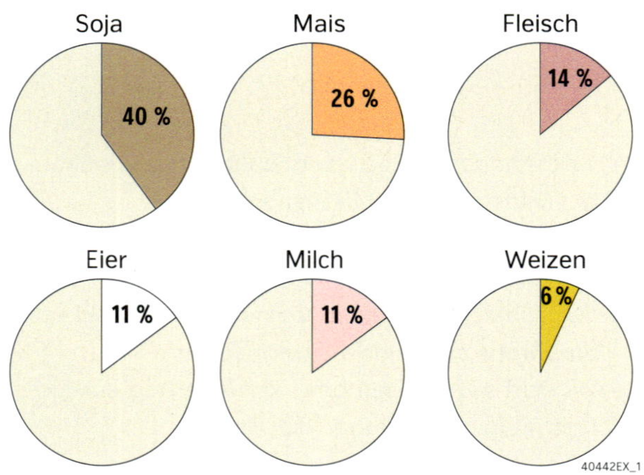

M2 Anteil US-amerikanischer Landwirtschaftsprodukte am Weltexport (2020)

Beim **Agrobusiness** wird der Schwerpunkt der Landwirtschaft entweder auf den Ackerbau oder die Viehzucht gelegt.

Um noch kostengünstiger zu produzieren, kommt es zur Bildung agrarindustrieller Unternehmen. Diese vereinen alle notwendigen Produktionsprozesse zur Herstellung von Lebensmitteln in einer Firma.
So findet bei der Fleischherstellung alles in einem Unternehmen statt: von der Erzeugung des Futters über das Mästen der Tiere in Feedlots, das Schlachten und Zerlegen der Tiere in der Schlachterei bis zum Verpacken und Transport des Fleisches in die Supermärkte und Restaurants. Die Arbeitsabläufe können daher noch genauer aufeinander abgestimmt und maschinell durchorganisiert bzw. automatisiert werden.
Durch diese Entwicklung sinkt die Zahl kleinerer landwirtschaftlicher Betriebe. Diese können sich die enormen Anschaffungskosten für die Maschinen und Automaten nicht mehr leisten. Dies ist nur großen finanzstarken Unternehmen möglich.

M4 Agrobusiness

AUFGABEN

1 *Beschreibe, was die USA zum größten Agrarproduzenten der Welt macht (Text).*

2 *Erläutere die Produktionsweise im Agrobusiness. Beziehe den technischen Fortschritt mit ein (M1, M4).*

3 *a) Erstellt in Partnerarbeit einen Kurzvortrag über das Agrobusiness (M1 – M4).*
b) Stellt euren Kurzvortrag der Klasse vor.

USA – Vorreiter in der Gentechnik?

In den USA werden auf über der Hälfte der landwirtschaftlichen Nutzfläche gentechnisch veränderte Pflanzen angebaut. Mehr als 92 % des Anbaus von Soja und Mais ist in den USA gentechnisch verändert.

- Durch gentechnisch veränderte Pflanzen lässt sich der Ertrag steigern: Auf einer Fläche kann mehr als vorher geerntet und daher kostengünstiger produziert werden.
- Es müssen nicht mehr so viele Pestizide versprüht werden, da die Pflanzen nun selbst Giftstoffe gegen bestimmte Schädlinge und Unkraut bilden.
- Es gelangen nicht mehr so viele Pestizidrückstände ins Grundwasser.

M1 Gründe für gentechnisch veränderte Pflanzen

- Wenn Pflanzen häufig giftige Pflanzenschutzmittel gegen Schädlinge und Unkraut erhalten, gewöhnen sich Schädlinge und Unkraut an das Gift. Deswegen muss wegen der nachlassenden Wirkung immer wieder ein stärkeres Gift versprüht werden.
- In den USA ist ein erhöhter Einsatz von Gift festzustellen.
- Die Kosten für gentechnisch verändertes Saatgut liegen höher als für herkömmliches Saatgut. Kleinere Farmer können sich die höheren Kosten nicht leisten und müssen aufgeben.
- Den Farmern ist es nicht gestattet, Saatgut für das kommende Jahr selbst herzustellen. Jedes Jahr müssen sie das patentierte (rechtlich geschützte) Saatgut einer Firma kaufen. Daher steigt die Abhängigkeit der Farmer von den Pflanzen- und Chemieunternehmen.

M2 Gründe gegen gentechnisch veränderte Pflanzen

M3 Gewächshaus in einem Labor für gentechnisch veränderte Pflanzen

„Die steigende Nachfrage nach Bioprodukten könnte langfristig zu einem Versorgungsengpass führen. Bioprodukte dürfen nicht gentechnisch verändert sein. Bei Fleisch, Eiern und der Milch bedeutet das, dass die Tiere auch nicht mit gentechnisch veränderten Pflanzen wie Soja und Mais gefüttert werden dürfen. Da es in den USA aber fast nur noch gentechnisch verändertes Futter gibt, muss dieses aus dem Ausland importiert werden. Manche sprechen schon von zukünftigen Engpässen und der sogenannten Gentechnik-Falle."

M4 Ein Biobauer berichtet.

AUFGABEN

1 *Listet in einer Tabelle die Vor- und Nachteile von gentechnisch veränderten Pflanzen in der Landwirtschaft auf (M1 – M3).*

2 *„Die USA könnten in einer Gentechnik-Falle stecken." Bewerte diese Aussage hinsichtlich ihrer Absicht. (M4).*

METHODE

Wir werten eine thematische Karte aus

In einer thematischen Karte werden Informationen zu einem bestimmten Thema vereinfacht dargestellt. Themen solcher Karten können beispielsweise die Industrie, die Landwirtschaft, Niederschläge oder Landschaftszonen sein.
Zur Orientierung sind meist große Städte und Flüsse sowie Ländergrenzen eingezeichnet. Außerdem sind für das Thema wichtige Orte und Informationen zu finden.

M1 Schülerinnen werten thematische Karten aus.

Eine thematische Karte auswerten

1. Schritt: Angabe des Kartenthemas
- Schreibt das Thema und den dargestellten Raum der Karte auf. Das Thema wird aus dem Titel der Karte ersichtlich.

2. Schritt: Lesen der Legende
- Verschafft euch mithilfe der Legende einen Überblick über die Bedeutung der Signaturen (Zeichen) und die dargestellten Sachverhalte.

3. Schritt: Beschreiben der Karte
- Hier könnt ihr auf zweierlei Weise vorgehen. Entscheidet euch für Ⓐ oder Ⓑ.
  Ⓐ Ihr könnt ein wichtiges Teilgebiet untersuchen und aufzählen, welche Sachverhalte hier zutreffen. Anschließend sucht ihr euch ein anderes Teilgebiet heraus.
  Ⓑ Ihr könnt auch einen wichtigen Sachverhalt auswählen und diesem die Gebiete zuordnen. Anschließend macht ihr dies genauso für weitere Sachverhalte.
- Es ist bei der Beschreibung der Karte hilfreich, eine physische Karte desselben Raumes zur besseren Orientierung aufzuschlagen.

4. Schritt: Analyse der Karte
- Die unterschiedlichen Informationen der Karte setzt ihr nun miteinander in Beziehung. Lassen sich gemeinsame Merkmale, Auffälligkeiten oder Strukturen erkennen? Gebt dazu jeweils ein passendes Beispiel an.

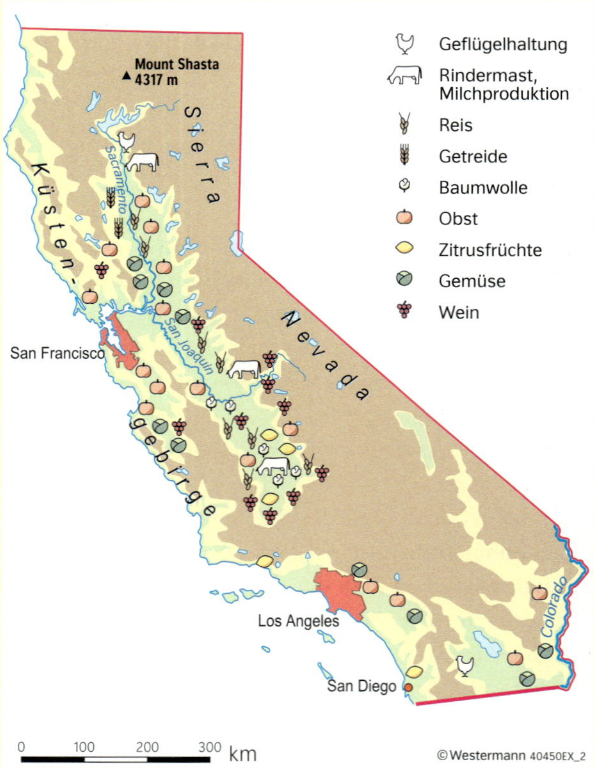

M2 Landwirtschaft in Kalifornien

Temperaturen und Niederschläge sind zwei Aspekte, die sowohl die Art als auch die Erntemenge der landwirtschaftlichen Güter beeinflussen. In Kalifornien (USA) werden viele Felder wegen geringer Niederschläge künstlich bewässert. Gerade der Obstanbau benötigt große Wassermengen. Die Landwirtschaft ist mit 80 % der größte Wasserverbraucher Kaliforniens.

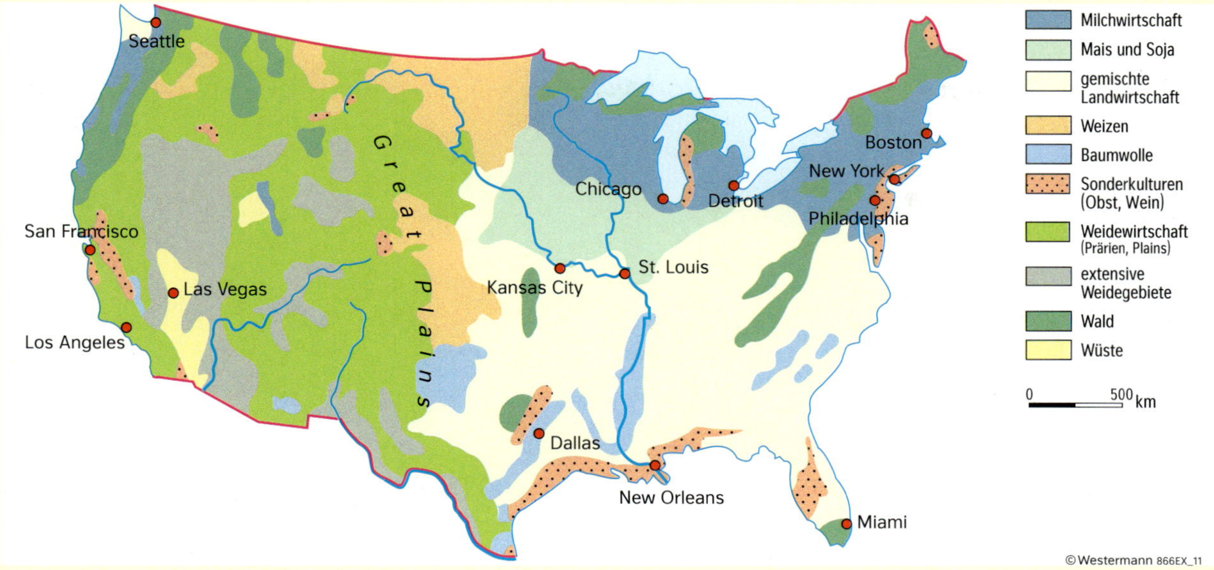

M3 Landwirtschaft in den USA

1. Angabe des Kartenthemas
Die Karte stellt die ... in den ... dar.

2. Lesen der Legende
Die Legende ist in unterschiedliche ... unterteilt. Die verschiedenen ... stellen dar, was ... wird oder welche Vegetation vorherrscht.

Wortspeicher: angebaut (2x) – extensive Weidegebiete – Farben (2x) – gemischte Landwirtschaft – Landwirtschaft – Milchwirtschaft (2x) – Sonderkulturen – USA – Weidewirtschaft – Weizen – zentral

3. Beschreiben der Karte
In den USA werden verschiedene Produkte ... Im Westen sind vorwiegend Waldflächen, Weidewirtschaft und ... vorhanden. Vereinzelt gibt es Sonderkulturen und ... Die Great Plains liegen ... in den USA. Hier wird vor allem ... betrieben und ... angebaut. Im Osten und Südosten der USA ist vor allem ... verbreitet. Im Nordosten der USA um die Großen Seen wird ... betrieben, es gibt Waldflächen und es werden Mais und Soja und vereinzelt ... angebaut.

4. Analyse der Karte
...

M4 Beispiel für die Auswertung einer thematischen Karte

AUFGABE

1 *Werte die thematische Karte M3 aus. Nutze den Methodenkasten.*
- *a) Schreibe den Beispieltext M4 in dein Heft und ergänze die Lücken mithilfe des Wortspeichers.*
- *b) Ergänze die Analyse der Karte in eigenen Worten.*

2 *Werte die thematische Karte M2 aus.*

M1 Hühnermastbetrieb in Nordrhein-Westfalen

Fleisch für die Welt – Fleischproduktion in der Europäischen Union

In der **Europäischen Union** (**EU**) ist der Fleischkonsum in den letzten Jahren kaum gewachsen. Die Fleischproduktion steigt aber weiter an, da ein Großteil des Fleisches exportiert wird.

Da ein Großteil der Fläche der EU in der gemäßigten Zone liegt, sind die klimatischen Voraussetzungen für Viehhaltung und Ackerbau sehr gut. Auch die Böden sind meist fruchtbar. Die Landwirtschaft in der EU ist zudem sehr modern. Hier kommt es zum Einsatz von Maschinen, Düngemitteln, Kraftfutter und Massentierhaltung. Die Erträge sind durch spezialisierte Züchtungen sehr hoch.

Die zunehmende weltweite Konkurrenz und der Wunsch vieler Kunden nach günstigem Fleisch führt dazu, dass die Fleischproduzenten einem extremen Wettbewerb ausgesetzt sind. Dies hat nicht nur positive Folgen.

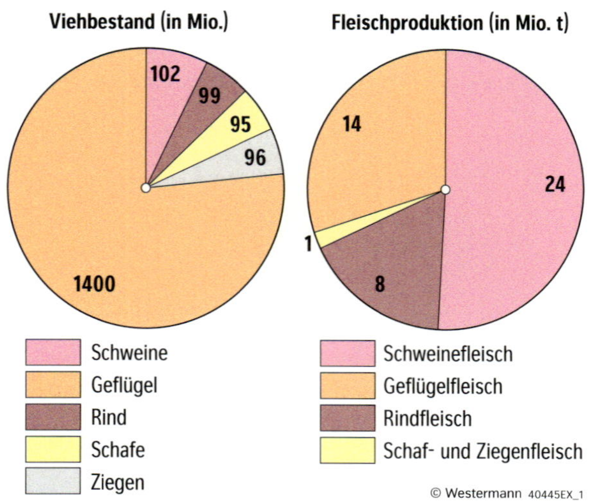

M2 Viehbestände und Fleischproduktion in der EU (2018)

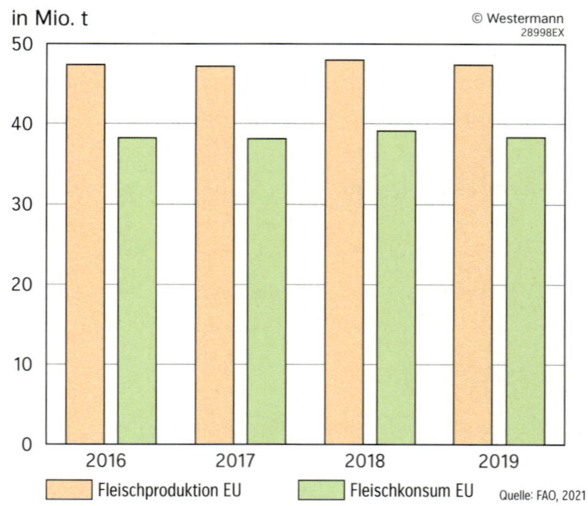

M3 Fleischproduktion und -verzehr in der EU

Der Selbstversorgungsgrad gibt an, wie viel Prozent des Bedarfes eines Produktes im eigenen Land produziert wird. Liegt der Wert unter 100 %, muss das Land Güter importieren, liegt der Wert über 100 %, produziert das Land mehr Güter, als es benötigt.
Die EU produziert mehr Fleisch, als in der EU benötigt wird. Der Selbstversorgungsgrad lag 2019 bei insgesamt 116 %. Innerhalb der EU wird also 16 % mehr Fleisch produziert, als verbraucht wird.
Obwohl innerhalb der EU genug Fleisch zur Selbstversorgung produziert wird, wird auch Fleisch aus Ländern wie Brasilien, Argentinien und den USA importiert. Für den Export von Fleischprodukten wird China ein immer wichtigerer Handelspartner.

M4 Überproduktion in der EU

In der EU wird vom Huhn meist das Brustfleisch (Hühnerbrust) bevorzugt. Andere Teile des Huhns werden von den Verbraucherinnen und Verbrauchern nur selten nachgefragt und ins Ausland exportiert (siehe rechts).
Die Schenkel und Flügel von Hühnern aus der EU werden deshalb zum Beispiel nach Ghana verkauft. Die Produktionskosten der Hühner aus Europa sind durch die Massentierhaltung deutlich geringer, sodass Bauern in Ghana Schwierigkeiten haben, ihre einheimischen Hühner zu verkaufen. Daher müssen die Hühnerzüchter in Ghana ihre Produktion oft einstellen. Dies macht das Land dann abhängig von Exporten.

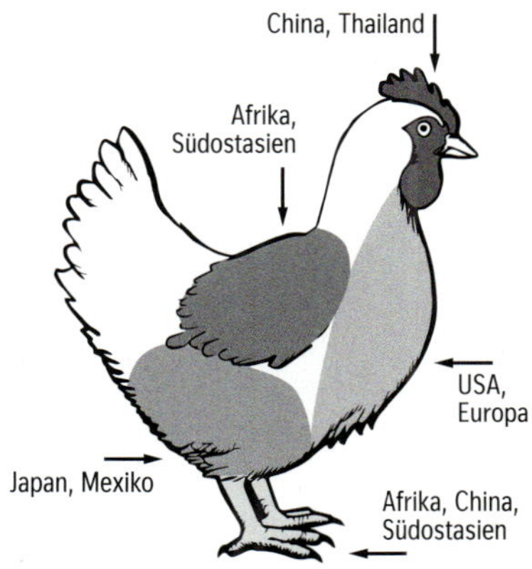

M5 Folgen der Fleischexporte am Beispiel von Hühnern

Die Fleischproduktion in Europa führt zu teils hohen Umweltbelastungen. Die Ursache liegt in der Massentierhaltung, denn die hohe Anzahl an Nutztieren produziert viel Gülle (Mischung aus Urin und Kot).
Gülle wird als wertvoller Dünger für die Pflanzen benutzt. Werden die Böden jedoch überdüngt, steigt der Nitratgehalt im Grundwasser, was gefährlich für Menschen werden kann. Wird der Nitratgrenzwert überschritten, muss dieser von Wasserwerken gesenkt werden. Dies verursacht Kosten.

M6 Auswirkungen der Fleischproduktion

AUFGABEN

1 *Beschreibe die Fleischproduktion in der EU (Text, M2, M3).*
2 *Erkläre die Überschrift „Fleisch für die Welt“ (M2 – M5).*
3 *Erläutert in Partnerarbeit Probleme und mögliche Lösungsansätze der Fleischproduktion (M4 – M6).*

M1 Schiffswrack auf dem Grund des ausgetrockneten Aralsees in Usbekistan (Asien)

Der Aralsee – ein Binnenmeer verdurstet

Früher gab es am Aralsee eine bedeutende Fischereiflotte. Viele Menschen arbeiteten auf Fischerbooten und in den Fischfabriken.
Seit Jahrzehnten aber schrumpft der See. 1960 hatte das Binnenmeer noch eine Fläche von 68 000 km^2 (enspricht der doppelten Fläche von NRW). Inzwischen hat die Seefläche um 90 Prozent abgenommen. So wurden mit der Zeit Hafenstädte zu Wüstenstädten und die Menschen verloren ihre Arbeit.
Jahrtausendelang wurde der Aralsee durch die Flüsse Syrdarja und Amudarja gespeist. Dank der beiden Flüsse konnte der See inmitten des ariden Gebietes „überleben". Der Wasserverlust, der durch die Verdunstung entstand, konnte ausgeglichen werden.

Mitte der 1990er-Jahre schreckten Satellitenfotos vom Aralsee die Menschen auf der ganzen Welt auf. Was war mit dem wichtigen Binnenmeer passiert? Ausgangspunkt der Austrocknung war eine politische Entscheidung. Der Staat wollte sich von Baumwolle aus dem Ausland unabhängig machen und veranlasste den großflächigen und folgenschweren Anbau der Baumwollpflanze. Auch über 50 Jahre nach der Entscheidung, in der Region Baumwolle anzubauen, ist das „Weiße Gold" ein bedeutendes Exportgut für die Staaten Zentralasiens.
Etwa 50 Prozent aller Textilien weltweit bestehen aus Baumwolle. Somit ist Baumwolle eine der wichtigsten Fasern in der Textilproduktion.

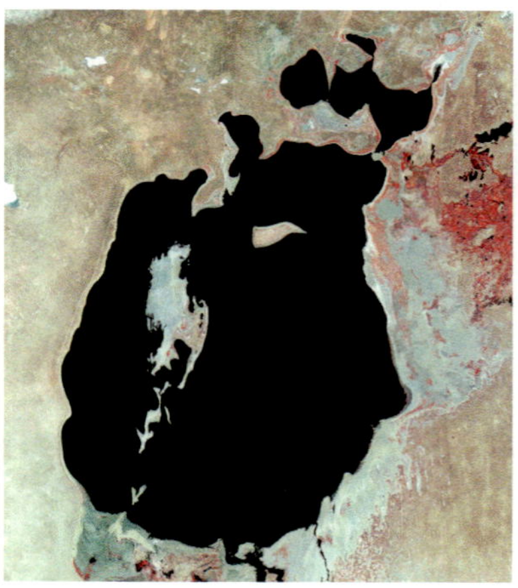

M2 Aralsee im August 1987

M3 Aralsee im August 2000

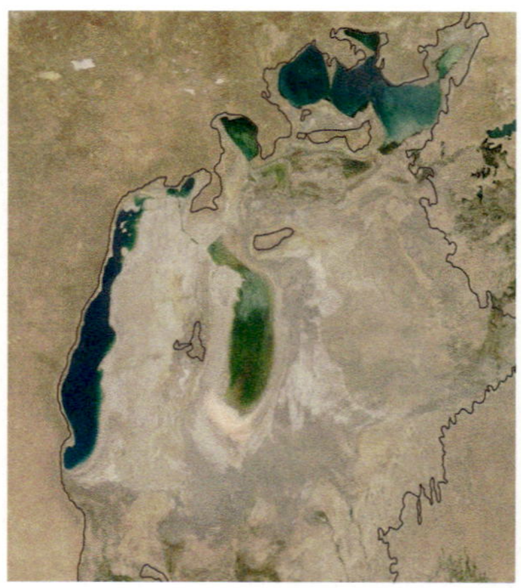

M4 Aralsee im August 2018

M5 Baumwollernte in Usbekistan

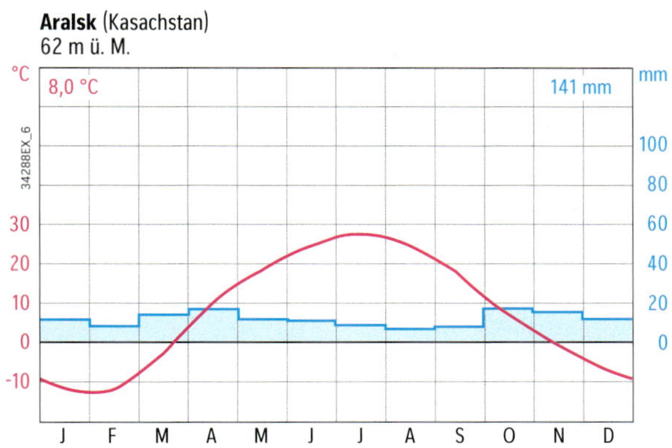

M6 Klimadiagramm von Aralsk

Die Baumwollpflanze wird in den Trockengebieten der Erde angebaut. Die dort vorherrschende Trockenheit ist für den Reifungsprozess wichtig, denn die Baumwollkapseln geben nur bei Wassermangel ihre flauschigen Samenfäden frei. In der Wachstumsphase zuvor werden Temperaturen von über 25 °C und gut befeuchtete Wurzeln benötigt. In dieser Zeit ist eine intensive Bewässerung nötig. Um optimale Erträge zu erzielen, werden beim Baumwollanbau Dünger, Pestizide und Entlaubungsmittel eingesetzt.

M8 Die Baumwollpflanze

M7 Das Gebiet des Aralsees

AUFGABEN

1 *Beschreibe kurz die Veränderungen des Aralsees (Text).*

2 *a) Beschreibe die Entwicklung der Fläche des Aralsees bis zum Jahr 2018 (M2 – M4).*

b) Beschreibe mithilfe des Internets die Veränderung des Aralsees nach 2018: earth.google.com/web/search/aralsee. Benutze die Möglichkeit, Entfernungen zu messen (Lineal siehe linke Werkzeugleiste).

3 *Erstelle einen Steckbrief zur Baumwollpflanze (M8).*

4 *Beurteile, ob der Anbau von Baumwolle in Kasachstan sinnvoll und nachhaltig ist.*

Web-Code: WES-101550-111

Klimadiagramme der gemäßigten Zone

1 *a) Zeichne jeweils ein Klimadiagramm von Cincinnati und Lhasa mithilfe der Klimatabellen (siehe Methode Seite 25).*

b) Werte die beiden Klimadiagramme aus (siehe Methode Seite 24).

2 *Vergleiche das Klima von Cincinnati mit dem von Lhasa.*

Cincinnati (USA), 179 m ü. M.	J	F	M	A	M	J	J	A	S	O	N	D
T (in °C)	-1,3	0,3	6,0	11,7	17,4	22,1	24,3	23,4	19,5	12,9	7,0	1,2
N (in mm)	70	67	104	97	112	93	104	91	78	71	86	79

Lhasa (Tibet), 3656 m ü. M.	J	F	M	A	M	J	J	A	S	O	N	D
T (in °C)	-1,8	1,1	4,4	8	12,2	15,9	15,9	15,1	13,3	8,6	3,0	-0,8
N (in mm)	0	1	2	7	25	76	125	132	58	9	2	1

Great Plains

1 *Welche fünf US-Bundesstaaten, die Teil der Great Plains sind, verstecken sich in diesem Buchstabensalat. Schreibe die Namen in dein Heft. Der Atlas kann dir bei der Lösung helfen.*

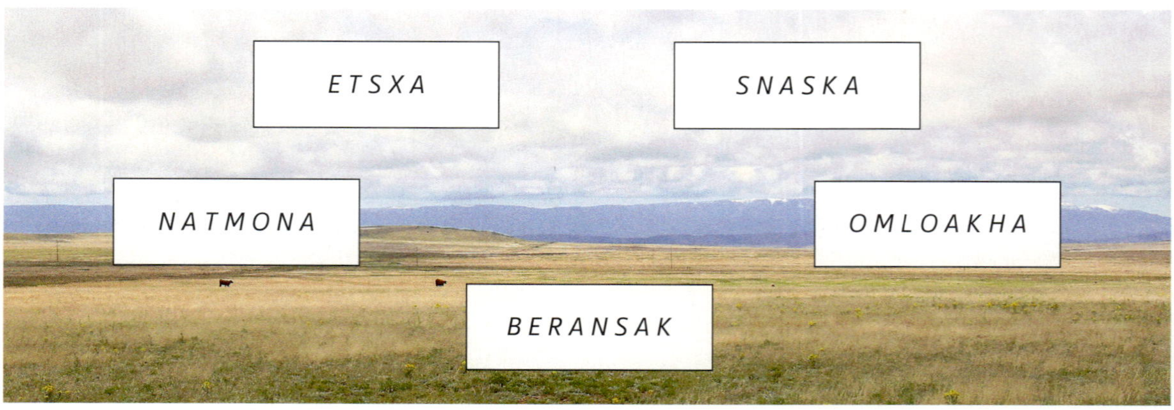

2 *Erläutere die Bedeutung der Great Plains für die Landwirtschaft in den USA.*

Landwirtschaft mit Lücken

1 *Schreibe den Text in dein Heft. Fülle die Lücken mit den Wörtern aus dem Wortspeicher.*

Die Landwirtschaft in der gemäßigten Zone kann sich zum Teil auf viele gute Standortfaktoren wie eine hohe ... und ein günstiges ... stützen. Besonders fruchtbar sind Böden aus ... Zusätzlich setzen Betriebe, die sich oft auf wenige Tier- oder Pflanzenarten konzentrieren, ... ein, die oftmals computergesteuert ist. Die hohen Erträge können auf dem ... verkauft werden. Die Erträge werden seit einiger Zeit noch weiter gesteigert, so wird zum Beispiel Soja in den USA auch mit ... angebaut. Um natürliche Anbaugrenzen wie die Temperatur zu überwinden, werden auch Treibhauskulturen angelegt. Hier wird aber eher für die lokale ... produziert.

Wortspeicher:
Bodenfruchtbarkeit – Gentechnik – Jahreszeitenklima – Nachfrage – Schwarzerde – Weltmarkt – modernste Technik

2 *Erkläre mit eigenen Worten, warum in der gemäßigten Zone sehr viel für den Export (Weltmarkt) produziert wird.*

Zukunftsaussichten am Aralsee

„Hallo, ich bin Otabek, 14 Jahre alt und komme aus Aralsk. Ich überlege gerade, welche Lehre ich nach der Schule anfangen soll. Alle in meiner Familie waren Fischer: mein Urgroßvater, mein Großvater, mein Vater. Mitte der 1990er-Jahre wurden alle Fischer arbeitslos. Mein Vater meint, ich solle unsere Heimat verlassen und einen anderen Beruf erlernen. Eigentlich möchte ich aber gar nicht weg. Lieber würde ich unser altes Boot wieder flottmachen und die Familientradition fortführen."

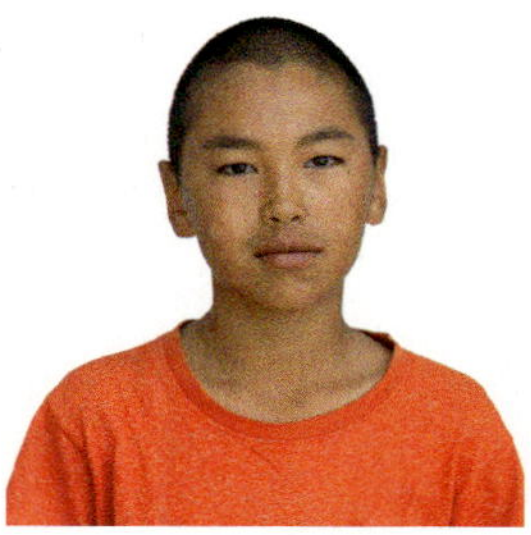

1 *Verfasse eine Antwort für Otabek. Gehe dabei darauf ein, wie nachhaltiges Handeln am Aralsee aussehen könnte, damit Orabek dort in Zukunft gut leben kann.*

Grundbegriffe

Agrobusiness
Europäische Union (EU)
Feedlot
Jahreszeitenklima
Schwarzerde

Web-Code: WES-101550-113

5 Lebensraum kalte Zone

Die kalte Zone wandelt sich rasend schnell.

Der Lebensraum der kalten Zone – ein Überblick

M1 Eiswüste in der Antarktis

Polare Kältewüste

Die Regionen um Nordpol (Arktis) und Südpol (Antarktis) sind von Eiswüsten bedeckt. Das Klima dort ist extrem.

Während der langen Polarwinter sind in der Antarktis schon Temperaturen von unter −80 °C gemessen worden. Die Sonneneinstrahlung in den Polargebieten ist gering und mehrere Monate im Jahr herrscht Polarnacht bzw. Polartag. Für Pflanzen ist es sehr schwierig, sich an solche Bedingungen anzupassen. In den Zonen des ewigen Eises können deshalb nur einige Algen- und Flechtenarten überleben.

Die größte Eiswüste ist die Antarktis, sie nimmt gut 9 % der Landfläche der Erde ein. Auf der Nordhalbkugel bildet das grönländische Inlandeis die größte Eisfläche. Menschliche Siedlungen gibt es nur wenige an den Randbereichen der Arktis.

M2 Die Tundra im Norden Kanadas

M3 Die Taiga in Finnland

Tundra und Taiga

Auf der Nordhalbkugel schließen sich südlich der polaren Kältewüste zwei weitere Vegetationszonen an.

In der Tundra taut der Boden durch die etwas höheren Temperaturen zeitweise auf. Die Vegetationszeit beträgt hier etwa drei Monate und es können neben Flechten und Moosen auch Gräser und Zwergsträucher wachsen. Weiter in Richtung Süden breitet sich ein Band mit Nadelwäldern aus, die Taiga.

Auch hier sind die Bedingungen für Pflanzen extrem. Die Böden sind etwa ein halbes Jahr mit Schnee bedeckt. In den kurzen Sommern können die Temperaturen auf über 30 °C ansteigen. Die Fichten und Kiefern, die in dieser Zone beheimatet sind, benötigen 200 Jahre und mehr, bis sie ausgewachsen sind. Forstwirtschaft ist hier ein bedeutender Wirtschaftsfaktor. Ein großer Teil des Papier- und Bauholzbedarfs der Erde wird durch die Nadelwälder der Taiga gedeckt. Für Ackerbau sind die Bedingungen zu rau.

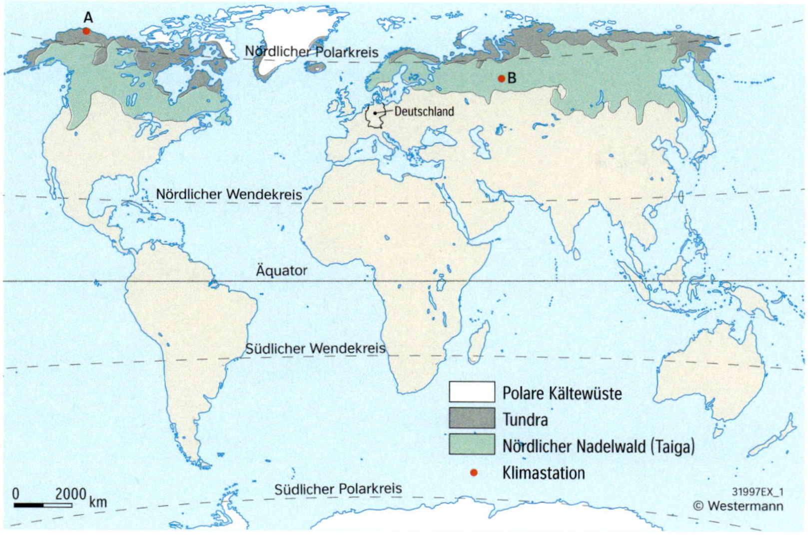

M4 Vegetationszonen – Lebensraum kalte Zone

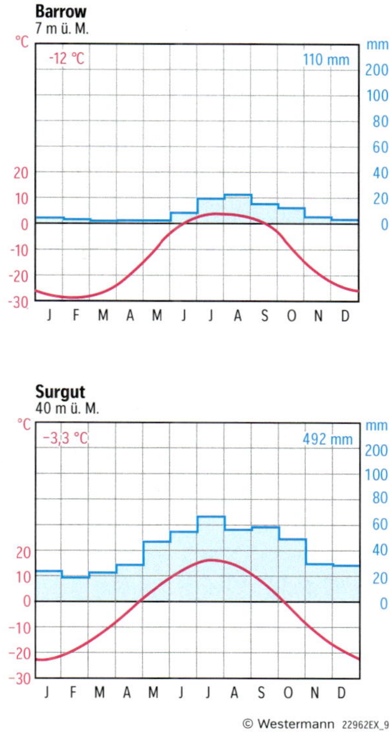

M6 Klimadiagramme

Etwa 20 Prozent der Landflächen der Erde sind von **Permafrost** bedeckt. So werden Böden bezeichnet, die oft Hunderte Meter dick gefroren sind. In Sibirien ist der Permafrost bis zu 1500 m mächtig.

Permafrostböden bilden sich, wenn die Bodentemperatur mindestens zwei Jahre in Folge nicht über den Gefrierpunkt steigt. Normalerweise besteht ein Permafrostboden aus zwei Schichten: Die obere taut im Sommer wenige Zentimeter bis zu einem Meter auf. Darunter liegt die gefrorene Schicht, die das ganze Jahr vereist bleibt. Der gefrorene Untergrund bewirkt, dass das Wasser im oberen Auftauboden nicht versickern kann. So bildet sich im Sommer häufig eine dicke Schlammschicht. Der Boden wird dann instabil und Gebäude können wegrutschen oder einsinken. Aber auch Straßen und Eisenbahnlinien können unbefahrbar werden und Pipelines auseinanderbrechen.

Es sind aufwendige Maßnahmen nötig, um Bauwerke auf Permafrostböden zu stabilisieren.

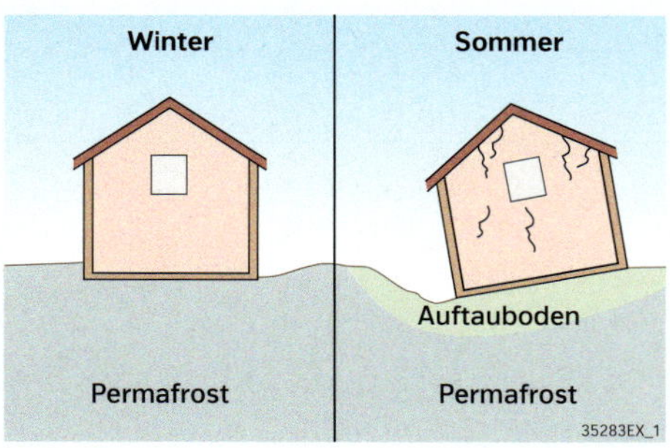

M5 Permafrost

AUFGABEN

1 *Beschreibe die Verbreitung der in M4 dargestellten Vegetationszonen.*

2 *Begründe die unterschiedliche Vegetation auf den Fotos (M1 – M3).*

3 *Erstelle eine Definition für die Vegetationszone der Tundra (M2, Text).*

4 *a) Beschreibe das Klimadiagramm von Surgut (M6).*

b) Ordne die Klimadiagramme (M6) den Klimastationen in M4 zu. Begründe deine Entscheidung.

5 *Nimm die Rolle eines Ingenieurs ein. Erarbeite eine Technik, die das Absinken von Gebäuden im Permafrost verhindert (M5).*

Die beiden Enden unserer Erde – Arktis ...

M1 Eisdecke auf dem Nordpolarmeer

Die Arktis

Am Nordpol beträgt die mittlere Jahrestemperatur −18 °C. Die niedrigen Temperaturen haben zur Folge, dass weite Teile des Nordpolarmeeres von einer im Durchschnitt drei Meter dicken Eisdecke bedeckt sind. Das sogenannte Packeis ist ständig in Bewegung und bildet immer neue Eislandschaften. Die Ausdehnung dieses Eisschildes verändert sich deutlich im Jahresverlauf. Im Sommer, bei steigenden Temperaturen, schmelzen große Bereiche der Eisdecke ab.

Nur etwa vier Millionen Menschen leben in der Arktis. Davon zählen etwa 500 000 zu den indigenen Völkern wie den **Inuit**, die in Kanada und Grönland beheimatet sind.

Packeis: Eisschollen, die durch Wind und Wellen übereinandergeschoben werden
Treibeis: Eisberge und Eisschollen, die mit den Meeresströmungen driften
Inlandeis: eine große Landfläche, die nahezu vollständig von Eis bedeckt ist

M2 „Eiskunde“

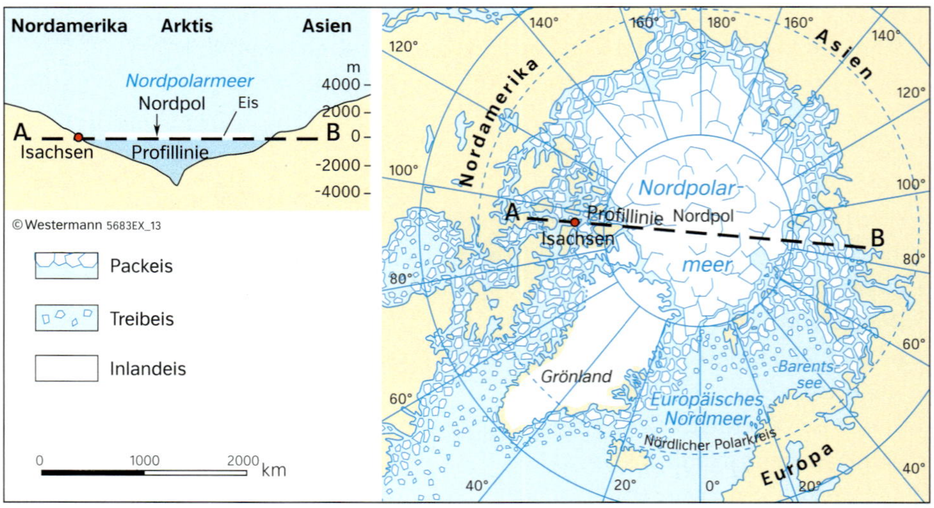

M3 Die Arktis

AUFGABEN

1 *Nenne die Länder, die Anteil an der Arktis haben (Atlas).*

2 *Ordne dem Bild M1 einen der Begriffe in M2 zu. Begründe.*

3 *Ermittle mithilfe des Internets die aktuelle Temperatur von Isachsen (Kanada) und der Neumayer-Station III (Antarktis). Begründe die Unterschiede.*

... und Antarktis

Wer erreicht als Erster den Südpol? Das war die Frage, die die Menschen im Jahr 1911 in Atem hielt. Der Norweger Roald Amundsen und der Brite Robert Falcon Scott gingen mit ihren Schiffen an verschiedenen Stellen des Ross-**Schelfeises** vor Anker (M5). Ihr Ziel verfolgten sie mit unterschiedlichen Strategien. Amundsen setzte auf Techniken, die er von den Bewohnern der Arktis, den Inuit, gelernt hatte, während Scott auf technische Neuerungen wie Motorschlitten vertraute.
Amundsen gewann und erreichte als Erster nach 57 Tagen am 15. Dezember 1911 mit 4 Begleitern und 17 Grönlandhunden den südlichsten Punkt der Erde. Schneestürme, Nebel, Gletscherspalten und Temperaturen von unter −40 °C begleiteten sie auf der 1100 km langen Strecke zum Südpol.

M4 Das Wettrennen zum Südpol

Die Antarktis

Der Kontinent Antarktika ist vom Südpolarmeer umgeben. Das Festland ist von einem Eisschild bedeckt. Das sogenannte Inlandeis ist durchschnittlich mehr als 2100 m dick, an der mächtigsten Stelle sind es 4776 m.
An das Festland schließen sich riesige Schelfeisgebiete an. Das sind bis zu 1000 m dicke Eisplatten, die von den Inlandgletschern gespeist werden und auf dem Meer schwimmen. Der Klimawandel trägt hier dazu bei, dass immer häufiger große Teile abbrechen und schmelzen (M6).
Die Antarktis ist eine lebensfeindliche Region. Menschen leben dort nur in den etwa 80 Forschungsstationen.

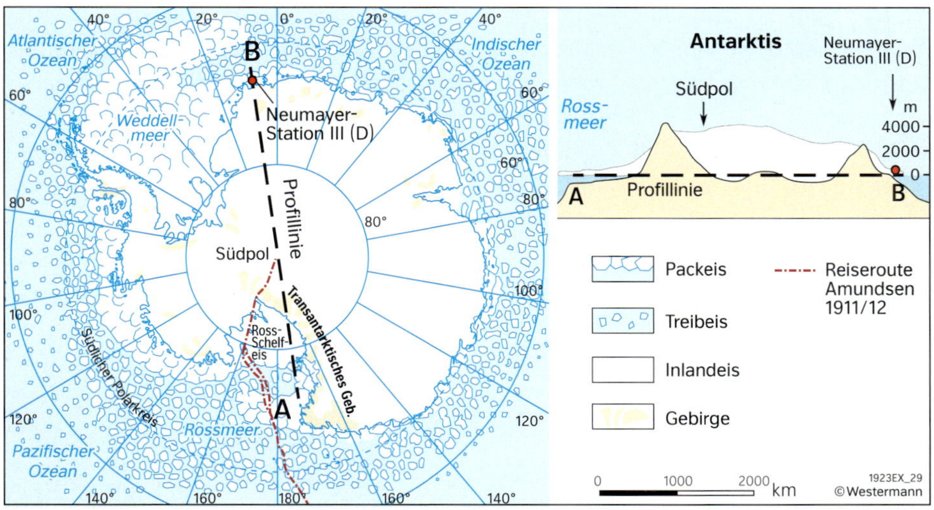

M5 Die Antarktis

M6 Abbruchkante des Ross-Schelfeises

AUFGABEN

4 ✎ *a) Beschreibe den Weg Amundsens zum Südpol (M4, M5).*
✎ *b) Fasse die Bedingungen zusammen, mit denen Amundsen zu kämpfen hatte (M4).* ↗

5 ✎ *Erstelle für die Arktis und die Antarktis jeweils einen Steckbrief. Fasse die wesentlichen Merkmale übersichtlich zusammen. Recherchiere auch im Internet.* ↗

Leben in der kalten Zone

M1 Das traditionelle Leben der Inuit

„Hallo, ich bin Taqtu. Ich bin eine Inuit und gehöre dem Volk an, das seit Jahrtausenden in der Arktis lebt. Mit meiner Familie wohne ich in Gjoa Haven im Norden Kanadas. Der Ort ist nach dem Schiff von Roald Amundsen benannt, der Gjøa. Auf seinem Weg durch das nördliche Eismeer hat er hier zwei Jahre haltgemacht.

Damals, vor über 100 Jahren, waren die Inuit Selbstversorger. Die Natur gab ihnen alles, was sie zum Leben brauchten: Nahrung, Kleidung, Waffen sowie Baumaterialien.

Meine Vorfahren zogen in kleinen Gruppen durch die karge Landschaft, immer auf der Suche nach Nahrung. Im kurzen Sommer lebten sie in Zelten aus Robbenfellen. Die Männer jagten Rentiere, Lachse oder Eisbären und fuhren mit Kajaks zur Robbenjagd aufs Meer. Das Fleisch trocknete man dann an der Luft, um es haltbar zu machen. Die Frauen und Kinder sammelten Beeren, Kräuter und Vogeleier.

Im Winter wohnten die Inuit meist in festen Behausungen aus Treibholz und Steinen, die mit Gras und Erde abgedichtet wurden. Zur Jagd zogen sie mit Hundeschlitten auf die zugefrorenen Meeresbuchten. Dort errichteten sie dann Iglus aus Eis und Schnee. Durch Öllampen und die eigene Körpertemperatur erwärmte sich das Innere des Iglus immerhin bis auf 15 °C. Die Männer hackten Löcher in das Eis und warteten stundenlang, bis sich eine Robbe blicken ließ. Die Frauen nähten aus den Fellen und Häuten Kleidung und Zelte."

M2 Die Inuit – Jäger des Eismeeres

M3 Der Lebensraum der Inuit

M4 Verarbeitung des Fangs

M5 Eine typische Inuit-Siedlung im Norden Kanadas

„Unser Leben hat sich in den vergangenen Jahrzehnten natürlich stark verändert. Die meisten Inuit wohnen heute in den typischen bunten Häusern und nur noch wenige Familien ziehen den Rentierherden hinterher. Viele haben ein Auto oder Quad und natürlich gibt es einen Supermarkt, eine Post und eine Schule im Ort.

Für meinen Vater ist die Jagd auf Rentiere und Robben nur ein Hobby, er arbeitet jetzt bei einer Minengesellschaft. Auch meine Mutter hat eine ganz normale Arbeit. Sie leitet das kleine Heimatmuseum in Gjoa Haven. Wir Kinder und Jugendlichen gehen heute natürlich zur Schule. Ich möchte Lehrerin werden. Dafür muss ich aber in den Süden Kanadas ziehen. Hier im Norden gibt es nämlich keine Universität. Nach dem Studium komme ich aber sicher als Lehrerin in meine alte Schule zurück.

In den vergangenen Jahren sind immer mehr Touristen mit dem Flugzeug nach Gjoa Haven gekommen. Der Tourismus gibt uns die Möglichkeit, unsere Kultur zu vermitteln und gleichzeitig neue Arbeitsplätze zu schaffen, zum Beispiel als Schlittenhundeführer."

M6 Das Leben der Inuit heute

AUFGABEN

1 *Beschreibe den Lebensraum der Inuit (M3).*

2 *Stelle Unterschiede zwischen der traditionellen und der modernen Lebensweise der Inuit gegenüber. Gehe dabei insbesondere auf die Rollen von Frauen und Männern ein (M2, M6).*

3 *Die Bilder M1 und M4 sollen im Heimatmuseum als Teil der Ausstellung „Traditionelles Leben der Inuit" gezeigt werden. Erstelle jeweils einen kurzen Erklärtext.* ↗

4 *Die Häuser der Inuit-Siedlung stehen auf Stelzen (M5). Begründe.*

Web-Code: WES-101550-121

Arbeiten bei –40 °C – Forschen in den Polargebieten

M1 Die Polarstern

M4 Arbeit auf der Eisscholle

Für Forscher waren die lebensfeindlichen Polargebiete schon immer eine riesige Herausforderung. In vergangenen Jahrhunderten ging es bei den Expeditionen vor allem darum, neues Land zu entdecken und Seewege zu erkunden. Heute wollen die Wissenschaftler vor allem verstehen, welche Prozesse zwischen Atmosphäre, Eis und der Tiefsee ablaufen. Auch Deutschland beteiligt sich an der Polarforschung. Eine wichtige Rolle spielt dabei das Forschungsschiff Polarstern.

Ein Forschungsschiff lässt sich auf einer Eisscholle einfrieren (M3, ①) und driftet ein Jahr durch das Nordpolarmeer (M3, ②) – das ist der Traum jedes Polarforschers. Im Oktober 2019 war es so weit. Die Polarstern hatte eine geeignete Scholle gefunden und die Wissenschaftler aus 20 Nationen konnten ihr Forschungscamp aufbauen. Die Arktis hat sich in den vergangenen Jahrzehnten so stark erwärmt wie keine andere Region. Das Ziel der Expedition war es, die ablaufenden Prozesse und die Bedeutung der Arktis für unser Klima besser zu verstehen. Dafür richteten die Forscher ein kilometerweites Netz von Messstationen auf dem Eis ein, durch das sie unzählige Daten über das arktische Klima gewinnen konnten.
Neben der Kälte und arktischen Stürmen mussten sich die Wissenschaftler vor einer weiteren Gefahr schützen: Es waren immer mindestens sechs Personen als Eisbärenwache eingeteilt.

M2 Festgefroren auf einer Eisscholle – die Polarstern driftet durch das Nordpolarmeer

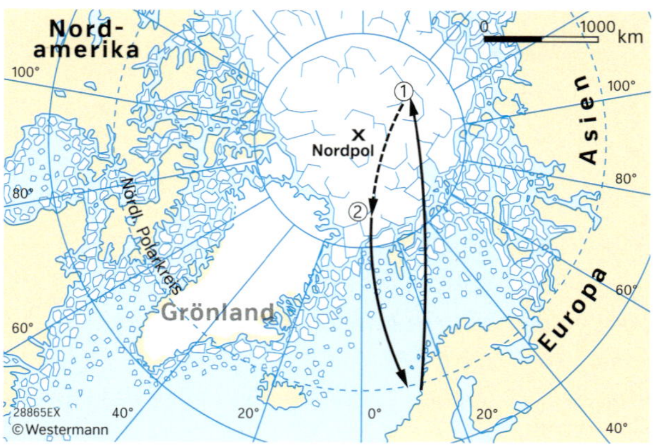

M3 Die Eisdrift der Polarstern

M5 Ein neugieriger Besucher

Schüler: Sie lebten und arbeiteten 15 Monate in der deutschen Forschungsstation Neumayer-Station III in der Antarktis. Wie verlief die Anreise?
Forscherin: Unsere Station Neumayer III wird mit Flugzeugen und Schiffen versorgt. Ich bin mit der Polarstern angereist, dem Forschungsschiff, das du von der Drift durch das Nordpolarmeer schon kennst.

Schüler: Woran haben Sie geforscht?
Forscherin: Wir wollen die Veränderungen auf der Erde verstehen. Mit unseren Geräten sammeln wir aktuelle Wetterdaten, wir schauen aber auch weit zurück in die Klimageschichte. Dazu bohren wir tiefe Löcher in das Eis und entnehmen Eisbohrkerne. Wenn wir die eingeschlossene Luft untersuchen, können wir den Zustand der Atmosphäre vor Tausenden Jahren bestimmen und damit auch das damalige Klima.

Schüler: Wie sah Ihr Alltag aus?
Forscherin: Wir arbeiteten viel am Computer. Morgens kontrollierten wir, ob alle Messstationen noch funktionieren, und werteten die Daten aus. Wenn wir einen Außeneinsatz hatten, mussten wir unbedingt die Verhaltensregeln (M7) einhalten.

Schüler: Wie erging es Ihnen im Polarwinter?
Forscherin: Es herrscht zwei Monate Polarnacht. In dieser Zeit waren nur 9 Personen auf der Station – das bedeutet, dass man alle 9 Tage Schmelzdienst hatte. Man schaufelt dann riesige Mengen Schnee in einen Tank, wo er geschmolzen wird. Dann haben wir wieder Trinkwasser, unser kostbarstes Gut.

Schüler: Was passierte, wenn jemand krank wurde?
Forscherin: Wir waren im Winter vollkommen auf uns allein gestellt. Deshalb ist im Überwinterungsteam immer ein Arzt. Zusätzlich wurden einige Teammitglieder vorher zu einem Praktikum ins Krankenhaus geschickt, um den Arzt unterstützen zu können.

Schüler: Was gefiel Ihnen am besten?
Forscherin: Toll fand ich, dass wir die Kaiserpinguine in ihrer natürlichen Umgebung erleben konnten. Die Pinguinkolonie lebte nur vier Kilometer von der Station entfernt. Am schönsten aber war es, die Polarlichter zu beobachten.

M6 Interview mit einer Antarktis-Forscherin

- Alle Fahrten müssen gemeldet werden.
- Das Lager nie allein verlassen.
- Im Freien müssen UV-Schutzbrillen getragen werden.
- Unterhalb von −30 °C muss eine Gesichtsmaske getragen werden.
- Vorsicht bei schwerer Arbeit: Durch Schwitzen besteht Erfrierungsgefahr.

M7 Verhaltensregeln für Polarforscher

AUFGABEN

1 *a) Beschreibe Gründe für die Erforschung der Polarregionen (M2, M6, Internet).*
b) Nenne Wissenschaftsgebiete (Schulfächer), zu denen in Polargebieten geforscht wird (M6).

2 *Die Polarstern wollte mit der Eisscholle über den geographischen Nordpol driften (M3). Die Route der Polarstern war schwer vorherzubestimmen. Erkläre.*

3 *Erläutere den Sinn der Verhaltensregeln (M7).*

4 *Beschreibe das Leben der Forscherin auf der Neumayer-Station III (M6).*

5 *Mit Eisbohrkernen kann das Klima früherer Zeiten bestimmt werden (M6). Erkläre.*

Web-Code: WES-101550-123

M1 Eisbrecher bei der Arbeit

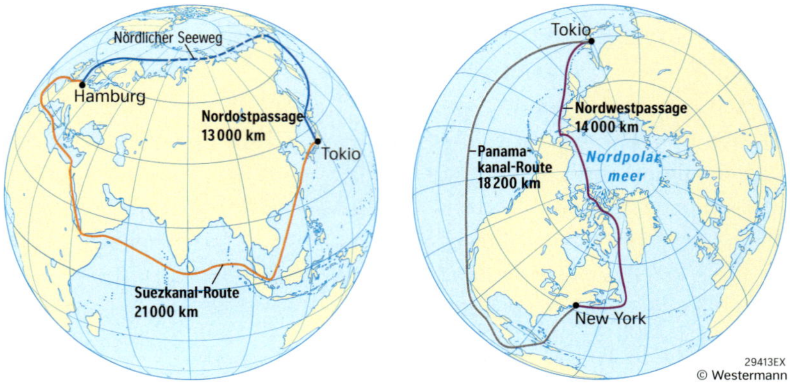

M3 Wichtige Schifffahrtsrouten

Abkürzung durch das Nordpolarmeer – Chance für den Welthandel?

Seefahrer und Geographen suchten jahrhundertelang nach Wegen durch das Nordpolarmeer. Und auch hier war es der Kapitän Roald Amundsen, der von 1903 bis 1906 als Erster die Nordwestpassage (M3) von Grönland nach Alaska vollständig durchfahren hat.

Die steigenden Temperaturen auf der Erde sorgen dafür, dass das Eis der Arktis immer weiter zurückweicht. Wissenschaftler rechnen damit, dass der Nordpol ab den 2040er-Jahren im Sommer eisfrei sein könnte. Die Länder am Polarmeer erhoffen sich dadurch wirtschaftliche Vorteile. Insbesondere die Schifffahrtsrouten eröffnen neue Chancen für den Welthandel: Immerhin werden mehr als 90 % aller Güter über die Weltmeere verschifft.

Diese Entwicklung wird aber nicht nur positiv gesehen. Es gibt Zweifel, dass die Erschließung der Region wirtschaftlich rentabel ist. Beim Bau von Häfen muss wegen der extremen Bedingungen teure Spezialtechnik verbaut werden und die Arbeiter können ihren Einsatzort oft nur mit dem Hubschrauber erreichen. Kritiker mahnen außerdem, dass es durch den Bau von Infrastruktur zu weitreichenden Schäden in dem sensiblen Naturraum kommen kann.

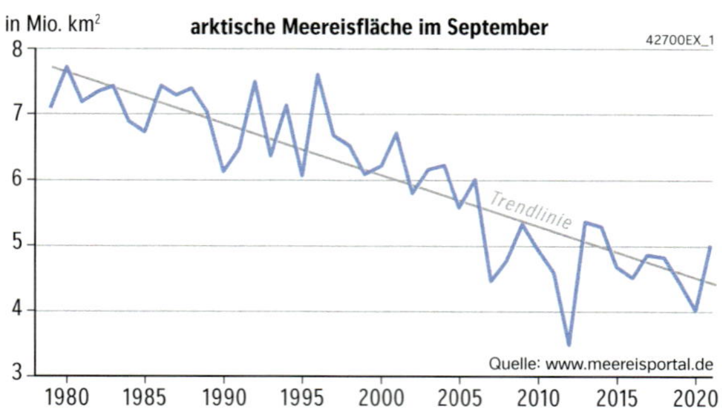

M2 Meereisausdehnung in der Arktis

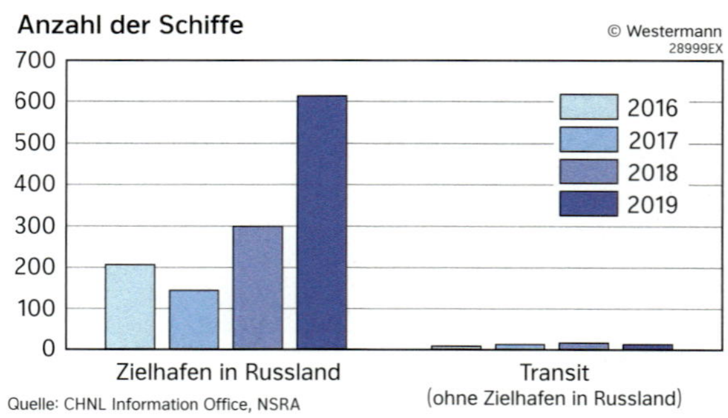

M4 Entwicklung des Schiffsverkehrs auf dem Nördlichen Seeweg (Nördlicher Seeweg siehe M3)

AUFGABEN

1 *Erkläre, warum die regelmäßige Befahrung des Nordpolarmeeres seit einigen Jahren möglich ist (M1 – M3).*

2 *Beschreibe die Routen von Hamburg nach Tokio über den Suezkanal und die Nordostpassage (M3).*

3 *Stelle Vor- und Nachteile der Befahrung der Nordostpassage gegenüber.*

4 *Bewerte die aktuelle Bedeutung des Nördlichen Seewegs hinsichtlich der Folgen für die Arktis und den Welthandel (M4).*

ZUSATZ

Sollen die Seewege durch das Nordpolarmeer ausgebaut werden?

Anatoli Smirnov, Wirtschaftsminister von Russland
In Zukunft sollen immer mehr Containerschiffe die Abkürzung über die Nordostpassage nehmen und dadurch viel Geld sparen. Unsere Eisbrecher werden die Fahrrinnen eisfrei halten. Durch das Verschwinden des Packeises werden auch wertvolle Rohstoffe erreichbar. Neben Erdöl und Erdgas gibt es dort Edelsteine und Seltene Erden, die man zur Produktion von Smartphones und Computern benötigt. Mit chinesischer Hilfe bauen wir bereits Häfen in der Arktis, über die wir die Rohstoffe abtransportieren können.

Sibel Berghoff, Inhaberin einer großen Modekette
Unsere Kleidung wird hauptsächlich in Ostasien produziert und mit Containerschiffen nach Hamburg geliefert. Die Route über die Nordostpassage wäre billiger – und wir könnten unsere Produkte günstiger anbieten. Andererseits gefährdet der Transport Ökosysteme. Ob unsere Kunden damit einverstanden sind?

Natalia vom Volk der Nenzen
Wir Nenzen sind ein kleines Volk, das im Norden Russlands lebt. Wir sind Nomaden, das heißt, wir ziehen mit unseren Rentierherden durch die Tundra. Wenn jetzt durch die Nordostpassage noch mehr Menschen in den Norden kommen und noch mehr Öl- und Gaskonzerne ihre Pipelines durch unser Land bauen, dann werden noch mehr Weideflächen unserer Rentiere vernichtet.

Alina Schlupf, Tourismusmanagerin aus Deutschland
Großartig wird das. Kreuzfahrten sind voll im Trend und wenn die Routen im Nordpolarmeer frei sind, können wir spannende neue Reiseziele anbieten. Ich sehe schon die Prospekte vor mir: „Fahrten zu den Eisbären in Kanadas Norden“, „Auf den Spuren von Roald Amundsen“ oder „Erleben Sie die das Volk der Nenzen in Russland“.

Ole Svensson, Umweltschützer aus Schweden
Wenn jetzt das Nordpolarmeer auch noch wirtschaftlich genutzt wird, werden wir den Lebensraum am Nordpolarmeer zerstören. Es wird zu Zusammenstößen von Schiffen mit Walen kommen und durch das Packeis steigt die Gefahr von Schiffsunglücken. Man stelle sich vor, ein Eisberg schlägt ein Leck in einen Öltanker und Hilfe ist Tausende Seemeilen entfernt. Die Auswirkungen wären katastrophal.

AUFGABE

1 *Führt ein Rollenspiel zur oben genannten Streitfrage durch (siehe Methoden-Übersicht, Seite 222). Nutzt für eure Position die Informationen und Aussagen auf dieser Doppelseite und recherchiert im Internet.*

M 1 Blick über den Lysefjord in Norwegen (im Vordergrund die natürliche Felsplattform Preikestolen)

Fjorde – eine typische Landschaftsform der kalten Zone

Gletscher gestalten die Landschaft

Eine typische Landschaftsform in der kalten Zone sind Fjorde. Diese weit ins Land reichenden Meeresarme mit ihren steilen und zerklüfteten Felswänden findet man in vielen Regionen. Fjorde werden auch als ertrunkene Flusstäler bezeichnet.

Am bekanntesten ist sicher die Fjordküste im Westen Norwegens. Dort befindet sich auch der Sognefjord (M2), der sich 180 km in das Landesinnere hineinzieht.

Während des Eiszeitalters war Skandinavien von einer riesigen Eiskappe bedeckt. Gletscher schoben sich von den Bergrücken durch die bestehenden Flusstäler und schürften diese an den Seiten und am Grund aus. In Jahrtausenden wurde auf diese Weise ein Kerbtal (V-Tal) in ein sogenanntes Trogtal (U-Tal) umgeformt (M3). Vor etwa 10 000 Jahren schmolzen die Gletscher ab, der Meeresspiegel stieg an und die ausgeschürften Flusstäler sind mit Meerwasser vollgelaufen.

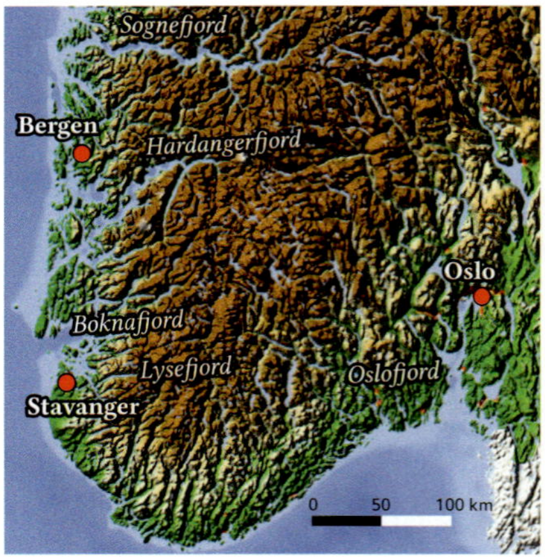

M 2 Fjordküste in Südnorwegen

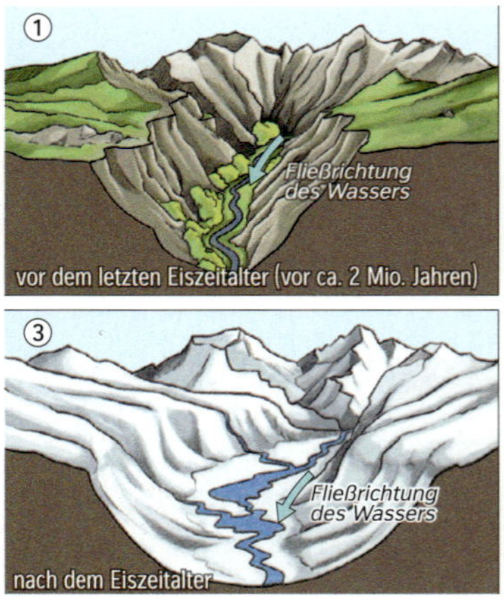

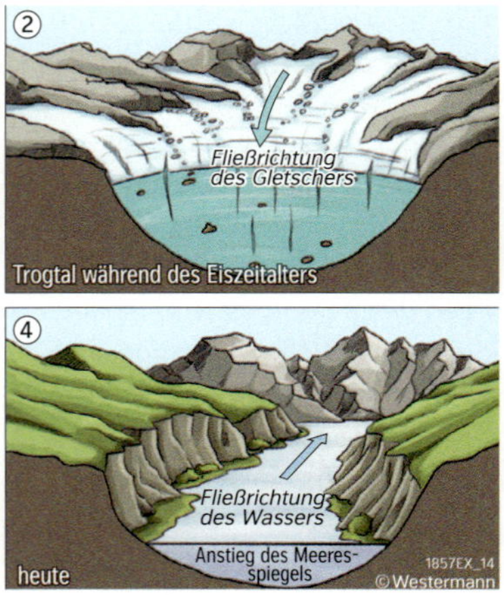

M 3 Entstehung eines Fjords

AUFGABEN

1 *Beschreibe das Aussehen eines Fjords (M1, M2).*

2 *Erläutere die Bezeichnung „ertrunkene Flusstäler" (Text, M3).*

3 *Erstelle vier kurze Texte, die die Prozesse in M3 erklären. Verwende dabei die Begriffe Kerbtal und Trogtal.* ↗

M1 Unberührte Waldgebiete in Kanada

M4 Harvester in der Provinz Ontario

Holzwirtschaft in Kanada

„Hi, ich bin Jack Miller und arbeite als Holzfäller in der kanadischen Provinz Ontario. Wir haben etwa fünfmal so viel Waldfläche wie ganz Deutschland. Bei uns im Norden ist es viel zu kalt, um zum Beispiel Getreide anzubauen, deshalb hat die Forstwirtschaft hier eine riesige Tradition.

Mit über 1,5 Millionen Menschen, die im Wald und in der Holzverarbeitung beschäftigt sind, ist die Forstwirtschaft ein wichtiger Wirtschaftsfaktor. Heute arbeiten wir mit großen Maschinen wie Harvestern (M4), mit denen große Flächen gerodet werden. Unser Holz wird zum großen Teil zu Papier und Möbeln verarbeitet sowie zum Bau von Häusern genutzt. Das ist auch besser für die Umwelt als Beton oder Stahl, da im Holz das klimaschädliche Gas Kohlendioxid gespeichert wird. Unsere Wälder sind also wichtig im Kampf gegen den Klimawandel. Aufgrund des kalten Klimas dauert es bei uns allerdings sehr lange, bis ein Baum nachwächst und wieder genug Kohlendioxid speichern kann. Wir müssen deshalb aufpassen, dass wir nur so viel Holz ernten, wie auch nachwachsen kann. Inzwischen haben wir aber Strategien entwickelt, um den Wald nachhaltig zu nutzen (M3).“

M2 Jack Miller, Holzfäller

- Wiederaufforstung
- Schutzgebiete
- Pufferzonen entlang von Flüssen zum Schutz der Gewässer
- Begrenzung der Einschlagmenge
- Zertifizierung (nur bestimmte Betriebe, die sich an gesetzliche Vorgaben halten, dürfen abholzen)
- Mitspracherecht der Bevölkerung

M3 Maßnahmen für eine nachhaltige Forstwirtschaft

AUFGABEN

1 *Beschreibe die Bedeutung der Holzwirtschaft für Kanada (M1, M2).*
2 *Erläutere die Bedeutung der Wälder im Kampf gegen den Klimawandel (M2).*
3 *Beurteile in einem Satz, inwieweit die in M3 genannten Maßnahmen zu einer nachhaltigen Forstwirtschaft beitragen.*

M1 Erdölförderung in Sibirien

Rohstoffe aus dem Eisschrank

Die Arktis wird oft als Schatzkammer bezeichnet. Die Länder am nördlichen Polarkreis profitieren von den riesigen Rohstoffvorkommen. Schätzungen gehen davon aus, dass 16 % der weltweiten Erdöl- und 30 % der Erdgasreserven in der Region lagern.
Der Aufwand, um Erdöl und Erdgas zu fördern, ist allerdings enorm. Die Förderanlagen liegen oft fernab von Städten und die Arbeiter müssen mit Hubschraubern an ihren Arbeitsplatz gebracht werden. Die geförderten Rohstoffe werden dann über ein Tausende Kilometer langes Pipelinenetz zu den Verbrauchern transportiert – auch bis nach Deutschland. Auf die Natur wird dabei oft keine Rücksicht genommen. Die **Pipelines** sind häufig undicht. So entweichen riesige Mengen Erdöl und Erdgas, verseuchen die Landschaft und belasten die Umwelt.

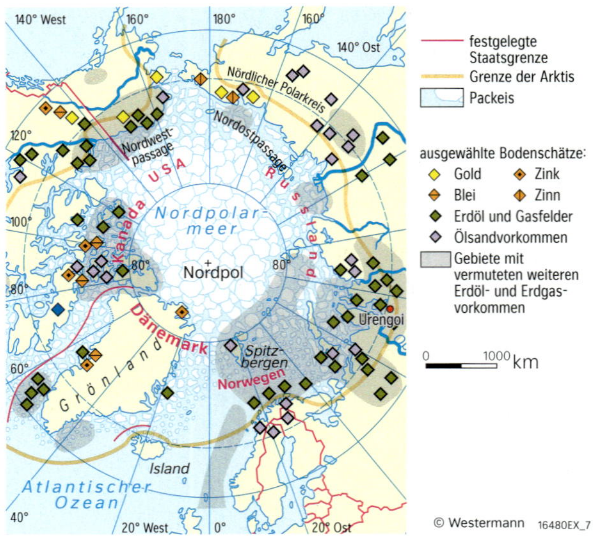

M4 Wichtige Bodenschätze in der Arktis

M2 Ölsee

	Erdöl			Erdgas		
Land	**Fördermenge [Mio. l]**	**Anteil Welt [%]**	**Rang**	**Fördermenge [Mrd. m³]**	**Anteil Welt [%]**	**Rang**
USA	698	22	1	863	22	1
Russland	556	13	3	726	18	2
Kanada	233	5	4	173	4	6
Norwegen	92	2	13	119	3	8
Quelle: BGR 2019						

M3 Förderung von Erdöl und Erdgas in der Arktis

Rohstoffgewinnung in der Arktis

„Ich arbeite als Ingenieur für einen Erdölkonzern in Sibirien. Meine Aufgabe ist es, die richtigen Stellen für die Bohrlöcher zu finden – und die sind fast immer weit entfernt von der nächsten Siedlung. Am schwierigsten ist es, die notwendigen Maschinen an die Bohrstelle zu bekommen. Im Sommer versinkt hier alles im Matsch, deshalb arbeite ich lieber im Winter. Da kann es schon mal unter –40 °C kalt sein, was dazu führt, dass Stahl spröde wird und bricht. Aber immerhin kommen die Trucks mit dem schweren Gerät auf den gefrorenen Flüssen und Pisten gut voran.
Nachdem ich eine ertragreiche Quelle gefunden habe, geht es vor allem darum, das geförderte Öl abzutransportieren. Im Sommer macht uns vor allem der auftauende Permafrostboden zu schaffen. Wie die Häuser, so müssen auch die Pipelines auf Stelzen gebaut werden, um die Gefahr von Rissen zu minimieren. Es ist ein extremer Arbeitsplatz."

M5 Alexej Orlow, Ingenieur

Bei der herkömmlichen Erdöl- und Erdgasgewinnung wird eine Lagerstätte tief unter der Erde angebohrt und das unter hohem Druck stehende Öl oder Gas strömt von selbst an die Oberfläche.
Beim Fracking hingegen sind die Rohstoffe in Gesteinsschichten gebunden, aus denen sie mit enormem Druck herausgepresst werden.
Die Fracking-Methode ist umstritten. Kritiker befürchten, dass die giftigen Flüssigkeiten, die in den Boden gepresst werden, ins Grundwasser gelangen oder Erdbeben ausgelöst werden können. Vor allem in den USA wird Fracking zur Rohstoffgewinnung angewandt.

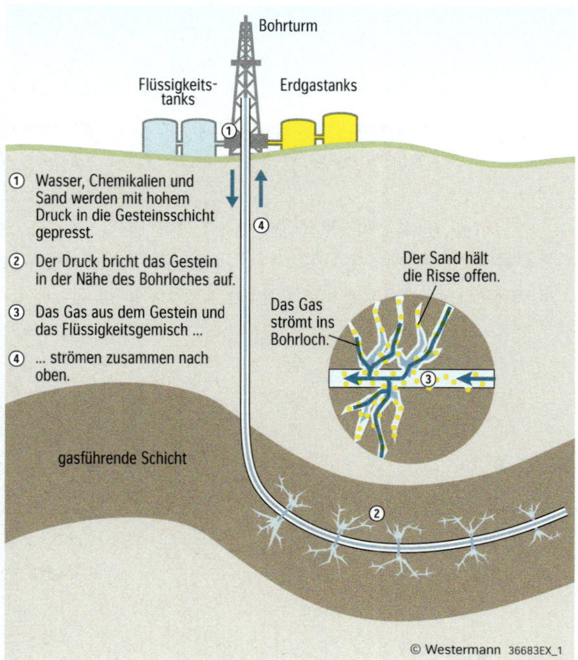

M6 Erdgasgewinnung durch Fracking

AUFGABEN

1 *Erkläre die Aussage „Die Arktis ist eine Schatzkammer" (M3, M4).*
2 *Beschreibe Probleme, die bei der Förderung und dem Transport der Rohstoffe auftreten (M1, M2, M5).*
3 *Beschreibe die Funktionsweise von Fracking (M6).*
4 *Beurteile mögliche Gefahren durch Fracking im Hinblick auf die Folgen (M6, Internet).*

Das Rennen zum Südpol

Amundsen auf dem Weg zum Südpol

Roald Amundsen hat das „Rennen zum Südpol" gegen Robert Falcon Scott im Jahr 1911 gewonnen. Er ist mit seinen Männern am 15. Dezember am Südpol angekommen, während Scotts Expedition dort am 17. Januar 1912 eintraf.
Amundsen hatte genug Depots mit Ausrüstung und Proviant anlegen lassen, sodass auch der Rückweg zu seinem Schiff Fram wie geplant ablief. Für Scott und seine Männer endete das Abenteuer tragisch. Sie hatten nicht genügend Vorräte angelegt und starben auf dem Rückweg an Hunger und Erschöpfung.

1 *Die Fachwelt ist sich einig, dass ein Hauptgrund für den Erfolg des Norwegers Amundsen in der Wahl seiner Ausrüstung lag. Bewerte diese Einschätzung.*

Ausrüstung zu Beginn der beiden Expeditionen:

Amundsen	Scott
5 Mann, Fortbewegung meist auf Skiern	16 Mann, Fortbewegung meist zu Fuß
4 Hundeschlitten: gezogen von 48 Grönlandhunden	2 Motorschlitten
Kleidung: traditionelle Kleidung der Inuit aus Rentierfellen	8 Schlitten: gezogen von 8 Ponys, sibirischen Hunden, meist jedoch von Menschen
	Kleidung: Armeejacken, funktionale Kleidung

Hier tanzt doch einer aus der Reihe!

1 *Ein Begriff in der Reihe gehört nicht dazu.*
a) Finde den Begriff.
b) Begründe deine Entscheidung.
c) Nenne einen Ersatzbegriff.

1. Russland – Norwegen – Argentinien – Alaska
2. Sibirien – Ross-Schelfeis – Erdöl – Permafrost
3. Pinguin – Antarktika – Südpol – Eisbär
4. Laubwald – Flechten – Nadelwald – Moose

Bildinterpretation: Die kalte Zone

1 *Fasse mithilfe des Bildes die Merkmale der kalten Zone zusammen. Berücksichtige dabei*
a) die Entstehung der Landschaft und
b) die Lebensweise der Menschen in dem extremen Klima.

Wortwolke

1 *Erstelle aus den zentralen Begriffen des gesamten Kapitels zur kalten Zone eine Wortwolke.*
Schreibe dafür „Die kalte Zone" in die Mitte eines Blattes und gruppiere andere Begriffe zum Thema darum. Je bedeutender ein Begriff, desto größer wird er geschrieben. Verwende verschiedene Farben.

Taiga

Die kalte Zone

Antarktis

Grundbegriffe

Antarktis
Arktis
Eiswüste
Inuit
Permafrost
Pipeline
Schelfeis
Taiga
Tundra

Web-Code: WES-101550-131

6 Eine Welt – ungleiche Welt

Flugzeugfertigung in Frankreich

Textilfabrik in Äthiopien

Eine Welt – ungleicher Entwicklungsstand

Auf unserer Erde gibt es 195 Staaten, die von den Vereinten Nationen (UNO) anerkannt sind. Diese unterscheiden sich nicht nur in ihrer Größe, ihrem Klima, ihrer Vegetation und Tierwelt, ihrer Bevölkerung und Lage, sondern sie sind auch wirtschaftlich unterschiedlich entwickelt.
Abhängig von ihrer Wirtschaftskraft werden Länder häufig in drei Kategorien eingeteilt:

Entwicklungsländer
... sind Länder mit einer wenig entwickelten Wirtschaft. Die Landwirtschaft und der Bergbau haben meist eine hohe Bedeutung. Die Sicherung der Grundbedürfnisse ist oft nur unzureichend. In Entwicklungsländern gibt es häufig nur eine kleine, aber sehr reiche Oberschicht, die die Politik und Wirtschaft des Landes bestimmt.

Schwellenländer
... sind Länder, die sich in der jüngeren Vergangenheit rasant entwickelt haben.
Sie befinden sich auf dem Weg, ein Industrieland zu werden. Die Wirtschaft und das Einkommen großer Teile der Bevölkerung wachsen, die Grundbedürfnisse werden zum Großteil befriedigt.

Industrieländer
... sind wirtschaftlich stark entwickelte Länder. Die meisten Menschen arbeiten im Dienstleistungsbereich, nicht in der Industrie.
Die hergestellten Güter sind sehr fortschrittlich und leistungsfähig. Viele, oft hochwertige Produkte werden in andere Länder verkauft. Dadurch steigen die Einnahmen des Landes.

M1 Einteilung von Ländern nach dem Entwicklungsstand

Was bedeutet Entwicklung?

Um den Entwicklungsstand eines Landes zu beurteilen, wird die Wirtschaftskraft eines Landes bewertet. Außerdem werden die Lebensumstände der Menschen untersucht. In der Regel sind in wirtschaftlich starken Ländern auch die Lebensumstände der meisten Menschen gut. Oft wird in diesem Zusammenhang von menschlichen **Grundbedürfnissen** gesprochen (M2). Wenn diese erfüllt sind, gilt das Land als hoch entwickelt.

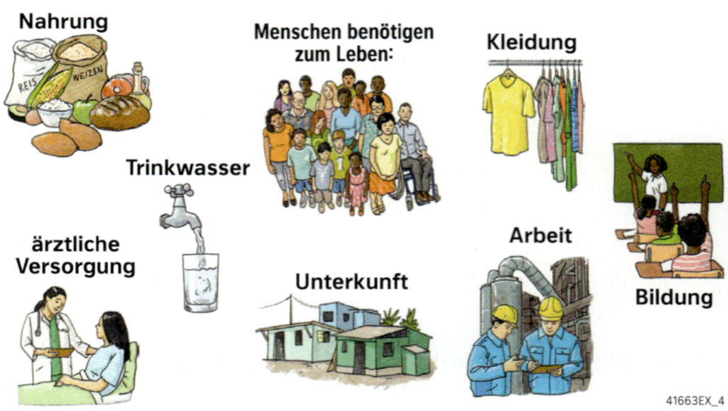

M2 Grundbedürfnisse

AUFGABEN

1 *Nenne jeweils zwei Merkmale von Entwicklungs-, Schwellen- und Industrieländern (M1).*

2 *„Bildung ist ein wichtiger Faktor für die Entwicklung eines Landes.“ Erläutere diese Aussage (M2).*

3 *In Entwicklungsländern arbeiten häufig viele Menschen in der Landwirtschaft, in Industriestaaten im Dienstleitungssektor. Erkläre diesen Unterschied (M1, M2).*

Lebensentwürfe

Im Folgenden werden Lebensentwürfe von drei Jugendlichen geschildert, die in verschieden entwickelten Regionen aufwachsen. Sie zeigen, wie ihr Leben typischerweise verläuft.

Entwicklungsländer

Kindheit und Jugend
Like lebt in Gondar (Äthiopien) und ist eines von sechs Kindern der Bauernfamilie Getu. Sie ist 12 Jahre und wird, wie viele Äthiopier, nie eine Schule besuchen. Stattdessen hilft sie ihrer Mutter im Haushalt oder auf dem Feld.

Erwachsenenalter
Like wird mit 17 Jahren heiraten. Da sie nichts über Verhütung weiß, bekommt sie neun Monate nach der Hochzeit ihr erstes Kind. Das zweite stirbt bei der Geburt, da ist sie 19 Jahre alt.
Bis zum 30. Lebensjahr bekommt Like fünf weitere Kinder. Mit 36 wird sie erstmals Großmutter. Nach einem einfachen Leben wird sie mit 55 Jahren sterben.

Schwellenländer

Kindheit und Jugend
Gural ist 14 Jahre und lebt in Ahraua (Indien). Sie hat drei Brüder und besucht die Grundschule. Eine höhere Schule wird sie nicht besuchen, da ihre Eltern das Schulgeld nicht bezahlen können. Sie hilft ihrer Mutter auch im Haushalt.

Erwachsenenalter
Mit 19 Jahren wird Gural verheiratet. Ihre Eltern haben den Ehemann ausgesucht, er ist 15 Jahre älter. Mit 24 Jahren hat sie zwei Töchter und einen Sohn. Die Töchter wird sie selbst unterrichten, da sie nicht zur Schule gehen können. Wenn Gural 40 Jahre alt ist, wird ihre erste Tochter verheiratet. Mit 58 Jahren wird sie im Kreise ihrer zehn Enkel sterben.

Industrieländer

Kindheit und Jugend
Julia, 14 Jahre, lebt mit ihrem Bruder und ihren Eltern in San Antonio (USA). Ihre Lieblingsbeschäftigungen sind Shoppen und Chatten mit Freunden. Sie geht auf die Highschool und am Nachmittag mäht sie auch mal den Rasen.

Erwachsenenalter
Nach dem Schulabschluss wird Julia eine Ausbildung machen oder studieren. Aufgrund ihrer Ausbildung wird sie einen gut bezahlten Beruf ausüben. Heiraten wird sie mit etwa 30 Jahren. Mit dem einzigen Kind wartet sie noch einige Jahre, der Beruf ist ihr noch wichtiger. Mit 65 wird sie erstmals Großmutter und im Alter von 82 Jahren wird sie sterben.

M3 Typische Lebensentwürfe dreier Mädchen aus unterschiedlichen Ländern

AUFGABEN

4 *a) Erstellt in Partnerarbeit zwei einfache Skizzen. Stellt darin das Leben eines der vorgestellten Mädchen als Jugendliche und Erwachsene anschaulich dar (M3).*
b) Zeigt eure Skizzen anschließend der Klasse. Die Mitschülerinnen und Mitschüler sollen sie begründet einem der drei Mädchen zuordnen.

5 *Diskutiert in Gruppen, ob die Einteilung in Entwicklungs-, Schwellen- und Industrieland sinnvoll ist.*

Der Entwicklungsstand hat viele Merkmale

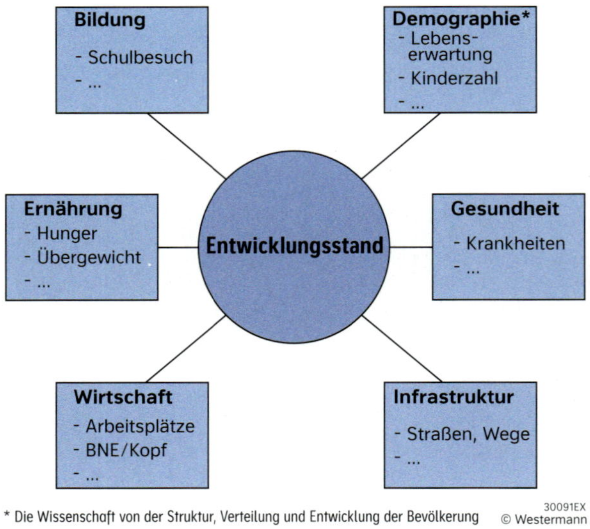

M1 Merkmale für den Entwicklungsstand

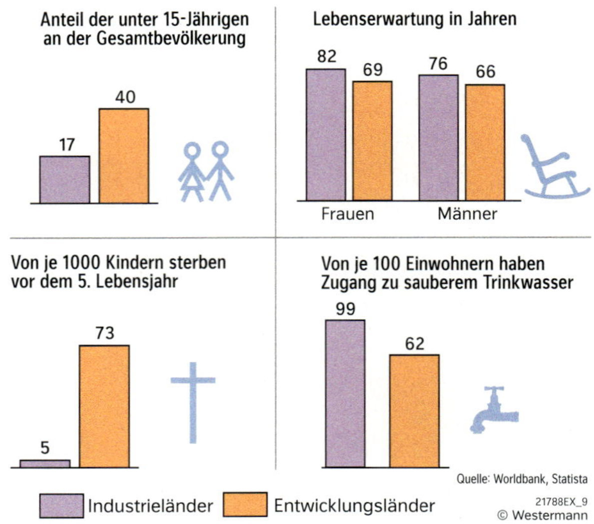

M2 Industrie- und Entwicklungsländer im Vergleich

Bildung

Der Entwicklungsstand eines Landes wird nicht nur durch wirtschaftliche Daten (Pro-Kopf-Einkommen) ermittelt. Auch die Bildungssituation spielt eine wichtige Rolle. Lesen und Schreiben ist in vielen Ländern nicht selbstverständlich. Weltweit über 750 Millionen Menschen können nicht lesen und schreiben. Sie werden als **Analphabeten** bezeichnet. Weil in vielen Ländern der Welt die Bevölkerung sehr schnell wächst und es dort nicht genügend Schulen gibt, nimmt die Zahl der Analphabeten zu. Außerdem müssen in vielen Regionen die Kinder arbeiten, um das Familieneinkommen zu verbessern und können deshalb nicht zur Schule gehen. Dies führt zu einem niedrigen Bildungsstand, sodass die Menschen nur schlecht bezahlte Arbeitsplätze bekommen oder arbeitslos werden. Diese Situation stellt ein großes Hindernis für die Entwicklung eines Landes dar und führt zu einem niedrigen Entwicklungsstand.

Gesundheit und Bevölkerungsentwicklung

Die **Lebenserwartung** unterscheidet sich weltweit von Land zu Land. Länder mit hoher Lebenserwartung und guter medizinischer Versorgung verfügen über sauberes Trinkwasser und ausreichend Lebensmittel. In Entwicklungsländern gibt es dagegen häufig nur wenige Ärzte und Krankenhäuser. Viele können sich eine notwendige ärztliche Behandlung nicht leisten. Außerdem ist die Kindersterblichkeit hoch und die Lebenserwartung gering, da Krankheiten sich schnell verbreiten. Ursache sind zum Beispiel die schlechten hygienischen Verhältnisse. Abwasserleitungen fehlen oft, Abfälle liegen auf den Straßen und Müll wird nicht entsorgt. Trotz hoher Kindersterblichkeit steigt die Bevölkerungszahl stark an, da Verhütungsmittel fehlen und viele Kinder eine Chance auf eine Altersversorgung darstellen. Daher handelt sich in vielen gering entwickelten Ländern um eine junge Bevölkerung mit vielen Kindern und Jugendlichen.

AUFGABEN

1 ✎ *Vergleiche beispielhaft den Entwicklungsstand von Industrie- und Entwicklungsländern (M1, M2, Text).*

2 ✎ *Erläutere die Folgen der schlechten Bildungsmöglichkeiten in Entwicklungsländern (Text).*

3 ✎ *a) Beschreibe die Ernährungssituation der Kinder in M3 und M5.*

✎ *b) Erläutere die Folgen von Mangel- und Unterernährung (Text, M4).*

4 ✎ *„Die persönliche Lebensführung ist abhängig vom Entwicklungsstand in den einzelnen Ländern." Nimm Stellung zu dieser Aussage.*

M3 Eine Schale Brei – Hauptmahlzeit vieler Kinder in Botsuana (Afrika)

M5 Essen zu Thanksgiving (Erntedankfest) in den USA

Ernährung: Mangel und Überfluss

Während es in den reichen Industrieländern Nahrung im Überfluss gibt, haben weltweit über 800 Millionen Menschen nur wenig zu essen und müssen hungern. Ein Mensch wird als Hungernder bezeichnet, wenn er weniger zu essen hat, als er täglich braucht, um leichte Tätigkeiten auszuführen und dabei sein Körpergewicht zu halten. Besonders in Afrika und Asien leiden viele Menschen durch dauerhaften Nahrungsmangel an **Unterernährung**. Dabei magert der Körper stark ab. Betroffene wirken teilnahmslos und müde. Sie sind anfällig für Krankheiten. Dies gilt auch für Menschen, die sich nur mit qualitativ schlechten oder einseitigen Nahrungsmitteln versorgen. Diese **Mangelernährung** kann zu schwerwiegenden Krankheiten führen.

Dagegen gibt es in den meisten hoch entwickelten Ländern Nahrung von guter Qualität im Überfluss. Millionen von Menschen sind sogar übergewichtig, weil sie zu viel essen oder sich einseitig ernähren. In Deutschland hat die **Überernährung** dazu geführt, dass jedes fünfte Kind zu dick ist. Auch übergewichtige Menschen werden häufig krank. Aufgrund der großen Unterschiede wird auch häufig von der „Welt der Hungernden" und der „Welt der Satten" gesprochen.

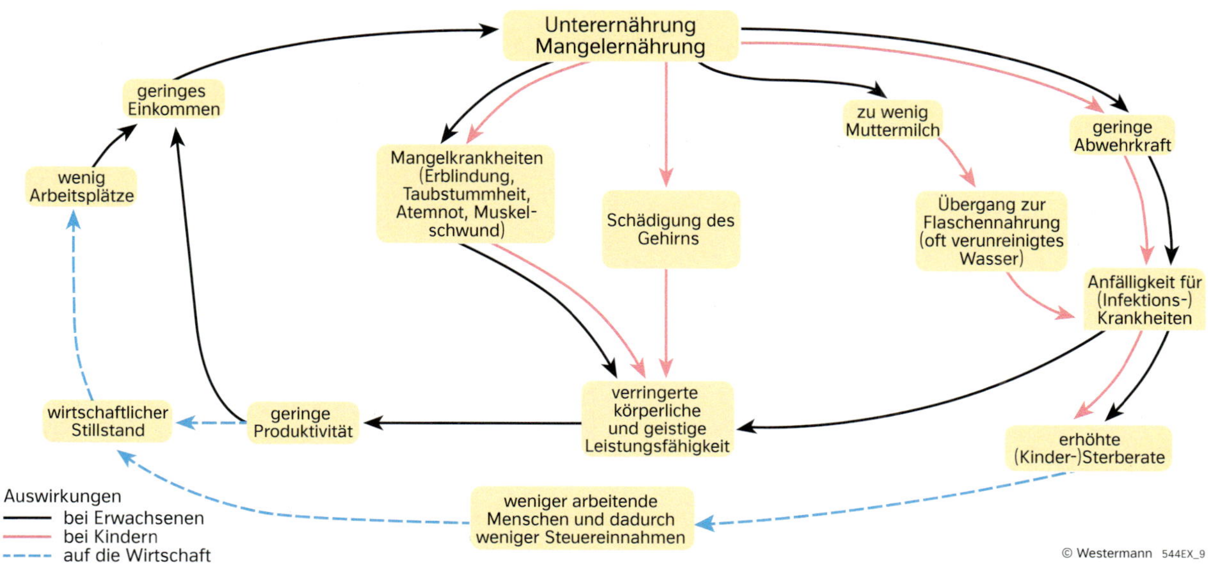

M4 Aus den Folgen von Mangel- und Unterernährung entsteht ein „Teufelskreis der Armut".

Die Einteilung der Welt nach dem HDI

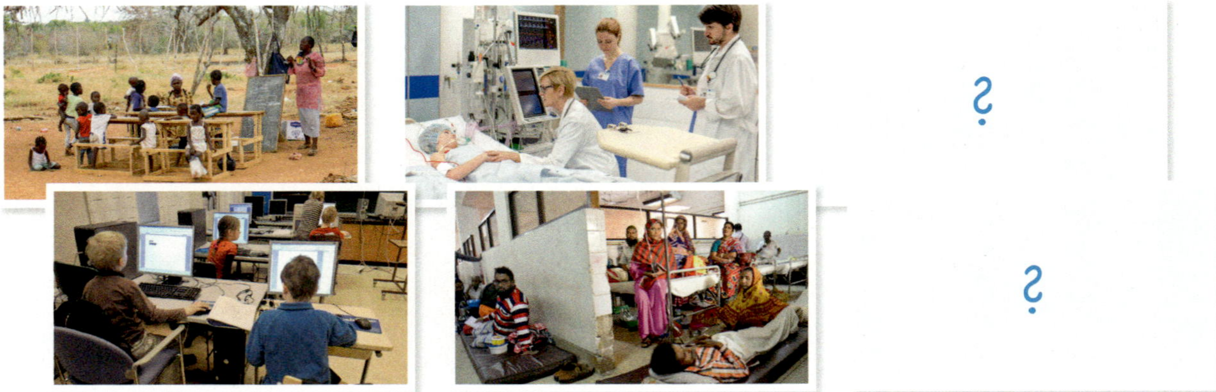

M1 Wie bewertet man den Entwicklungsstand eines Landes?

Die Vereinten Nationen erstellen jedes Jahr einen Bericht über den Entwicklungsstand der Länder der Erde. Als Werkzeug für die Einteilung dient der **Human Development Index (HDI)**, der „Index der menschlichen Entwicklung". Mit dem Index wird der Entwicklungsstand anhand der folgenden drei Kategorien ermittelt:

- **Wirtschaft/Lebensqualität:** Hierzu wird der Gesamtwert aller Waren und Dienstleistungen errechnet, die von den Bewohnern eines Landes (im In- und Ausland) innerhalb eines Jahres hergestellt werden. Das Ergebnis wird dann durch die Anzahl der Einwohner des Landes geteilt. Der Indikator heißt **Bruttonationaleinkommen** pro Kopf (kurz: BNE/Kopf).
- **Bildung:** Betrachtet wird die durchschnittliche Ausbildungsdauer einer 25-jährigen Person in Jahren (inkl. Schule, Ausbildung, Studium).
- **Gesundheit:** Als Kennzahl dient die Lebenserwartung eines Einwohners zum Zeitpunkt der Geburt in Jahren.

Der Wert des HDI liegt zwischen 0 und 1. Ab einem Wert von 0,8 zählt ein Land als hoch entwickelt (M2).

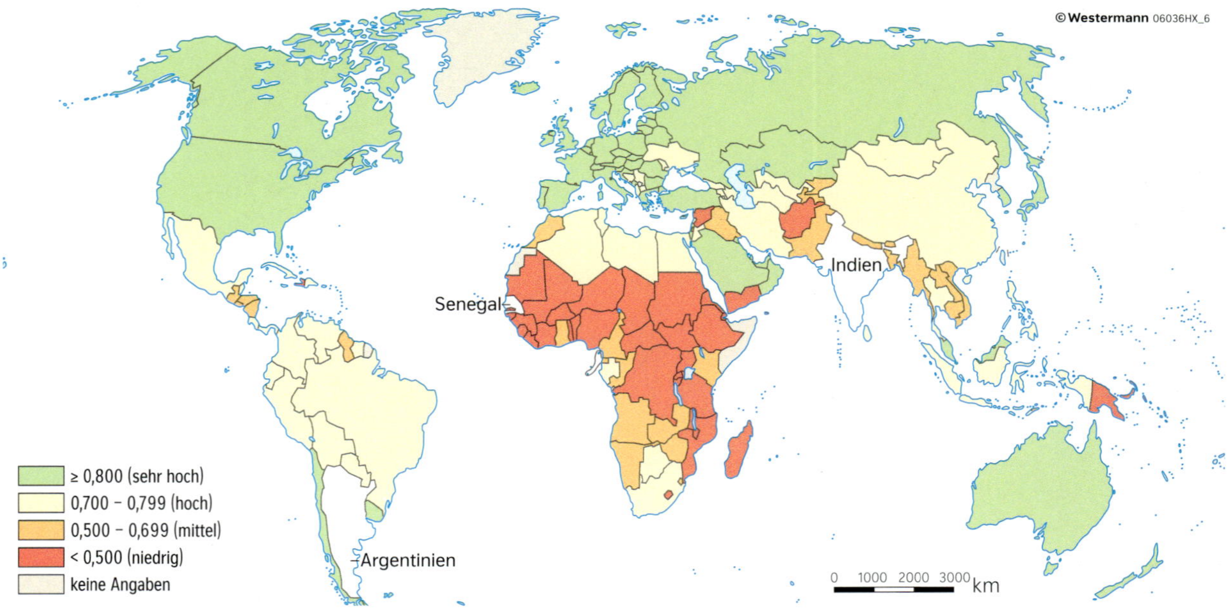

M2 Entwicklungsstand der Länder nach dem HDI (2019)

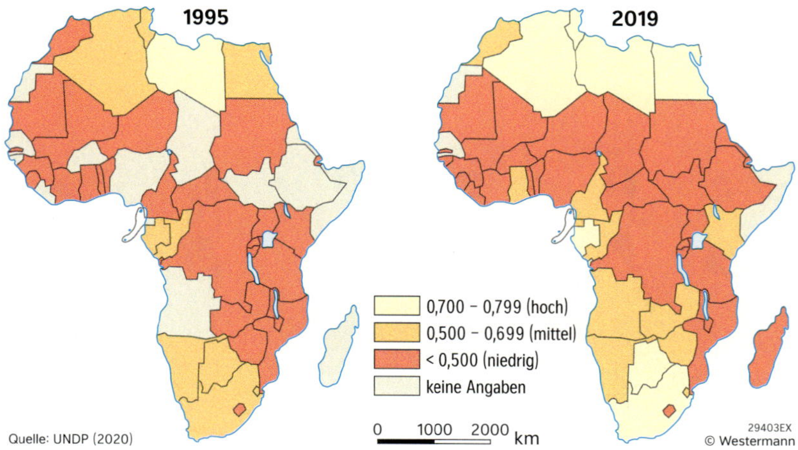

M3 Afrika – Entwicklung Afrikas nach dem HDI in 24 Jahren

Der Human Development Index (HDI) wird jedes Jahr ermittelt. Auf diese Weise kann man feststellen, wie sich verschiedene Regionen der Erde entwickeln.

M5 Mit dem HDI Veränderungen aufzeigen

	Indien	Senegal	Argentinien
BNE/Kopf	1900 US-Dollar	1430 US-Dollar	8930 US-Dollar
Lebenserwartung	69,7 Jahre	67,9 Jahre	76,7 Jahre
durchschnittliche Ausbildungsdauer einer 25-jährigen Person	12,2 Jahre - Mädchen 12,6 - Jungen 11,7	8,6 Jahre - Mädchen 8,9 - Jungen 8,2	17,7 Jahre - Mädchen 18,9 - Jungen 16,4
Quelle: UNDP 2020			

M4 Drei Länder mit unterschiedlichem Entwicklungsstand

Seit 2014 veröffentlichen die UN zusätzlich zum HDI jährlich den **Gender Development Index** (**GDI**, Index der geschlechtsspezifischen Entwicklung). Diese soziale Kennzahl beschreibt das Verhältnis aus den getrennt nach Frauen und Männern ermittelten HDI-Werten. Je kleiner der GDI, desto stärker sind Frauen gegenüber Männern benachteiligt.

GDI 2019 (Auswahl)	
Indien	0,82
Senegal	0,87
Argentinien	0,99
Deutschland	0,97
Quelle: HDI Report 2020	

M6 Gender Development Index (GDI)

AUFGABEN

1 *a) Nenne die drei Kategorien, mit denen der Human Development Index ermittelt wird (Text).*
b) Beschreibe passende Motive für die beiden mit Fragezeichen gekennzeichneten Kästen in M1.

2 *a) Ermittle Regionen, die einen hohen bzw. niedrigen Entwicklungsstand aufweisen (M2).*
b) Beurteile die Veränderung des Entwicklungsstandes in Afrika in den vergangenen 25 Jahren (M3).

3 *Vergleiche die Entwicklungsindikatoren HDI und GDI (M2, M4, M6).*

4 *a) Ordne Indien, Senegal und Argentinien anhand der vorliegenden Zahlen (M4) den Kategorien „niedrig“, „mittel“ und „hoch entwickelt“ zu. Begründe deine Zuordnung.*
b) Vergleiche deine Zuordnung mit dem offiziellen HDI-Ranking (siehe QR-Code).

Web-Code: WES-101550-139

ZUSATZ

Wir erstellen einen Glücksindex

M1 Wie verhältst du dich, wenn du glücklich bist?

Wo leben die glücklichsten Menschen?

Inzwischen werden jedes Jahr Ranglisten veröffentlicht, die diese Frage beantworten sollen. Die bekannteste ist sicher der „World Happiness Report" (WHR), der von den Vereinten Nationen erstellt wird. Darin wird aufgezeigt, wie glücklich die Menschen in den verschiedenen Ländern der Erde sind.

Natürlich ist es nicht einfach, Glück und Zufriedenheit zu messen. Man muss geeignete Kriterien finden, mit denen ein Index gebildet werden kann.

Mit den Hinweisen auf dieser Seite könnt ihr einen eigenen Glücksindex erstellen.

Einen Glücksindex erstellen

1. Schritt: Vorbereitung

- Überlegt in Gruppen, was für euch besonders wichtig ist, damit ihr zufrieden oder glücklich seid (M1 – M3). Einigt euch auf vier Bedürfnisse, die ihr als besonders wichtig erachtet.
- Anhand welcher Kriterien könnt ihr die vier Bedürfnisse bewerten? M4 bietet hierfür einige wesentliche Kennzahlen.
  Beispiel: *Wenn euch zum Beispiel das Einkommen besonders wichtig ist, dann bietet sich das Bruttoinlandsprodukt pro Kopf für die Bewertung an.*

2. Schritt: Arbeit mit einer Vorlage für den Glücksindex

- Übertragt die Tabelle M5 in euer Heft.
- Tragt eure vier ausgewählten Kriterien in eure Tabelle ein. Als Beispiel ist das Bruttoinlandsprodukt (BIP) pro Kopf in M5 eingetragen. Ihr könnt stattdessen ein anderes Merkmal aus M4 wählen oder im Internet nach anderen Kennzahlen suchen.
- Vergleicht die Werte der drei Länder und vergebt jeweils eine passende Schulnote (1 bis 6).
- Berechnet die Durchschnittsnote für jedes Land.
- Ermittelt dann den Platz im Glücksindex (1, 2 oder 3). Das Land mit dem besten Durchschnitt belegt Platz 1.
- Lasst euch einen passenden Namen für euren Index einfallen.

M2 Was benötige ich, um glücklich zu sein?

M3 Was ist für mich wirklich wichtig?

	Deutschland	Japan	Kolumbien
Klima (Hauptstadt) – Jahresdurchschnittstemperatur – Jahresniederschlag	Berlin 9,2 °C 579 mm	Tokio 15,9 °C 1615 mm	Bogotá 13,3 °C 824 mm
BIP pro Kopf	51 040 US-Dollar	42 620 US-Dollar	6160 US-Dollar
Ärzte je 1000 Einwohner	4,3	2,4	2,1
Arbeitslosenquote	3,0 %	2,3 %	9,7 %
Lebenserwartung bei der Geburt	81,3 Jahre	84,6 Jahre	77,3 Jahre
durchschnittliche Ausbildungsdauer einer 25-jährigen Person	17 Jahre	15,2 Jahre	14,4 Jahre
Urlaubstage pro Jahr (mindestens)	20	20	15
CO_2-Ausstoß (pro Kopf, 2020)	7,7 Tonnen	8,1 Tonnen	1,8 Tonnen

M4 Länderkennzahlen als Grundlage für den Glücksindex

Kriterium (Kennzahl)		Deutschland		Japan		Kolumbien	
		Wert	Schulnote	Wert	Schulnote	Wert	Schulnote
1.	z. B. Einkommen (BIP/Kopf in US-Dollar)	51 040	**1**	42 620	**2**	6160	**4**
2.	?	?	?	?	?	?	?
3.	?	?	?	?	?	?	?
4.	?	?	?	?	?	?	?
	Durchschnittsnote		?		?		?
	Platz im Glücksindex		?		?		?

M5 Vorlage für euren Glücksindex

AUFGABEN

1 *a) Erstellt in Gruppenarbeit einen Glücksindex (M5) für die Länder in M4. Nutzt den Methodenkasten.*

b) Vergleicht die Reihenfolge der Länder in eurem Glücksindex mit der Rangfolge im World Happiness Report (siehe QR-Code).

Web-Code: WES-101550-141

Detroit – vom Manufacturing Belt ...

M1 Automobilproduktion in Detroit (USA) um 1920 (links) und 1950 (rechts)

Der Aufstieg zur „Motor City“

Detroit, die Stadt am Lake Michigan, war bereits im 19. Jahrhundert ein wichtiger Handelsort, an dem mehrere Verkehrslinien zusammentrafen. Der rasante Aufschwung begann aber erst 1909, als Henry Ford in seinem Automobilwerk die Fließbandarbeit einführte und das legendäre Ford Modell T in Massenproduktion bauen ließ. Die Rahmenbedingungen in der Stadt waren günstig und so siedelten sich in den folgenden Jahren viele weitere Automobil- und Zuliefererfirmen an. Es zogen immer mehr Menschen nach Detroit, um einen der begehrten Arbeitsplätze zu bekommen – die Bevölkerungszahl verdreifachte sich in wenigen Jahrzehnten. Die Stadt wurde zum Zentrum der amerikanischen Automobilindustrie und trägt mit Stolz den Beinamen „Motor City“.

In der ersten Hälfte des letzten Jahrhunderts entwickelte sich Detroit zu einer der wohlhabendsten Industriestädte der Welt und zu einem Zentrum des **Manufacturing Belt** (manufacturing = Herstellung, belt = Gürtel). Mit diesem Begriff fasste man die Industrieregionen im Nordosten der USA zusammen, in der die Stahl- und Automobilindustrie dominierten.

M2 Der Manufacturing Belt in Nordosten der USA

M3 Der legendäre Ford Modell T

AUFGABEN

1 *Erkläre den Begriff „Manufacturing Belt“ (Text, M1, M2).*

2 *a) Ein wichtiger Standortvorteil Detroits ist die verkehrsgünstige Lage der Stadt. Begründe anhand der Karte M2.*

b) Erarbeite weitere Standortvorteile des „Manufacturing Belt“ für die Automobilindustrie.

... zum Rust Belt

M4 Verlassene Automobilfabrik

Der Niedergang einer stolzen Stadt

In den 1960er-Jahren begann der langsame Abstieg Detroits. Die Konkurrenz in Japan und Europa baute inzwischen die besseren Autos. Viele Fabriken mussten schließen und unzählige Menschen verloren ihren Arbeitsplatz.

Die Stadt hatte kaum noch das Geld für Schulen und andere öffentliche Einrichtungen. In der Folge verließen immer mehr Bürger die Stadt. Die sozialen Probleme verschärften sich. Detroit galt lange Jahre als gefährlichste Stadt der USA. Im Stadtzentrum hielt sich kaum jemand auf. Das Risiko, überfallen zu werden, war zu hoch. So wie Detroit erging es vielen Städten im Nordosten der USA und der einst boomende Manufacturing Belt entwickelte sich zum Rust Belt (deutsch: Rost-Gürtel).

Doch inzwischen wird gegengesteuert. Die Stadt versucht, das Stadtzentrum wiederzubeleben und neue Unternehmen anzulocken. Die Automobilindustrie ist immer noch wichtig für Detroit, es sollen aber vor allem neue Arbeitsplätze im Technologie- und Dienstleistungssektor entstehen.

M5 Soziale Folgen des Niedergangs

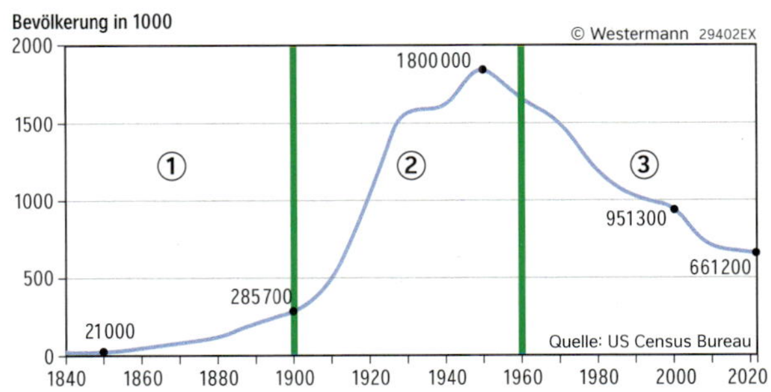

M6 Bevölkerungsentwicklung von Detroit

AUFGABEN

3 *Die Region um Detroit wird heute nicht mehr als „Manufacturing Belt", sondern als „Rust Belt" bezeichnet. Erläutere diese Änderung (M1, M4, M5, Text).*

4 *Übertrage das Diagramm M6 in dein Heft. Notiere zu den drei Zeitabschnitten ①–③ jeweils die wesentlichen Entwicklungen, die zu den Veränderungen bei den Einwohnerzahlen geführt haben (Text, M1, M4, M5).*

5 *Recherchiere Regionen in Deutschland, die in den vergangenen 100 Jahren eine ähnliche Entwicklung wie Detroit nahmen (Internet, QR-Code).*

Web-Code: WES-101550-143

Silicon Valley – das Fenster in die Zukunft

M 1 Das Silicon Valley (USA) ist die erfolgreichste Hightech-Region der Welt.

Silicon Valley – das Tal der Erfinder

Angefangen hat alles in einer inzwischen legendären Garage: 1976 bastelte Steve Jobs (M6 oben) mit zwei Freunden den „Apple I“, den ersten Personal Computer der Welt. Das Startkapital betrug 1300 US-Dollar. Heute ist Apple mit einem Wert von über 2 Billionen US-Dollar das wertvollste Unternehmen der Welt.

Erfolgsgeschichten wie diese gibt es viele im Silicon Valley, und das ist kein Zufall. Schon 1951 wurde ein Forschungs- und Industriegebiet errichtet. Hier haben sich schnell führende Wissenschaftler zusammengefunden und die benachbarte Universität sorgte für beständigen Nachwuchs an kreativen, jungen Menschen. Für die Nachwuchswissenschaftler war es einfach, sich Kapital zu beschaffen. Dadurch konnten sie eigene Firmen gründen und ihre Ideen umsetzen. In der Folge siedelten sich immer mehr Computerfirmen im Silicon Valley an und es entstand eine enge Verflechtung von großen Konzernen mit kleinen, kreativen Unternehmen.

Heute geht es vor allem um Softwareentwicklung und Internetdienstleistungen. Weltmarktführer wie Alphabet (Google), Meta (Facebook) oder Ebay, die viele Bereiche unseres Lebens bestimmen, haben ihre Zentrale jeweils im Silicon Valley. Das Tal weist nach wie vor auch den Weg in unsere Zukunft, wie die Entwicklung von selbstfahrenden Autos zeigt.

M 2 Half Moon Bay am Pazifischen Ozean

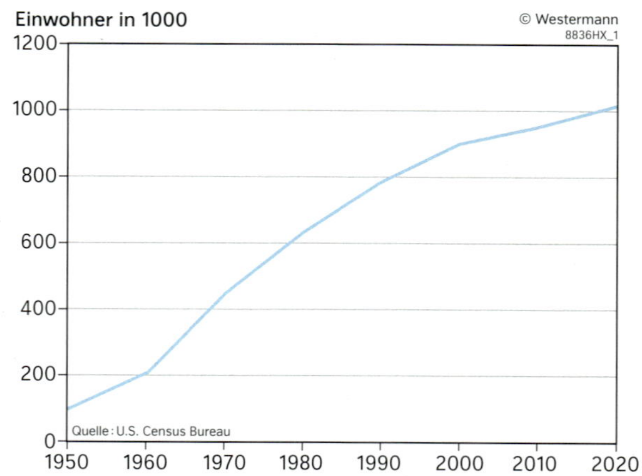

M 3 Einwohnerentwicklung von San Jose, der größten Metropole im Silicon Valley

M4 Hauptsitz von Google in Mountain View, Kalifornien (USA)

„Hallo, mein Name ist Linda. Ich bin vor zwei Jahren von der Ostküste ins Silicon Valley gezogen. Als Programmiererin habe ich hier viel mehr Möglichkeiten, mich beruflich weiterzuentwickeln. Mein Arbeitsplatz sieht eher wie ein riesiges Café aus, in dem es verschiedene Arbeitsinseln gibt.
Bevor ich mit meinen Kollegen um 9:00 Uhr beginne, sitzen wir immer am Frühstücksbuffet der Firma zusammen und planen unseren Tag. Zur Entspannung gibt es einen Fitnessraum, Yogakurse und immer wieder auch kostenlose Konzerte für die Mitarbeiter. Wir sollen uns wohlfühlen. Für das Unternehmen hat das natürlich den Nebeneffekt, dass wir viel Zeit am Arbeitsplatz verbringen und auch sehr viel arbeiten.
IT-Fachleute sind gesucht und unsere Arbeit ist gut bezahlt. Da hier aber sehr viele Menschen gut verdienen, sind die Preise im Silicon Valley auch sehr hoch. Für eine normale Wohnung muss man in Cupertino etwa 3000 US-$ Miete bezahlen.
Es gibt auch viele Vorteile: Die Kriminalitätsrate ist sehr niedrig und San Francisco ist nicht mal eine Stunde entfernt. Und auch zu unserem Surfparadies am Pazifik sind es nur ein paar Kilometer."

M5 Bericht einer IT-Expertin aus dem „Valley"

M6 Entwicklungen aus dem Silicon Valley

AUFGABEN

1 *a) Beschreibe die Lage des Silicon Valley in den USA (M1).*
b) Erarbeite Gründe für die Attraktivität des Silicon Valley für Technologieunternehmen (M1, M2, M4).
c) Nenne Entwicklungen aus dem Silicon Valley, die in deinem Leben eine Rolle spielen (M6).

2 *Erläutere die Arbeits- und Lebensbedingungen im Silicon Valley (M2, M3, M5).*

3 *Die Anforderungen an einen Standort hängen stark vom Wirtschaftszweig ab. Ermittle mithilfe der Seiten 142 bis 145 und des Internets wichtige Standortfaktoren für die Automobilindustrie (Detroit) und für die Hightech-Industrie (Silicon Valley). Stelle sie in einer Mind Map übersichtlich zusammen.*

METHODE

Wir führen eine virtuelle Raumbegegnung durch

Das Erkunden von Orten ist ein wichtiger Bestandteil der Geographie. Das Internet bietet vielfältige Angebote zu sogenannten virtuellen Raumbegegnungen (auch: virtuelle Exkursionen). Heute kann man fast jeden Ort der Erde von zu Hause aus besuchen: Webcams zeigen, wie der Strand im nächsten Urlaubsort aussieht und mit Virtual-Reality-Brillen kann man durchs All reisen oder einen Rundgang durch fremde Städte unternehmen.
Eine weitere Möglichkeit, eine Stadt zu erkunden, bietet eine virtuelle Raumbegegnung mit Google Maps.

① Ort in das Suchfeld eingeben

② Wechsel zwischen Karten- und Satellitenansicht

③ Street-View-Modus (gelbe Figur)

④ Zoomen (oder: Drehen am Mausrad)

M1 Stadtzentrum von Detroit in Google Maps

Mit einem Klick auf die gelbe Figur unten rechts (M1 ③) erscheinen die Straßen blau, die mit Google Street View erkundet werden können. Jetzt kann man die Figur mit der Maus an die gewünschte Stelle ziehen. Der Bildschirm wechselt in die Straßenansicht und du stehst mitten zwischen den Häusern (M2).

Mithilfe der Maus kannst du nun herumwandern, indem du auf die Straße vor dir klickst oder auch auf die Gebäude am Straßenrand. Wenn du dich drehen willst, bewegst du dich mit gedrückter Maustaste über den Bildschirm. Auf diese Weise kannst du fremde Gegenden erkunden.

⑤ Hier erscheint die aktuelle Adresse. Mit dem Pfeil kommst du zur Kartenansicht zurück.

⑥ Der Kartenausschnitt zeigt deinen Standort. Durch einen Klick auf die Karte kannst du deine Position schnell wechseln. Der kleine Pfeil am Fuß der gelben Figur zeigt an, in welche Richtung du blickst.

⑦ Möglichkeit zum Zoomen

M2 Stadtzentrum von Detroit in der Street-View-Ansicht von Google Maps

M3 Blick auf Downtown Detroit

Erkundung von Downtown Detroit

Weite Teile der alten Industriestadt Detroit glichen nach dem Niedergang der Automobilindustrie einer Geisterstadt. Viele Einwohner zogen weg und ganze Viertel verfielen.

Doch in manchen Gegenden ist inzwischen ein Wandel festzustellen. Im Stadtzentrum (Downtown) wurden in den vergangenen Jahren viele der verfallenen Bürogebäude renoviert. Die Stadtplaner versprechen ein neues Flair und modernes Wohnen in sanierten Altbauten. So versucht Detroit, neue Unternehmen aus neuen Wirtschaftsbereichen in die Stadt zu locken.

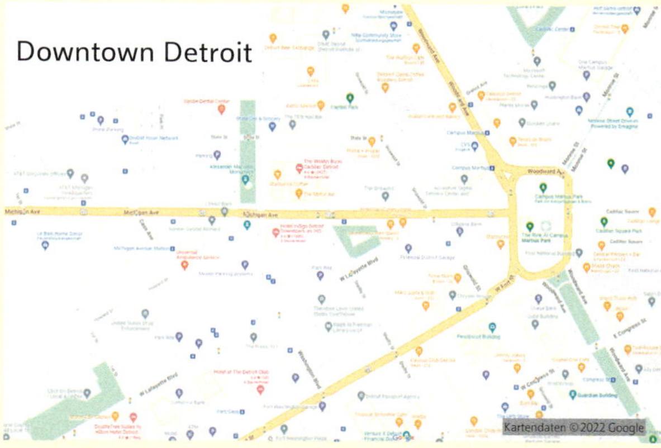

M4 Downtown Detroit in Google Maps

Eine virtuelle Raumbegegnung durchführen

1. Vorbereitung

- Wähle das Gebiet aus, das du erkunden möchtest. (hier: Downtown Detroit)
- Das Ziel einer virtuellen Raumbegegnung ist in der Regel die Beantwortung einer Fragestellung. Notiere, worauf du bei der virtuellen Raumbegegnung achten möchtest. (hier: Was sind typische Merkmale eines Zentrums einer US-amerikanischen Stadt?)

2. Durchführung

- Öffne Google Street View und erkunde dein Untersuchungsgebiet.
- Notiere in Stichpunkten deine Beobachtungen bezüglich der Fragestellung.

3. Auswertung

- Werte deine Notizen aus.
- Beantworte die Ausgangsfrage.

AUFGABEN

1 *Führe eine virtuelle Raumbegegnung von Downtown Detroit durch (M4). Nutze den Methodenkasten.*

2 *Beantworte folgende Frage mithilfe einer virtuellen Raumbegegnung: „Was sind typische Merkmale eines Zentrums einer US-amerikanischen Stadt?" Notiere Beobachtungen zum Aussehen der Gebäude und Straßen, Versorgungseinrichtungen usw.*

Detroit und Silicon Valley im Vergleich – wie wirkt sich die wirtschaftliche Situation auf die Wohnviertel aus?

M1 Ehemalige Packard-Automobilfabrik, Detroit

M3 Apple Park, Cupertino (Silicon Valley)

Motown Detroit

Detroit, im Nordosten der USA, entwickelte sich in der ersten Hälfte des vergangenen Jahrhunderts zur „Motor City", zum Automobilzentrum der USA.
Mit dem Niedergang der Industrie und dem Anstieg der Arbeitslosigkeit ab etwa 1950 begann der Verfall weiter Teile der Stadt. Detroit wurde zu einem der gefährlichsten Orte des Landes und immer mehr Menschen zogen weg.

Hightech-Zentrum Silicon Valley

Das Silicon Valley im Süden von San Francisco hat sich im vergangenen Jahrhundert vom beschaulichen Obstanbaugebiet zum Computerzentrum der Welt entwickelt. Apple, Microsoft und Netflix sind nur einige der Unternehmen, die auf ihrem Gebiet den Weltmarkt dominieren.
Die Unternehmen beschäftigen hoch qualifizierte Mitarbeiter, die gut bezahlt werden.

Detroit, Michigan
Einwohner 2019 **670 031**
Haushaltseinkommen (Durchschnitt) **30 894 US-$**
Anteil der Menschen, die in Armut leben **35 %**
abgeschlossene Schulausbildung oder höherer Abschluss **81 %**
Bürger ohne Krankenversicherung **8,4 %**
Quelle: U. S. Census Bureau 2022

M2 Detroit in Zahlen

Cupertino, Silicon Valley
Einwohner 2019 **50 276**
Haushaltseinkommen (Durchschnitt) **171 917 US-$**
Anteil der Menschen, die in Armut leben **6 %**
abgeschlossene Schulausbildung oder höherer Abschluss **97,2 %**
Bürger ohne Krankenversicherung **2,2 %**
Quelle: U. S. Census Bureau 2022

M4 Cupertino in Zahlen

M5 Umgebung der Packard-Automobilfabrik, Detroit

M7 Umgebung des Apple Park, Cupertino

Virtuelle Raumbegegnung Detroit – Silicon Valley

Detroit und das Silicon Valley weisen zahlreiche Gegensätze auf. Das hat Auswirkungen auf die wirtschaftliche Situation und die Lebensbedingungen der Menschen in beiden Regionen. Die unterschiedlichen sozialen Bedingungen der Bewohner spiegeln sich häufig im Erscheinungsbild der Städte wider, zum Beispiel am Aussehen der Häuser und Gärten oder an den Autos. Mit Google Maps ist es möglich, sich einen Eindruck von den sozialen Verhältnissen in Detroit und Cupertino zu verschaffen.

Gebäude	gepflegt	☺☺	☺	😐	☹	☹☹	ungepflegt
Bebauung	locker	☺☺	☺	😐	☹	☹☹	dicht
Straßen (Qualität)	gut	☺☺	☺	😐	☹	☹☹	schlecht
Grünflächen/Gärten	gepflegt	☺☺	☺	😐	☹	☹☹	ungepflegt
Einkaufsmöglichkeiten	gut	☺☺	☺	😐	☹	☹☹	schlecht
Autos	neu	☺☺	☺	😐	☹	☹☹	alt

M6 Bewertung der Stadtviertel

AUFGABEN

1 *Beschreibe die Wirkung, die die beiden Bilder M1 und M3 auf dich ausüben.*

2 *Erarbeite wesentliche soziale und wirtschaftliche Unterschiede zwischen Detroit und Cupertino (M2, M4).*

3 *Analysiert mithilfe einer virtuellen Raumbegegnung (siehe Seite 146/147), ob die unterschiedlichen Lebensbedingungen im Stadtbild von Detroit und Cupertino erkennbar sind (M5, M7).* ↗

a) Übernehmt die Tabelle M6 in euer Heft.

b) Geht über das Google-Maps-Suchfeld zu den in M5 und M7 genannten Adressen. Beachtet bei eurer „Wanderung" durch die Viertel die Merkmale der Tabelle M6. Ordnet die Merkmale beider Städte zu. Kennzeichnet diese in der Tabelle und nutzt für jede Stadt eine eigene Farbe.

c) Nimm Stellung zur Ausgangsfrage: „Wie wirkt sich die wirtschaftliche Situation auf die Wohnviertel aus?"

M1 Festakt zur Einfahrt eines chinesischen Zuges in den Hafen von Duisburg

Die „Neue Seidenstraße"

In der Antike und im Mittelalter war die etwa 6400 km lange „Seidenstraße" ein wichtiger Handelsweg zwischen Europa und China. Im Jahr 2013 stellte die chinesische Führung die „Belt and Road Initiative" (BRI) vor, die unter dem Namen „Neue Seidenstraße" bekannt ist. Welche Ziele verfolgt die chinesische Regierung mit dieser Initiative?
Die Belt and Road Initiative (BRI) ist ein Entwicklungsprogramm zum Ausbau einer länderübergreifenden **Infrastruktur**, die China eng mit anderen Weltregionen vernetzen soll. Die Planungen betreffen rund 65 Staaten, die etwa ein Drittel des weltweiten **Bruttoinlandsprodukts (BIP)** erwirtschaften. Zu den Infrastrukturmaßnahmen zählen der Ausbau von Häfen, Straßen, Bahnstrecken, Öl- und Gaspipelines, Energienetzen sowie Glasfaserkabeln. Die chinesische Regierung stellt Milliarden Euro für viele Infrastrukturprojekte im Ausland bereit, um den Export chinesischer Produkte zu erleichtern. Auf dem gleichen Weg können ausländische Rohstoffe und Produkte schneller nach China gelangen. Entlang der Handelswege erhofft man sich ein Wirtschaftswachstum, das die Nachfrage nach chinesischen Produkten steigern könnte. Außerdem sollen sich dort chinesische Unternehmen ansiedeln.
Die chinesische Führung bemüht sich, die Belt and Road Initiative als ein wirtschaftliches Projekt darzustellen, das für alle beteiligten Länder Vorteile bringe. Geopolitische Ziele verfolge man nicht. Kritiker bezweifeln dies (M2, M5).

M2 Karikatur

M3 Verlauf der „Belt and Road Initiative“

Der Trans-Eurasia-Express ist eine Eisenbahnverbindung von China nach Europa. Einer der Zielbahnhöfe dieser Eisenbahnlinie für Güterzüge ist Duisburg. Über 30 Containerzüge kommen wöchentlich in Duisburg an. Sie liefern zum Beispiel Elektrogeräte und Kleidung. Auf dem Weg zurück nehmen sie Autos und Konsumgüter mit.

Duisburg erhofft sich durch die starken Beziehungen zu China einen Aufschwung. Noch ist die Arbeitslosenquote in Duisburg mit etwa 12 % deutlich höher als im deutschen Durchschnitt (6 %, 2021).

Duisburg möchte, dass China die Zahl der Züge erhöht und sich chinesische Firmen in der Stadt ansiedeln. Im Jahre 2022 gab es über 100 chinesische Unternehmen in Duisburg. Ein Unternehmen möchte in Duisburg ein Handelszentrum bauen. Von hier aus soll der Vertrieb chinesischer Waren nach Mitteleuropa organisiert werden. Das könnte 2000 Arbeitsplätze bringen.

M4 Die Belt and Road Initiative als Chance?

„Für den chinesischen Staatspräsidenten Xi Jinping ist die Neue Seidenstraße ein sehr wichtiger Punkt der chinesischen Außenpolitik.
Die Chinesen wollen nicht nur Handelsrouten ausbauen, sondern auch ihre Exportmöglichkeiten erweitern. Außerdem sichern sie so den Import von Energieträgern wie Kohle und Erdöl. Insgesamt wächst so der Einfluss Chinas in Asien, Europa und Afrika.“

M5 Meinung eines Politikers

AUFGABEN

1 *Beschreibe mit Stichworten die Bedeutung der „Neuen Seidenstraße“ (Text).*
2 *Liste die Länder auf, die die BRI auf ihrem Weg von China nach Deutschland verbindet (M3, Atlas).*
3 *Erörtere mithilfe der Materialien die Vor- und Nachteile der BRI für Deutschland (M4, M5).*
4 *Erläutere die Aussage der Karikatur (M2). Achte auf die Sprechblase und den chinesischen Drachen.*
5 *a) Recherchiert die Entwicklung des Duisburger Hafens als Endpunkt der BRI (M1, Internet).*
b) Stellt die Ergebnisse in der Klasse vor.

Web-Code: WES-101550-151

Südkorea – Blick in ein Industrieland

M1 Lage auf dem Globus

M3 Stadtzentrum der Hauptstadt Seoul (Südkorea)

Der Name Südkoreas begegnet uns täglich im Zusammenhang mit Industrieprodukten. 2021 wurden zum Beispiel etwa 172 500 Autos aus Südkorea in Deutschland zugelassen. Bekannte Hersteller von Flachbildschirmen und Smartphones kommen aus Südkorea.

Noch in den 1950er-Jahren war Südkorea ein Entwicklungsland, das landwirtschaftlich geprägt war. Die USA unterstützte das Land mit Finanzhilfen und Lebensmittellieferungen. Das Ziel der Regierung, die die Macht Anfang der 1960er-Jahre übernommen hatte, bestand in der Förderung der wirtschaftlichen Entwicklung. Ehemalige Militärs führten das Land mit strenger Hand. Dem Ziel des wirtschaftlichen Aufstiegs mussten sich die Wirtschaft und die Bevölkerung unterordnen. Die Regierung erstellte Pläne mit dem Ziel, südkoreanische Produkte zu exportieren. Um das zu erreichen, musste in die Bildung der Bevölkerung investiert werden. Der Plan ging auf, es begann ein rasanter wirtschaftlicher Aufstieg. Zuerst bauten südkoreanische Firmen begehrte Produkte nach. Heute bieten sie eine Vielzahl von selbst entwickelten Produkten an. Seit 1987 herrschen in Südkorea demokratische Verhältnisse.

Der wirtschaftliche Aufschwung ist eng mit wenigen Großkonzernen in Familienbesitz verbunden. Sie haben gute Verbindungen zum Staat. Die wirtschaftliche Bedeutung dieser Unternehmen ist enorm. Sie sind für etwa zwei Drittel der Wirtschaftsleistung des Landes verantwortlich.

Um auch in Zukunft erfolgreich zu sein, wird viel in die Ausbildung investiert. Gleichzeitig konzentriert sich die Wirtschaft neben den Exportschlagern auf Zukunftstechnologien wie fahrerlose Autos, Medizintechnik, unbemannte Flugzeuge und intelligente Kleidung.

Nord- und Südkorea befinden sich offiziell noch immer im Krieg. Der Waffenstillstand von 1953 hat nur die Kampfhandlungen des Koreakrieges beendet. Es existiert noch immer kein Friedensvertrag. Es gibt keinen Austausch von Informationen durch Post oder Internet. Zudem fehlen Verkehrsverbindungen zwischen beiden Ländern.

Mit wiederkehrenden Hungerkatastrophen, zahllosen politischen Gefangenen in Arbeitslagern und einer riesigen Armee, auf deren Bedürfnisse die gesamte Volkswirtschaft abgestellt ist, gilt Nordkorea als eines der ärmsten und rückständigsten Länder der Welt.

M2 Ein geteiltes Land – nordkoreanische Soldaten fotografieren einen südkoreanischen Soldaten an der Grenze. Der Balken zu ihren Füßen stellt die Landesgrenze dar.

M4 Autos in einem südkoreanischen Hafen für den Export

Jahr	BNE/Kopf	Jahr	BNE/Kopf
1970	284 US-$	2010	22110 US-$
1980	1691 US-$	2016	27810 US-$
1990	6498 US-$	2019	31000 US-$
2000	11767 US-$	2020	32190 US-$

M5 Entwicklung des BNE/Kopf Südkoreas

Hauptstadt:	Seoul
Größe:	100280 km²
Einwohner:	51,5 Mio.
BNE/Kopf:	32190 US-$
Kind pro Frau:	0,9
Lebenserwartung:	83 Jahre

Erwerbstätige nach Sektoren:
- Landwirtschaft 5 %
- Industrie 25 %
- Dienstleistungen 70 %

wichtige Exportgüter:
- Maschinen, Straßenfahrzeuge, Erdöl, Büromaschinen, Eisen

M6 Steckbrief Südkoreas (2020)

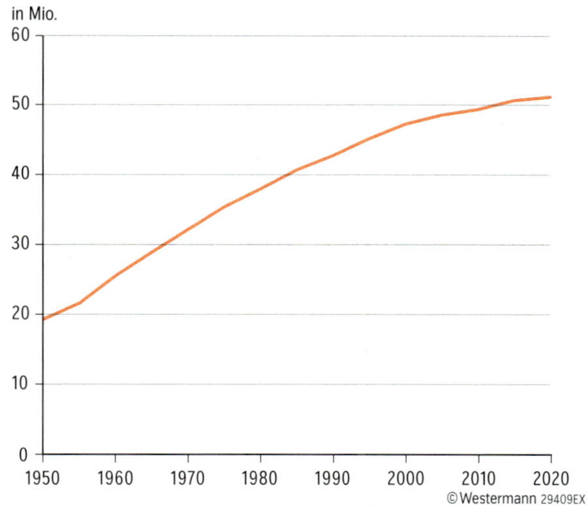

M7 Bevölkerungsentwicklung in Südkorea

AUFGABEN

1. *Vervollständige den folgenden Satz: „Südkorea ist ein Industrieland, weil ...“ (Text, M4, M6).*
2. *Erläutere Faktoren, durch die sich Südkorea zu einem Hightech-Staat entwickelt hat (Text, M5).*
3. *Werte das Diagramm M7 aus.*
4. *Begründe die Tatsache, dass technische Neuerungen oft in Industrieländern entwickelt werden.*
5. *Recherchiert südkoreanische Unternehmen (Internet). Nennt sie und ordnet ihnen Produkte zu.*

Africa Rising

M1 Stadtzentrum von Addis Abeba (Äthiopien)

Aufbruch in Afrika!

Afrika, so sagen viele Experten voraus, wird sich im 21. Jahrhundert enorm entwickeln. Woher kommt dieser Optimismus? Betrachtet man weltweit die Staaten mit dem höchsten Wirtschaftswachstum, fällt auf, dass unter den ersten 30 Staaten mehrere afrikanische Länder sind. Diese Staaten sind, verglichen mit den Ländern Europas, alles wirtschaftlich schwache Länder. Sie haben aber große Zuwächse in der Wirtschaft. Woher kommt dieses Wachstum?

Zu nennen ist die große Zunahme der Bevölkerungszahlen: Im Jahr 2021 lebten in Afrika etwa 1,4 Mrd. Menschen. Bis zum Jahr 2050 wird sich die Bevölkerungszahl vermutlich verdoppeln. Die Nachfrage, die von dieser Bevölkerung ausgeht, ist riesig und betrifft alle Bereiche der Wirtschaft. Insbesondere die wachsende Mittelschicht in den Städten ist Motor für das Wachstum.

Afrika verfügt über viele Bodenschätze (z. B. Erdöl, Gold, Diamanten). Wenn die Verkaufserlöse der Bodenschätze stärker in Afrika investiert würden, entstünden Arbeitsplätze. So können die Rohstoffe künftig vor Ort weiterverarbeitet werden.

Ein Wachstumsmarkt ist die Entwicklung digitaler Produkte bzw. Dienstleistungen. Bekannt ist hier die Banking-App M-Pesa, die in Kenia entwickelt wurde und über 15 Mio. Nutzer hat. Die App ermöglicht es, bargeldlos per Smartphone zu bezahlen. Da es nur wenig Bankenfilialen gibt, ist dies eine enorme Erleichterung für die Geschäftsabwicklung.

Ein anderer Aspekt ist das große Potenzial Afrikas in der Landwirtschaft. Afrika besitzt etwa 60 Prozent der heute weltweit nicht genutzten Landwirtschaftsflächen.

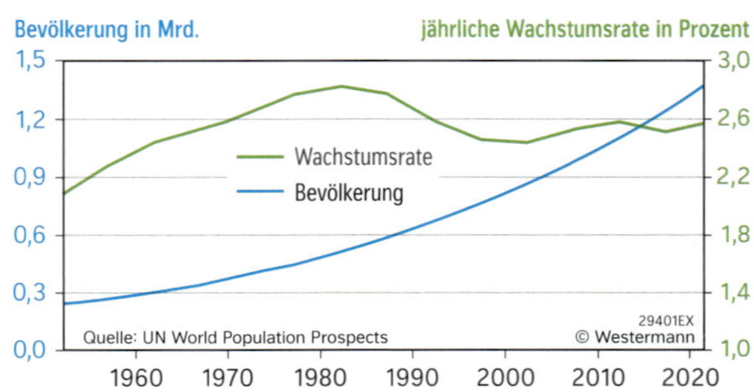

M2 Bevölkerungsentwicklung in Afrika

Es gibt Menschen in Afrika, die verdanken ihr Leben einer Drohne. Da es in Afrika immer noch viele Regionen gibt, die von einem Krankenhaus weit entfernt sind, werden in einigen Staaten (u.a. Ruanda, Ghana) schon heute Medikamente und Blutkonserven per Drohne zu den Patienten transportiert. In Ruanda sind die Drohnen bereits seit 2016 in Betrieb und haben bis 2019 etwa 14000 Flüge vollzogen. Experten gehen davon aus, dass auch andere Branchen anfangen werden, Waren per Drohne zu versenden.

M3 Hilfe aus der Luft

Im 19. Jahrhundert brachten die Europäer die Wasserhyazinthe nach Afrika. Es wurde aber nicht bedacht, dass sich die Pflanze stark vermehrt. Sie ist zur Plage für die Menschen geworden: In den dicken Pflanzenteppichen siedeln sich Insekten an, die Malaria und andere Krankheiten übertragen. Zudem reduzieren die Pflanzen den Sauerstoffgehalt im Wasser und damit die Lebensgrundlage für Fische.
Im afrikanischen Staat Benin ist es gelungen, aus den abgeernteten Pflanzen Bio-Düngemittel, Brennstoffe und Tiernahrung sowie ein Lösungsmittel zur Reinigung verunreinigter Böden herzustellen. Dadurch entstanden viele neue Firmen mit Hunderten von Beschäftigten (Frauenanteil 85%).

M4 Neue Wirtschaftszweige in Benin

Äthiopien – vom Krisenstaat zum Musterland?

Ein positives Beispiel für Wirtschaftsentwicklung ist Äthiopien. Viele Jahre prägten Bürgerkriege, Armut und Hunger das Land. Politische Stabilität sowie der Wunsch der Regierung, die Versorgungslage zu verbessern, führten seitdem zu Wirtschaftswachstum. Der Ausbau der Infrastruktur wurde vorangetrieben: 2011 konnte die erste S-Bahn Afrikas den Betrieb aufnehmen. 2015 wurde die erste Autobahn des Landes eröffnet und 2016 ein großes Wasserkraftwerk errichtet. Größter Handelspartner ist dabei China, das seinen Einfluss in Ostafrika weiter ausbauen möchte. Trotz der Erfolge leiden viele Menschen noch an Hunger und Armut, 2020 brach ein Krieg im Norden des Landes aus.

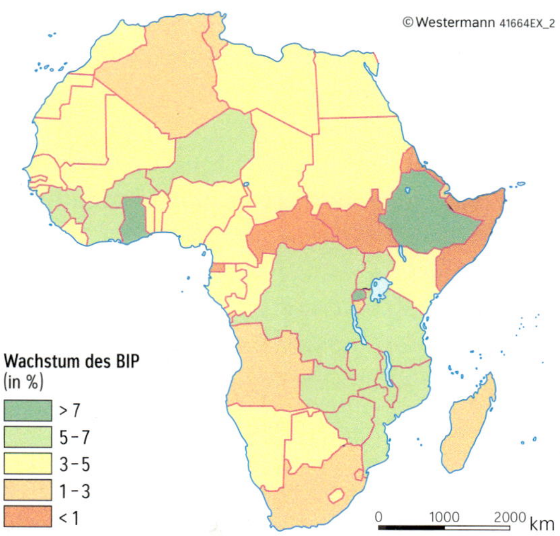

M5 Entwicklung des BIP (2008 – 2019)

AUFGABEN

1 *Beschreibe Entwicklungen, die einen Aufbruch afrikanischer Staaten bewirken könnten (Text, M2).*
2 *Ermittle, in welchen Ländern das BIP stark angestiegen ist (M5, Atlas).*
3 *Nenne Gründe für das Wirtschaftswachstum in Äthiopien (Text).*
4 *Beschreibe die Innovationen in M3 und M4.*
5 *Bewerte die Aussage „Africa Rising" (Überschrift, Seite 154) im Hinblick auf Richtigkeit und ihre Wirkung.*

M1 Kinder nähen Fußbälle – Arbeit statt Schule

M3 Fair produzierte Fußbälle von Näherinnen aus Pakistan

Fairer Handel

Egal, wo auf der Welt Fußball, Handball, Basketball oder Rugby gespielt wird: Über den Hauptdarsteller – den Ball – machen wir uns keine Gedanken. Im Jahr der Fußballweltmeisterschaft 2018 wurden weltweit 40 Millionen Fußbälle produziert und verkauft. Der Großteil der produzierten Fußbälle kommt aus Pakistan oder Indien. Hier nähen zumeist Frauen oder Kinder die Bälle zusammen. Sie bekommen dafür meistens nicht einmal den Mindestlohn. Um von ihrer Arbeit leben zu können, wird häufig länger als die üblichen 12 Stunden täglich gearbeitet – sogar an den Wochenenden. Eine Arbeiterin verdient in Indien rund 30 Rupien pro Tag (etwa 35 Cent). Anstatt in die Schule zu gehen, arbeiten laut UNICEF (Kinderhilfswerk der UNO) weltweit 160 Millionen Kinder. Die Mädchen und Jungen arbeiten in langen Arbeitsschichten für einen sehr geringen Lohn, um das Familieneinkommen zu sichern.
Die Organisation FAIRTRADE kämpft für eine gerechte Bezahlung und eine Verbesserung der Arbeitsbedingungen.

FAIRTRADE hat „Spielregeln“ für die Firmen aufgestellt, die von ihr Aufträge bekommen und für sie Bälle herstellen:

- Die Arbeitnehmer wählen eine Vertretung, die die Einnahmen für sie verwaltet.
- Die Einnahmen müssen zur Verbesserung der Lebens- und Arbeitsbedingungen eingesetzt werden.
- Zwangsarbeit und ausbeuterische Arbeit für unter 15-Jährige sind verboten.
- Ein Schulbesuch ist wichtiger als die Arbeit in der Fabrik.
- Es muss der übliche Mindestlohn oder mehr bezahlt werden.
- Der Unfall- und der Gesundheitsschutz am Arbeitsplatz sind weiter zu verbessern.

M2 Spielregeln für den Fairen Handel

AUFGABEN

1. *Beschreibe die Arbeitsbedingungen in der Ballproduktion (Text, M1).*
2. *Bewertet in Gruppenarbeit die „Spielregeln“ für den Fairen Handel (M2, M3). Welche haltet ihr für besonders wichtig? Welche würdet ihr ergänzen?*
3. *Untersucht in Supermärkten eurer Umgebung das Angebot von Fairtrade-Produkten. Notiert diese in euren Heften.*
4. *Recherchiert im Internet über weitere Fairtrade-Produkte und ihre Herstellung (siehe QR-Code).*

Web-Code: WES-101550-156

M1 Die Ziele der Agenda 2030

M2 Hilfsaktion der Vereinten Nationen

Die Agenda 2030

2015 wurde die Agenda 2030 von den Vereinten Nationen (UNO) verabschiedet. Die Agenda ist ein Zukunftsfahrplan und beinhaltet 17 Ziele für nachhaltige Entwicklung (M1), die Sustainable Development Goals (SDGs). Damit soll die globale Entwicklung ökologisch, wirtschaftlich und sozial nachhaltig gestaltet werden. Die UNO möchte allen ein menschenwürdiges Leben ermöglichen und dabei die natürlichen Lebensgrundlagen dauerhaft bewahren. Den Schwächsten und Verwundbarsten soll zuerst geholfen werden.

METHODE

Wir führen ein Projekt zur Agenda 2030 durch

1. Vorplanung und Informationsbeschaffung

- Informiert euch im Internet (z. B. unter www.17ziele.de) und bei Bürgergruppen über konkrete Ziele der Agenda 2030 (z. B. Bedeutung der Ziele; mögliche Maßnahmen, um diese Ziele zu erreichen).
- Da es 17 verschiedene Ziele gibt, solltet ihr euch in Gruppen aufteilen, die jeweils ein Ziel bearbeiten.

2. Erarbeitung

- Sichtet anschließend das Material zu eurem ausgewählten Ziel.
- Achtet besonders darauf, dass ihr unbekannte oder komplizierte Sachverhalte mit euren eigenen Worten erklären könnt.
- Im nächsten Schritt gestaltet jede Gruppe zu ihrem Ziel eine Wandzeitung (oder ein Plakat).

3. Präsentation und Weiterarbeit

- Stellt schließlich die Wandzeitung (oder das Plakat) im Foyer der Schule aus. Dazu könnt ihr auch die lokale Presse oder Politiker einladen.

AUFGABEN

1 *Beschreibe mit eigenen Worten, was du unter der Agenda 2030 verstehst.*

2 *Führt ein Projekt zur Agenda 2030 durch (siehe Methodenkasten).*

3 *a) Nenne ein Beispiel für nachhaltiges Verhalten aus deinem Alltag. Orientiere dich an M1.*
b) Definiere den Begriff „Nachhaltigkeit“ mit eigenen Worten.

Web-Code: WES-101550-157

Nachhaltige Entwicklungszusammenarbeit – zwei Projekte

Schulkinder in Bolivien

„Was würdest du tun, wenn der Weg zur Schule einen fast dreistündigen Fußmarsch bedeuten würde? Genau dies ist einer der Gründe, warum in Bolivien viele Kinder keinen Schulabschluss machen. Die Stiftung Fundación Pueblo kann hier nach dem Prinzip *Hilfe zur Selbsthilfe* Änderungen bewirken. Seit 1997 wurde die Schülerpension in Gastfamilien, beginnend im Andendorf Yanacachi, später in weiteren Mittelpunktschulen, eingerichtet. Das bedeutet: Die aus den zerstreuten Landgemeinden stammenden Kinder werden von Montag bis Freitag in Gastfamilien untergebracht. Ihre Eltern suchen die Gastmütter aus, die nun wochentags für die Unterbringung, Betreuung und Versorgung der Schüler verantwortlich sind. Dafür erhalten die Gastmütter pro Schultag und betreutem Kind Geld von der Stiftung. Das ist für die indigenen Frauen ein zusätzliches Einkommen, wodurch sich auch die Lebensqualität in ihrer Gemeinde verbessert. Regelmäßige Beratungen mit allen Beteiligten lösen viele Probleme direkt vor Ort. Durch die enge Zusammenarbeit mit der jeweiligen Ortsverwaltung kann sich die Stiftung nach etwa drei Jahren aus der Trägerschaft zurückziehen. Inzwischen gibt es in zehn Dörfern Schülerpensionen. Die Gründer der Fundación Pueblo wurden 2014 mit dem Bundesverdienstkreuz geehrt und die Stiftung gewann den zweiten Platz des ECLAC-Wettbewerbs für soziale Innovationen in Lateinamerika."

Susanne Kalchschmidt-Schulz, Fundación Pueblo

Kennzahlen zu Bolivien Hauptstadt: Sucre	
Einwohnerzahl (Mio.)	11,1
städtische Bevölkerung (%)	69
Bevölkerungswachstum (%)	1,8
BIP pro Kopf (US-$)	6714
Alphabetisierungsrate (m/w) (%)	97/89
durchschnittliche Schulbesuchsdauer (Jahre)	8,9
Zugang zu sanitären Einrichtungen (%)	53
Zugang zu sauberem Trinkwasser (%)	93
Lebenserwartung (Jahre)	69,5
HDI-Rang (von 189 Ländern)	118

M1 Schülerpensionen in Bolivien (Südamerika)

AUFGABEN

1 *Entscheide dich für eines der beiden Projekte (M1, M2). Beschreibe das Projekt, seinen Erfolg und die Absicht, warum es gegründet wurde.*

2 *a) Recherchiere im Internet über weitere Projekte von UNICEF und Fundación Pueblo (siehe QR-Code).*
b) Stelle sie deiner Klasse in einem Kurzvortrag vor.

Schulstunde in Niger

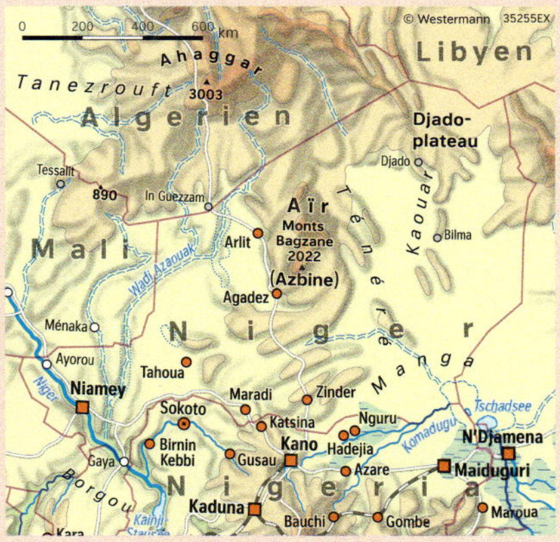

Zur Schule zu gehen ist in dem afrikanischen Land Niger nicht selbstverständlich. Rund eine Million Kinder besuchen dort keine Schule. Für Mädchen stehen die Chancen dafür besonders schlecht. Denn in der Regel heiraten Mädchen im Niger sehr früh und sind dann den Regeln ihren Männer und deren Familien unterworfen. Damit sie nicht „in die Verlegenheit kommen, aufsässige junge Frauen zu werden, die dem Ehemann nicht gehorchen", ist ihre Bildung oft gar nicht erwünscht.

Kennzahlen zu Niger Hauptstadt: Niamey	
Einwohnerzahl (Mio.)	21,5
städtische Bevölkerung (%)	19
Bevölkerungswachstum (%)	3,6
BIP pro Kopf (US-$)	906
Alphabetisierungsrate (m/w) (%)	23/9
durchschnittliche Schulbesuchsdauer (Jahre)	2,0
Zugang zu sanitären Einrichtungen (%)	13
Zugang zu sauberem Trinkwasser (%)	67
Lebenserwartung (Jahre)	60,4
HDI-Rang (von 189 Ländern)	189

Das Aufklärungs- und Bildungsprogramm „Schulen für Afrika" will helfen, allen Kindern eine Schulbildung zu ermöglichen. Es wurde vom Kinderhilfswerk der Vereinten Nationen (UNICEF) gemeinsam mit Behörden vor Ort und Dorfbewohnern ins Leben gerufen.

Mit Spenden werden Erzieher ausgebildet sowie Unterrichtsmaterialien oder Spielzeug gekauft. Zudem bekommen Mädchen aus besonders armen Familien finanzielle Unterstützung und können so auch weiterführende Schulen besuchen.

Zusätzlich werden engagierte Mütter in den Dörfern gefördert. Dort lernen sie in Kursen selbst Lesen und Schreiben und wie sie ihre Kinder beim Schulbesuch unterstützen können.

Oft profitieren vom Unterricht der Kinder alle Familienmitglieder. So lernen zum Beispiel schon die Kleinsten, dass man sich regelmäßig und gründlich die Hände waschen muss, um Infektionskrankheiten zu vermeiden. Zu Hause erzählen sie davon. Für viele ihrer Eltern ist das neu, auch weil diese selbst nie eine Schule besucht haben.

M2 Schulbildung in Niger (Afrika)

AUFGABEN

3 *Stell dir vor, du wärst anstelle der Kinder in Bolivien und im Niger (M1, M2). Was wäre deine Vorstellung von der Zukunft? Verfasse einen kurzen Hilferuf an eine Spendenorganisation.*

4 *Ein Zitat von der Kinderrechtsaktivistin Malala Yousafzai lautet: „Ein Kind, ein Lehrer, ein Buch und ein Stift können die Welt verändern." Erläutere das Zitat.*

M1 Eröffnungsfeier der Fußball-Europameisterschaft 2021 in Rom (Italien)

Europa – ein Kontinent stellt sich vor

Nach einer griechischen Sage geht der Name unseres Kontinents auf die Königstochter Europa zurück (M2). Europa ist der zweitkleinste Kontinent und nimmt etwa 7 % der Landfläche der Erde ein. Auf dieser Fläche leben in 47 Staaten etwa 750 Mio. Menschen, die über 80 verschiedene Sprachen sprechen. Die meisten lassen sich auf einen gemeinsamen Ursprung zurückführen. Vom Nordpolarmeer im Norden bis zum Mittelmeer im Süden und vom Atlantischen Ozean im Westen bis zum Uralgebirge im Osten trifft man auf viele unterschiedliche Völker, Kulturen und Religionen, obwohl die Völker Europas gemeinsame Wurzeln haben. Die Wurzeln prägen bis heute viele kulturelle und wirtschaftliche Gemeinsamkeiten („Euro"). Vor rund 1,8 Mio. Jahren wurde Europa von Vorfahren, die aus Afrika kamen, erstmals besiedelt.

In Europa finden wir eine Vielfalt an Großlandschaften. Die Landverbindung Europas im Osten mit dem Erdteil Asien ist ganz besonders, da sich eine genaue Abgrenzung beider Kontinente schwierig gestaltet. Eine willkürlich festgelegte Grenzlinie verläuft über Uralgebirge – Uralfluss – Nordufer des Kaspischen Meeres – Manytschniederung – Schwarzes Meer – Bosporus – Marmarameer – Ägäisches Meer (siehe Atlas).

Im Norden, Westen und Süden ist Europa durch zahlreiche Inseln und Halbinseln stark gegliedert, hervorgerufen durch ein Hineinreichen von Meeren und Meeresbuchten des Atlantischen Ozeans in das Festland. Deshalb meinte der Geograph Alexander von Humboldt (1769–1859), dass der Kontinent Europa „eine zerfranste Halbinsel Asiens" sei.

Nach einer Sage war Europa eine Königstochter in Asien. Sie war so schön, dass der Göttervater Zeus sich in sie verliebte. Zeus verwandelte sich in einen Stier und entführte die Königstochter auf seinem Rücken von Asien auf die griechische Insel Kreta. Dort lebte sie als Königin an seiner Seite. Der ganze Kontinent sollte ihren Namen tragen: Europa.

M2 Die Sage von Zeus und Europa

Nordkap

Ural-Gebirge

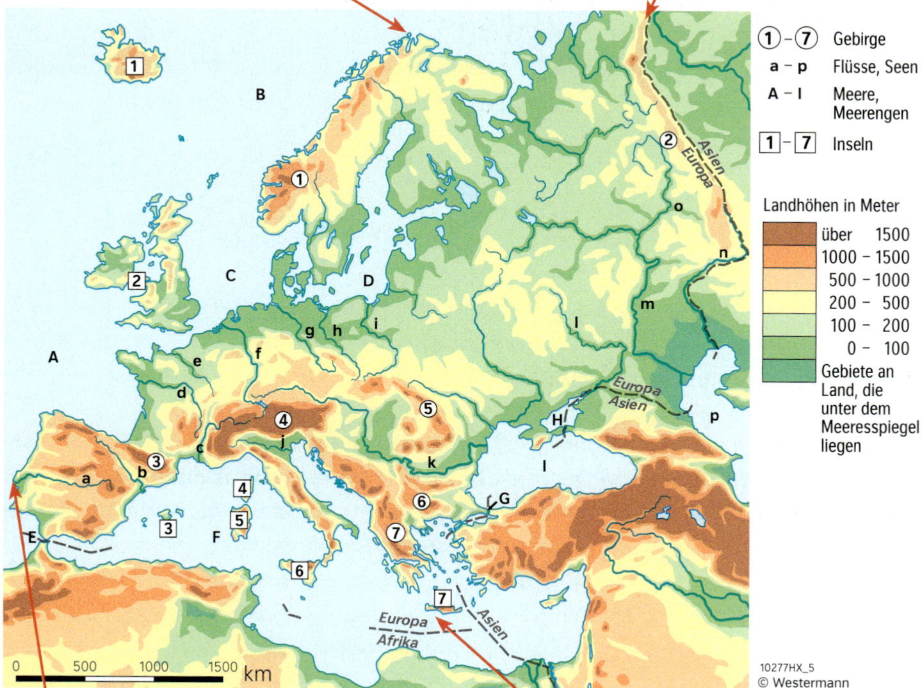

M3 Physische Karte von Europa

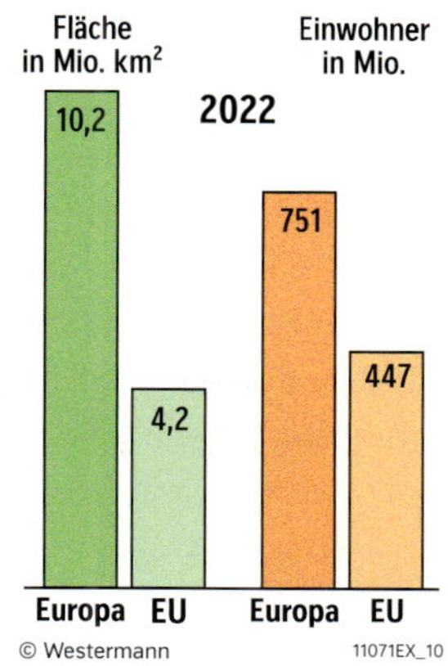

M4 Größenvergleich Europa und EU

Westspitze Europas am Cabo da Roca

Südspitze der Insel Gavdos, südlich von Kreta

AUFGABEN

1 *Beschreibt in Partnerarbeit stichwortartig Merkmale des Kontinents Europa (Text, M1).*

2 *Erstelle eine Lagebeschreibung für den Kontinent Europa. Fertige auch eine Skizze an (Atlas, Internet).*

3 *Ermittle die Nord-Süd-Ausdehnung Europas vom Nordkap bis zur Südspitze der Insel Gavdos sowie die Südwest-Nordost-Ausdehnung Europas von Cabo da Roca bis zum nördlichen Ural-Gebirge (M3, Atlas).*

4 *Bearbeite die stumme Karte (M3) mithilfe des Atlas.*

5 *Vergleiche die Fläche und die Einwohnerzahl Europas mit der Europäischen Union (M4).*

M1 Unterschiedliche Lebenswelten in Europa: die Königsallee in Düsseldorf (Deutschland) ...

M3 ... und Ferentari – ein Viertel in Bukarest (Rumänien)

Europäische Union trotz Ungleichheit?

Zwischen 2004 und 2013 wurden 13 neue Staaten in die EU aufgenommen. Diese Erweiterungen waren umstritten. Die neuen Mitgliedsländer befinden sich in einem wirtschaftlichen und sozialen Umbruch und weisen geringere Wirtschaftsleistungen als die alten EU-Länder auf. Die regionalen **Disparitäten** haben daher innerhalb der EU deutlich zugenommen. Sichtbar wird dies am Bruttoinlandsprodukt (BIP).

Das BIP beschreibt die Wirtschaftskraft eines Landes. Errechnet wird dafür der Wert der gesamten Güter und Dienstleistungen, die innerhalb eines Jahres in einem Land neu erbracht werden.
Erklärtes Ziel der Europäische Union ist es, regionale Disparitäten abzubauen. Dafür hat die EU verschiedene Fonds (Konten mit Geldbeträgen) zur Förderung strukturschwacher Regionen..

Aktivräume sind im geographischen Sinn Räume, die eine deutlich über dem Durchschnitt liegende Wirtschaftsleistung pro Einwohner und eine gut ausgebaute Infrastruktur aufweisen. Das führt zu einer hohen Zuwanderung und gleichzeitig einer Abwanderung aus strukturschwachen Räumen (**Passivräume**). Dort herrscht dann Arbeitslosigkeit und es gibt nur noch veraltete Industriebetriebe, die nicht konkurrenzfähig sind.

M2 Klassifikation von Räumen

- Bruttoinlandsprodukt (BIP) pro Kopf
- Anteile der Beschäftigten in den Wirtschaftssektoren
- Arbeitslosenquote
- Wanderungsverluste bzw. Wanderungsgewinne
- Anteile mittlerer bzw. höherer Bildungsabschlüsse (Abitur oder Universitätsabschluss)
- Bevölkerungszahl und -dichte
- Altersstruktur der Bevölkerung

M4 Merkmale für die Beschreibung und Untersuchung regionaler Disparitäten

AUFGABEN

1 *Beschreibe Ungleichheiten zwischen den EU-Mitgliedsstaaten anhand von Beispielen (M1, M3, M4).*

2 *Werte die Karte „Disparitäten in der EU“ aus (M5).*
a) Benenne Aktiv- und Passivräume in der EU (M2).
b) Bewerte die Wirtschaftskraft von NRW im Verhältnis zu anderen Regionen der EU (M4).

3 *„Im Zusammenhang mit Disparitäten müssen Regionen und nicht Länder betrachtet werden.“ Bewerte diese Aussage im Hinblick auf ihre Gültigkeit (M5).*

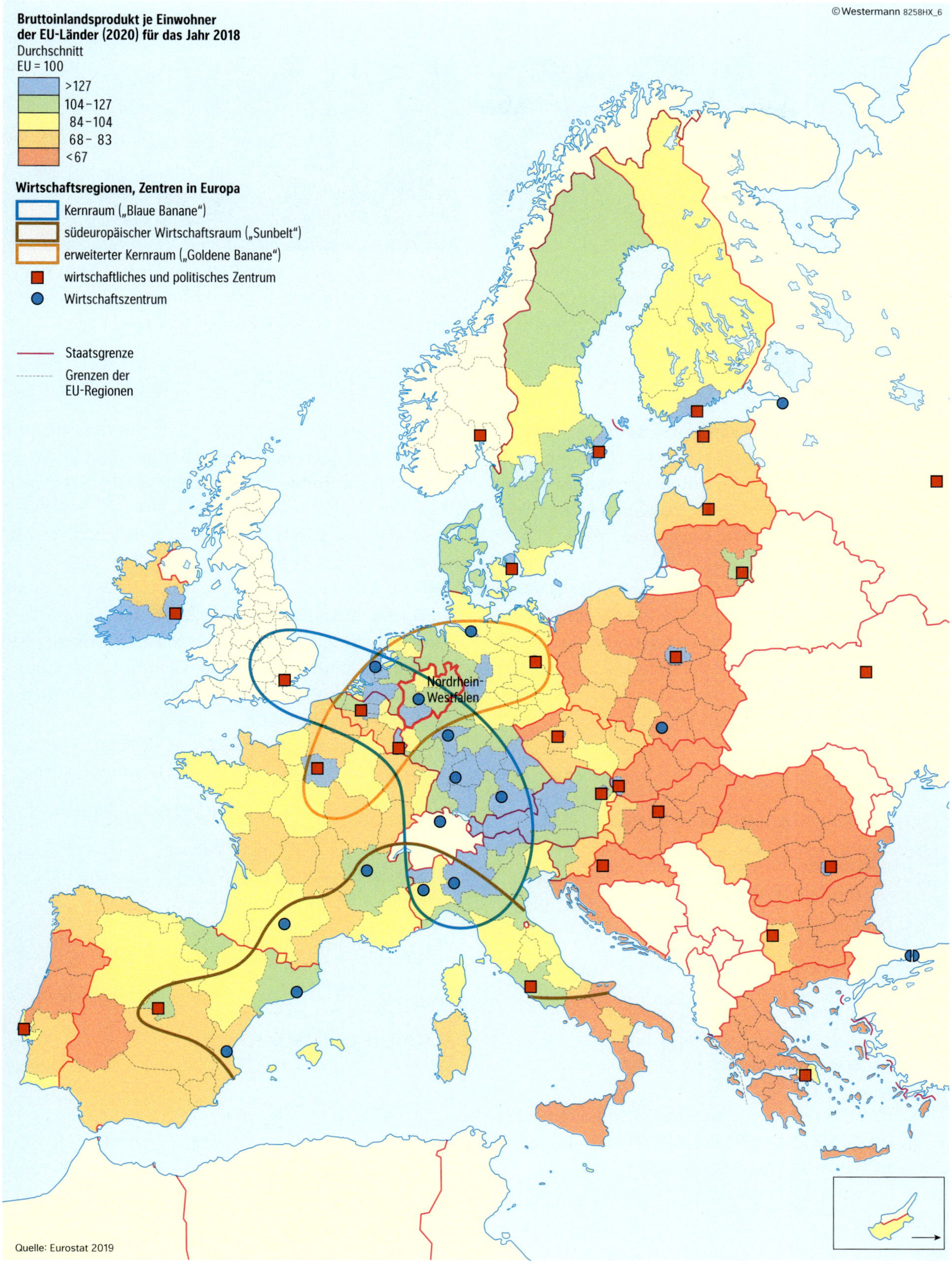

M5 Disparitäten in der EU

M1 Die Alexander-Newski-Kathedrale ist ein Wahrzeichen der bulgarischen Hauptstadt Sofia.

M3 Der Nyhavn ist eine Sehenswürdigkeit in der dänischen Hauptstadt Kopenhagen.

Wir werten Länderinformationen aus und vergleichen

Die Länder in Europa sind einerseits sehr unterschiedlich: Menschen sprechen verschiedene Sprachen und die Vegetation sowie das Klima unterscheiden sich. Andererseits haben sie aber auch Gemeinsamkeiten. Um solche Unterschiede und Gemeinsamkeiten herauszuarbeiten und Länder zu vergleichen, hilft dir das länderkundliche Schema.

Länderinformationen auswerten und vergleichen

1. Erfasse und ordne die Länderdaten
- Um ein Land richtig kennenzulernen, brauchst du viele Informationen. Das länderkundliche Schema (M2) hilft dir, deine Daten nach einzelnen Themen zu erfassen und zu ordnen.

2. Länder miteinander vergleichen
- Nun kannst du Länder gezielt bezüglich einzelner Themen vergleichen. Bei der Gegenüberstellung von Daten zu Bulgarien und Dänemark erkennst du erste Unterschiede.

1. **topographische Daten des Raumes**
   - z. B. Lage, Entfernungen, Größe, Landschaften und Regionen, Gewässer, Städte, Gebirge
2. **Bevölkerung/Einwohner**
   - z. B. Einwohnerzahl, -dichte, -verteilung
3. **Klima und Vegetation**
   - z. B. Temperaturen und Niederschläge; Klimazonen, Vegetationszonen
4. **Wirtschaft und Verkehr**
   - z. B. Landwirtschaft, Rohstoffe, Industrie, Dienstleistungen (z. B. Tourismus), Verkehrsnetz
5. **Kultur**
   - z. B. Volksgruppen, Sprachen, Religionen, Bildungsstand (z. B. Analphabetentum)
6. **Geschichte und politisches System**
   - z. B. gesellschaftliche, kulturelle, technische, politische Entwicklungen

M2 Das gehört in ein länderkundliches Schema.

Land	Bulgarien	Dänemark
BIP/Kopf (Euro, 2020)	8845	53 605
Anzahl Kinder je Frau	1,6 (2019)	1,7 (2019)
Ärzte je 1 000 Einw. (2018)	4,2	4,2
Pkw je 1000 Einw. (2019)	407	455
Arbeitslosenquote (% Erwerbspers. 15 – 74 J.)	4,2 (2019) 5,1 (2020)	5,0 (2019) 5,6 (2020)
CO_2-Ausstoß je Einw. in Tonnen (2020)	5,5	4,4
Breitbandanschlüsse (% der Haushalte, 2020)	79	93
Anteil Stadtbevölkerung (% der Gesamtbev.)	19,0 (2019) 19,2 (2020)	22,9 (2019) 23,0 (2020)
Quelle: WKO 2022		

M4 Länderdaten im Vergleich

M5 Der Musala, der höchste Berg Bulgariens, ist 2925 m hoch.

M8 Der Møllehøj ist mit 171 m die höchste natürliche Erhebung Dänemarks.

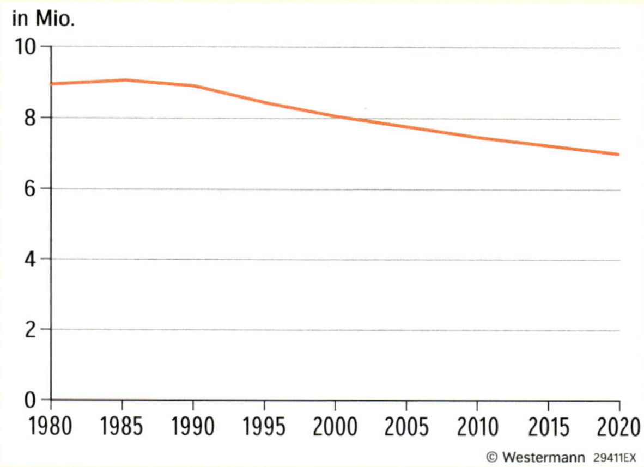

M6 Bevölkerungsentwicklung in Bulgarien

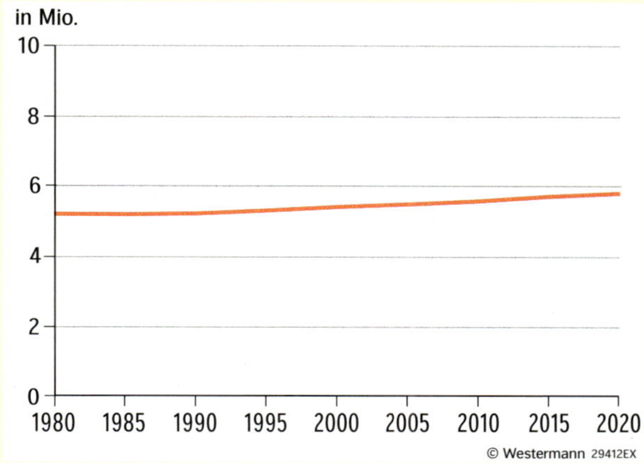

M9 Bevölkerungsentwicklung in Dänemark

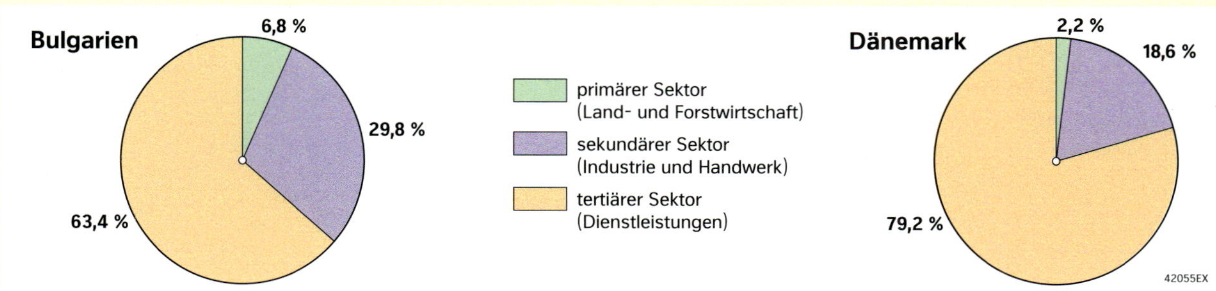

M7 Anteile der Wirtschaftssektoren am BIP im Vergleich (2019)

AUFGABEN

1 *Beschreibe die Unterschiede und Gemeinsamkeiten von Bulgarien und Dänemark (M4 – M9).*

2 *Erarbeitet in Gruppenarbeit eine Präsentation zum Thema „Ländervergleich Dänemark – Bulgarien" (M2, M4). Ergänzt fehlende Themen.*

3 *Bearbeitet weitere Länder aus der EU nach dem länderkundlichen Schema (M2, Internet). Vergleicht die jeweiligen Daten und Erkenntnisse miteinander.*

Wir planen und entscheiden

M1 Familie Schmitt-Rossi

Planen und entscheiden – Teil 1

Während seines Modedesign-Studiums in Düsseldorf lernte Andreas Schmitt seine Frau Laura Schmitt-Rossi kennen. Gemeinsam eröffneten sie ein Modegeschäft in Düsseldorf. Mittlerweile haben sie zwei Kinder.

Doch Laura Schmitt-Rossi möchte gerne wieder in ihrer Heimat Italien leben. Sie vermisst die Sprache, das Klima und das gute Essen. Außerdem möchte sie bei ihren Eltern wohnen. Herr Schmitt ist einverstanden und beide suchen nach einem neuen Zuhause und einem geeigneten Standort für ein neues Modegeschäft.

Eine Planen-und-entscheiden-Aufgabe lösen

1. Werte in Einzelarbeit die Materialien auf dieser Doppelseite und im Atlas aus. Beachte thematische Karten zu Wirtschaft, Verkehr, Tourismus und Bevölkerung Italiens.
2. Entscheide dich aus der Sicht von Andreas Schmitt für einen von drei möglichen Orten.
3. Arbeitet in Gruppen zusammen. Dort stellt jeder seine Standortwahl vor und begründet diese.
4. Einigt euch in euren Gruppen auf den besten Standort für Andreas Schmitt und begründet eure Wahl schriftlich.
5. Versetzt euch nun in die Rolle von Laura sowie Alessia und Luca und sucht nach dem besten Standort.
6. Prüft, ob dieser Perspektivenwechsel eure Standortwahl bestätigt oder ob ihr eure Wahl ändern wollt.
7. Legt den endgültigen Standort für die Familie fest und begründet diesen.
8. Präsentiert eure Lösung der Klasse.
9. Überprüft eure Arbeit und formuliert Verbesserungsvorschläge für euer Vorgehen bei zukünftigen Planen-und-entscheiden-Aufgaben.

M2 Wirtschaft und BIP in Italien (2019)

Arbeitslosenquote (in %)						
	2014	2015	2016	2017	2018	2019
Lombardei	8,7	7,9	7,4	6,4	6,0	5,6
Latium	12,5	11,8	11,1	10,7	11,1	9,9
Kampanien	21,7	19,8	20,4	20,9	20,4	20,0
Quelle: Europäische Kommission						

M3 Arbeitslosigkeit in ausgewählten italienischen Regionen

Rom ist mit rund 2,8 Mio. Einwohnern die größte Stadt Italiens. Etwa zehn Millionen Touristen besuchen die Hauptstadt Italiens jährlich. Als eine der größten Kulturstädte Europas bietet Rom nicht nur viele antike Bauwerke, sondern auch Museen, Opern, Theater und viele Konzertstätten. Rom verfügt über drei Flughäfen und drei staatliche Universitäten. Modetechnisch gilt Rom in jüngster Zeit wieder als aufstrebend. Hier leben und arbeiten junge Designer, die fantasievolle und ausgefallene Mode entwerfen und auch durch die zahlreichen Touristen einen großen Absatzmarkt finden.

Mailand bildet zusammen mit den Städten Turin und Genua einen Wirtschaftsraum, der zu den stärksten Europas gehört. In der zweitgrößten Stadt Italiens leben rund 1,4 Mio. Menschen.
Neben Paris, New York und London zählt Mailand zu den führenden Modemetropolen weltweit. In Mailand finden die größten, bedeutendsten und mit Abstand meisten Modemessen Italiens statt. Ebenso gibt es verschiedene Modeschulen. Bekannte Marken wie Dolce & Gabbana, Armani, Prada und Gucci haben ihren Sitz in dieser Stadt.

Die Region um **Neapel** liegt im Süden Italiens und gehört zu den Regionen mit dem höchsten Finanzbedarf innerhalb der EU. Neapel selbst gilt als wirtschaftliches Zentrum Süditaliens. Die Nähe zum Vulkan Vesuv und zur Küste lockt zahlreiche Besucher in die drittgrößte Stadt Italiens. Jedoch herrscht hier auch eine hohe Arbeitslosigkeit, unter der gerade junge Menschen besonders leiden. In Neapel gibt es nur wenige edle Designerboutiqen, aber dafür findet man hier unzählige kleine Geschäfte, die in Familientradition noch eigene Modeprodukte verkaufen.

M4 Rom, Mailand oder Neapel – für welchen Ort entscheidet sich Familie Schmitt-Rossi?

Planen und entscheiden – Teil 2

Laura Schmitt-Rossi, 38 Jahre: *„Obwohl meine Familie im Süden lebt, muss ich dort nicht unbedingt wohnen. Wichtiger ist mir, in einer wirtschaftlich starken Region zu leben, in der unser Geschäft gut läuft und es ein breites kulturelles Angebot gibt. Ich hätte gerne ein Boot an einem See."*
Luca Schmitt-Rossi, 12 Jahre: *„Ich möchte in Italien gerne häufiger Snowboarden gehen."*
Alessia Schmitt-Rossi, 15 Jahre: *„Ich freue mich auf Italien. Hier möchte ich eine Ausbildung zur Modedesignerin machen, denn ich möchte den Beruf meines Vaters ergreifen."*

M5 Aussagen der Familie zum Umzug nach Italien

AUFGABEN

1 *Fertige eine Skizze von Italien mit den drei genannten Städten und den Inseln an.*

2 *Löst die Planen-und-entscheiden-Aufgabe für Familie Schmitt-Rossi.*

3 *„Italien hatte 2019 eine Arbeitslosenquote von 9,9 %." Erläutere, warum diese Aussage mit Vorsicht zu betrachten ist (M3).*

Grenzüberschreitende Zusammenarbeit

M1 Airbus-Fabrik in Hamburg

M3 Verladung des Rumpfes einer A350

In den 1960er-Jahren gab es in Europa eine Vielzahl von kleineren Flugzeugbauern, die sich gegenseitig Konkurrenz machten, auf dem Weltmarkt aber nicht bestehen konnten. 1970 gründeten Frankreich und Deutschland die Firma „Airbus Industrie“. 1971 schlossen sich Spanien und 1979 auch Großbritannien an.

Durch das gebündelte Know-how war der Konzern wettbewerbsfähig und wurde zum Hauptkonkurrenten des amerikanischen Flugzeugbauers Boeing. Das Besondere an Airbus ist, dass Flugzeugteile in allen vier Ländern produziert und anschließend im Hauptsitz der Firma in Toulouse (Frankreich) zusammengebaut werden. Zur Innenraumausstattung fliegen die Maschinen nach Hamburg (M1). Gebaut werden Passagierflugzeuge in unterschiedlichen Größen. Für die Kurz- und Mittelstrecken (Deutschland, Europa, Nordafrika) dient der A320. Eine Reichweite von rund 16 000 Kilometer hat hingegen der A350. Er fliegt zum Beispiel von Frankfurt nach Seattle, Tokio, Singapur oder Südafrika.

Künftig arbeitet Airbus daran, die bestehenden Flugzeuge effizienter zu gestalten. Viel Geld wird für die Entwicklung neuer, sparsamerer Flugzeugmodelle investiert. Damit sollen die Flugzeuge attraktiver für potenzielle Käufer werden.

Die Airbus-Group besteht aus den drei Bereichen Flugzeugbauer Airbus, Airbus Helicopters und Airbus Defence & Space (Raumfahrt- und Rüstungsgeschäft). 2020 beschäftigte Airbus fast 46 000 Menschen in Deutschland, weltweit mehr als 120 000.

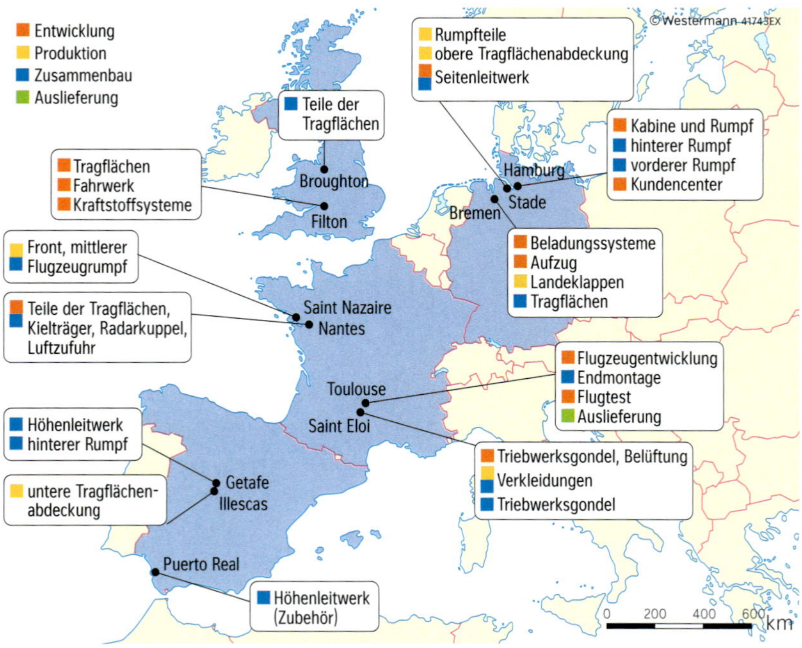

M2 Airbus-Standorte (A350) in Europa

AUFGABEN

1 ✎ *Vervollständige den Satz: „Der Airbus-Konzern ist ein Beispiel für grenzüberschreitende Zusammenarbeit, weil ...“*

2 ✎ *Nenne Vorteile und Nachteile, die sich aus der Zusammenarbeit der europäischen Staaten bei der Produktion der Airbus-Flugzeuge ergeben (Text, M2).*

3 *Erstelle einen Steckbrief zum A350 (Internet).* ↗

European Space Agency (ESA)

Ähnlich wie beim Airbus-Konzern schlossen sich 1975 zehn europäische Staaten zur Gründung der Europäischen Weltraumorganisation (ESA) zusammen. Heute besteht die ESA aus 22 Mitgliedsstaaten, zu denen auch Länder wie Norwegen und die Schweiz gehören. Keiner der Staaten wäre alleine in der Lage, Weltraumprojekte durchzuführen. Deshalb schließen sich die Staaten mit ihren Kompetenzen und finanziellen Mitteln zusammen, um gemeinsam das Weltall und die Erde vom All zu erforschen.

Gemeinsam mit den USA, Russland, Japan und Kanada entwickelten sie die Internationale Raumstation ISS, die seit dem Jahr 2000 dauerhaft von Astronauten zu Forschungszwecken bewohnt wird. Diese Astronauten müssen mit allem, was sie benötigen, von der Erde aus versorgt werden. Auch die ESA schickt dafür Weltraumfrachter zur ISS, die den Astronauten unter anderem Wasser, Nahrungsmittel, frische Kleidung, Treibstoff liefern.

Diese Weltraumfrachter werden mithilfe der Ariane-Trägerraketen ins Weltall befördert (M6). Sie bringen auch Satelliten auf ihre Umlaufbahnen um die Erde. Die Ariane-Raketen, die von Airbus Defence & Space gebaut werden, starten vom europäischen Weltraumbahnhof in Kourou (Französisch-Guayana) in Südamerika.

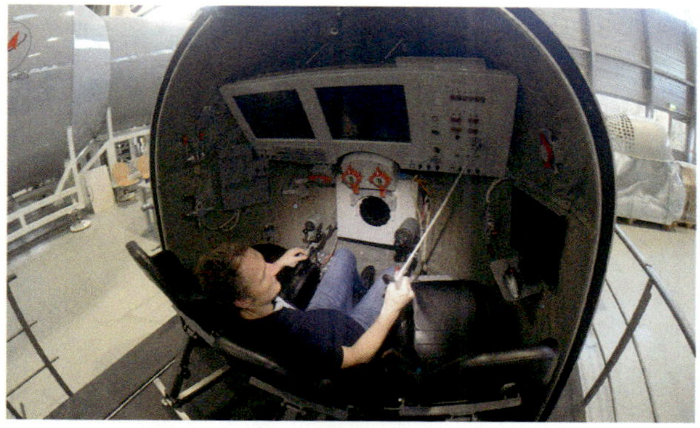

M5 Der Astronaut Matthias Maurer sitzt in einem Trainingsmodul einer Sojus-Kapsel im Europäischen Astronautenzentrum in Köln.

M6 Start einer Ariane-Rakete

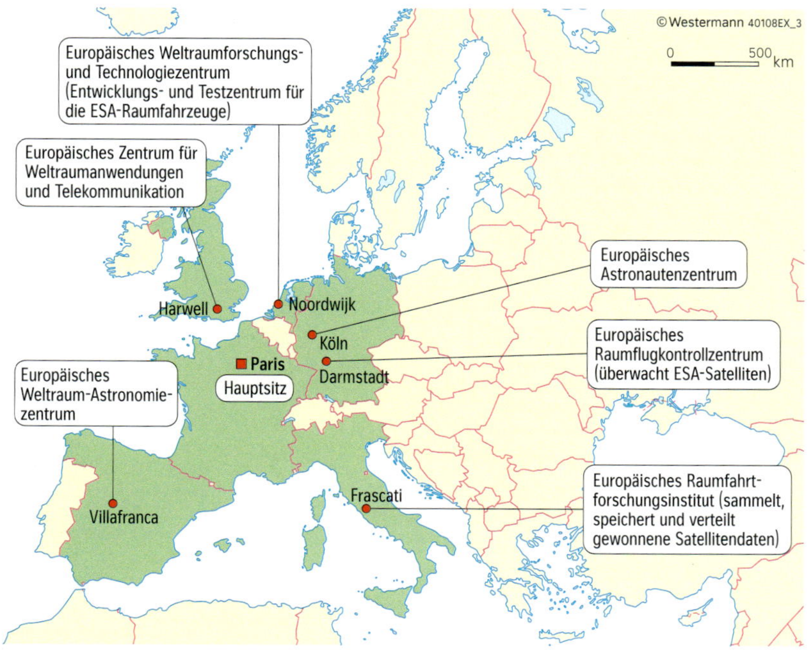

M4 Standorte der ESA in Europa

AUFGABEN

4 *Beschreibe Merkmale der ESA (Text, M4).*

5 *Nenne Vor- und Nachteile, die sich aus der Zusammenarbeit über Staatsgrenzen hinweg ergeben (Text, M4).*

6 *Erstelle einen Steckbrief zur europäischen Trägerrakete Ariane 5 (siehe QR-Code).*

7 *Nimm Stellung zu einer der beiden Aussagen. Wähle aus:*
Ⓐ *„Gemeinsame Projekte wie Airbus stärken Europa."*
Ⓑ *„Gemeinsame Projekte wie die ESA stärken Europa."*

Web-Code: WES-101550-169

Wir schätzen den Entwicklungsstand von Ländern ein.

1 *Staaten werden häufig in die Kategorien Entwicklungs-, Schwellen- und Industrieland eingeteilt. Ordne die Bilder Ⓐ–Ⓕ ensprechend zu. Begründe deine Entscheidung.*

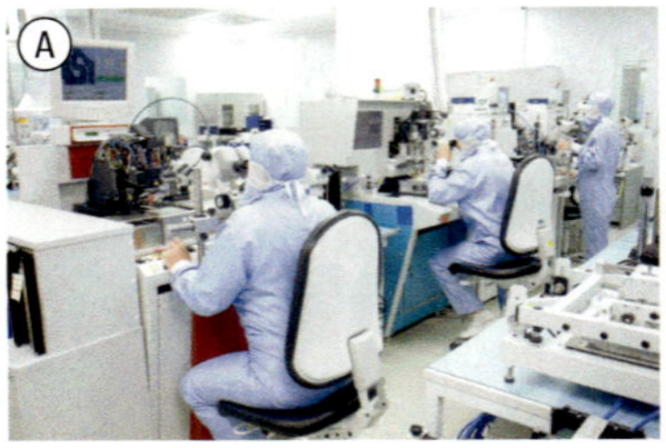

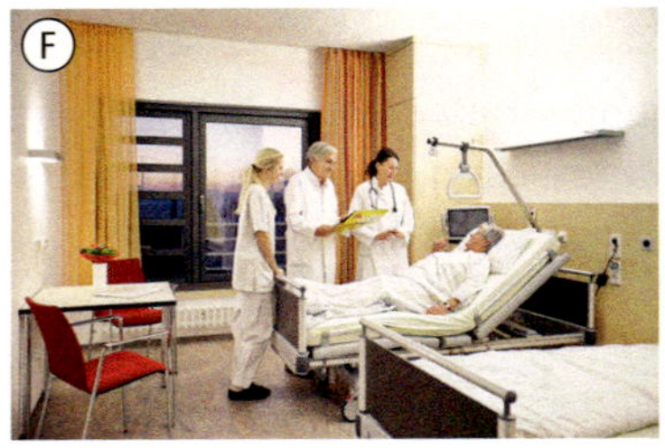

Länder im statistischen Vergleich

1 *Ordne die drei Länder A, B und C den Klassifizierungen hoher, mittlerer und niedriger HDI zu.*

2 *Nenne jeweils drei Staaten, die beispielhaft für diese Kategorien stehen.*

3 *Erkläre einem Partner, aus welchen Bereichen der HDI eines Landes ermittelt wird.*

4 *„Eine Klassifizierung von Ländern zeigt nur einen Teil der Wirklichkeit." Nimm Stellung zu dieser Aussage.*

	Land A	**Land B**	**Land C**
Geburten pro 100 Einwohner	21	56	12
Säuglingssterblichkeit[1]	27	153	3,2
Lebenserwartung[2] (in Jahren)	71	43	80
Bevölkerung unter 15 Jahren (in %)	28	49	20
Alphabetisierungrad (in %)	86	18	99
durchschnittliche Ausbildungsdauer[3] (in Jahren)	13	8,8	17,3
Einwohner pro Arzt	847	40 000	309
Zugang zu Trinkwasser (in %)	87	59	100
Pro-Kopf-Einkommen (in US-$)	3000	210	51 810
Erwerbstätige im primären/sekundären/tertiären Sektor (in %)	9/29/62	40/17/43	2/32/66
Internetnutzer (in %)	60	15	90

[1] Todesfälle im ersten Lebensjahr pro 1000 Lebendgeborene [2] bei Geburt [3] einer 25-jährigen Person

Entwicklungzusammenarbeit

1 *Die Fotos ①–③ zeigen verschiedene Entwicklungsprojekte unterschiedlicher Organisationen. Beschreibe die auf den Fotos abgebildeten Entwicklungsprojekte.*

① Eine afrikanische Entwicklungshilfeorganisation liefert Solarkocher an afrikanische Dörfer.

② Eine große asiatische Entwicklungsbank baut in Südostasien einen Überseehafen.

③ Ein deutsches Ministerium fördert ein Bildungsprogramm in Ruanda.

Europa bei Nacht

1 *Benenne die Meere, Länder und Städte, die du erkennst.*

2 *Erkläre, inwieweit das Satellitenbild auch als Spiegel für die regionalen Disparitäten auf dem Kontinent gelten kann.*

3 *Nenne Gründe für die regionalen Disparitäten in Europa.*

Grundbegriffe

Aktivraum
Analphabet / Analphabetin
Bruttoinlandsprodukt (BIP)
Bruttonationaleinkommen (BNE)
Disparitäten
Gender Development Index (GDI)
Grundbedürfnisse
Human Development Index (HDI)
Infrastruktur
Lebenserwartung
Mangelernährung
Manufacturing Belt
Passivraum
Rust Belt
Überernährung
Unterernährung

7 Unruhige Erde

Vulkanausbruch auf Island

M1 Ausbruch des Vulkans Momotombo in Nicaragua

M3 Plötzlicher Erdspalt in Kenia

M2 Geysir auf Island

M4 Gesteinsfalte auf Kreta

Die Erde – ein unruhiger Planet

Die Erde entstand vor circa 4,6 Mrd. Jahren. Sie hat einen Durchmesser von etwa 12 740 km. Die Erde ist weder richtig rund noch glatt wie ein Ball. Sie besteht aus Bergen, Tälern, Flüssen und Meeren. Sowohl von außen als auch von innen wirken Kräfte auf die Erdoberfläche ein. So verändern zum Beispiel Vulkane und Erdbeben das Aussehen der Erde und beeinflussen somit unser Leben. Deshalb spricht man auch von einer „unruhigen Erde".

Ein Vulkanausbruch zeigt, dass sich unterhalb der festen Oberfläche flüssiges Gestein befindet, das an bestimmten Stellen aufsteigt (M1). Auch die Erdoberfläche selbst ist in Bewegung. Dies wird deutlich, wenn sich plötzlich ein Erdspalt auftut (M3).
An bestimmten Stellen der Erde stoßen sogenannte tektonische Platten aneinander. Über eine lange Zeit falteten sich dort hohe Gebirge auf. Diese Faltung lässt sich gut in den Gesteinsformationen der Berge erkennen (M4).

AUFGABEN

1 *a) Beschreibe die Bilder M1 – M4.*
b) Stelle Vermutungen an, inwiefern die Bilder mit Kräften aus dem Erdinneren zusammenhängen.

2 *Nenne weitere Themenfelder, die dir zum Thema „Unruhige Erde" einfallen. Welche eigenen Erfahrungen hast du schon einmal gemacht? Was hast du dieses Jahr dazu in den Nachrichten gehört?*

ZUSATZ

Eine Wortwolke und einen Fragenspeicher erstellen

1. Wortwolke

a) Erstellt eine Wortwolke zum Thema „Unruhige Erde“. Notiert darin alle Begriffe, die euch dazu einfallen.

b) Unterstreicht die Begriffe, die euch unklar sind oder zu denen ihr Fragen habt.

2. Fragenspeicher

Hängt ein großes Plakat in eurem Klassenzimmer auf und notiert darauf offene Fragen, die ihr im Laufe dieses Kapitels beantworten möchtet.

M5 Beispiel Wortwolke

ZUSATZ

Eine Umfrage durchführen

1. Erstellt einen Fragenkatalog.
2. Lasst diesen von mindestens zehn Menschen ausfüllen.
   Entscheidet im Vorfeld, wer dies sein soll: zum Beispiel Menschen verschiedenen Alters, die Parallelklasse oder Personen aus eurem Umfeld.
3. Wertet die Ergebnisse aus.
   Welche Ergebnisse entsprechen euren Erwartungen?
   Was hat euch überrascht?
4. Stellt eure Ergebnisse dar (z. B. in Form eines Plakates).
5. Präsentiert die Ergebnisse in der Klasse und diskutiert sie.

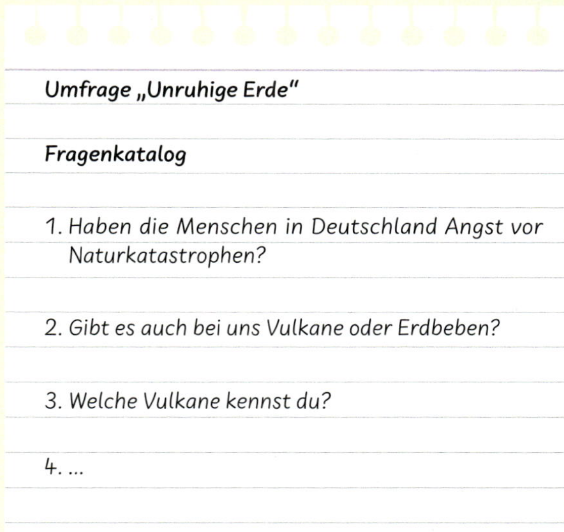

Umfrage „Unruhige Erde“

Fragenkatalog

1. Haben die Menschen in Deutschland Angst vor Naturkatastrophen?

2. Gibt es auch bei uns Vulkane oder Erdbeben?

3. Welche Vulkane kennst du?

4. …

M6 Beispiel Fragenkatalog

AUFGABEN

3 *Wählt aus:*

Ⓐ *Erstellt eine Wortwolke und einen Fragenspeicher zum Thema „Unruhige Erde“.*

Ⓑ *a) Führt eine Umfrage zum Thema „Unruhige Erde“ durch.*

b) Wertet eure Umfrage aus und präsentiert die Ergebnisse in der Klasse.

M 1 Auf gehts zum Mittelpunkt der Erde!

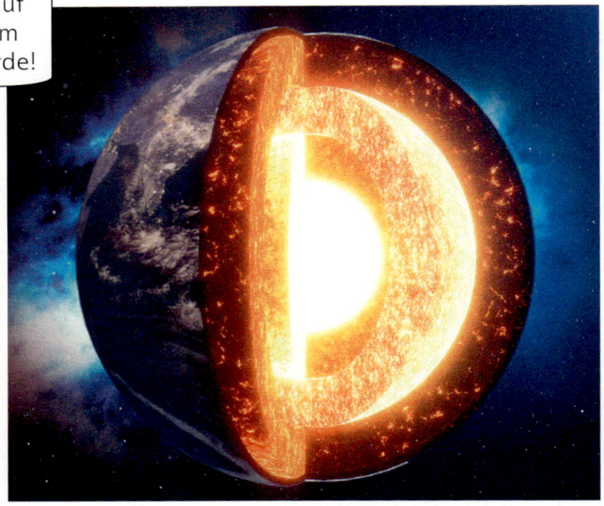

M 3 Schalenbau der Erde (nicht maßstabsgetreu)

Schalenbau der Erde

Auf der Erde gibt es verschiedene extreme Regionen, die von den Menschen erforscht wurden. Dabei mussten sie oft große Hindernisse überwinden, um an ihr Ziel zu gelangen. Eine Reise zum Mittelpunkt der Erde ist jedoch unmöglich.

Im Jahr 1864 nahm der Schriftsteller Jules Verne seine Leser auf eine Reise mit, die beim Vulkan Snaefellsjökull (Island) begann und immer tiefer ins Erdinnere führte. Nach zahlreichen Abenteuern unter der Erde wurden die Forscher durch einen Vulkanausbruch auf der Insel Stromboli (Italien) zurück an die Erdoberfläche geschleudert.

In der Realität ist die Erforschung des Aufbaus der Erde mit mehr Schwierigkeiten verbunden. Im Jahr 1970 begann man auf der russischen Halbinsel Kola mit der bis heute tiefsten Bohrung der Welt. Die Bohrung erreichte im Jahr 1989 eine Tiefe von über 12 000 m. Trotz dieser außergewöhnlichen Tiefe stellt die Bohrung nur einen Kratzer in der **Erdkruste** dar. Sie entspricht nämlich nur 0,2 Prozent der Entfernung, die man zum Mittelpunkt der Erde zurücklegen müsste.

Dass dies jemals gelingen wird, ist ausgeschlossen, denn die Temperatur und der Druck nehmen zum Erdinneren stark zu. So stießen die Wissenschaftler gegen Ende der Bohrung bei 12 000 m Tiefe auf Temperaturen von bis zu 200 °C.

Heute befindet sich das tiefste noch existierende Bohrloch der Welt in Deutschland. Bei Windischeschenbach in Bayern (M2) nutzen Wissenschaftler ein Bohrloch von über 9000 m Tiefe, um mehr über den Aufbau der Erde zu erfahren.

M 2 Bohrturm bei Windischeschenbach

AUFGABEN

1 *Beschreibe den Schalenbau der Erde (M3, M5).*

2 *Ordne die Textbausteine Ⓐ – Ⓔ (M4) den Schichten der Erde ① – ⑤ zu. Beachte dabei auch M5.*

3 *Begründe, warum eine Reise zum Mittelpunkt der Erde nie realisiert werden kann (M1 – M3).*

4 *Recherchiere im Internet, welche Möglichkeiten Wissenschaftler haben, mehr über den Aufbau der Erde zu erfahren.*

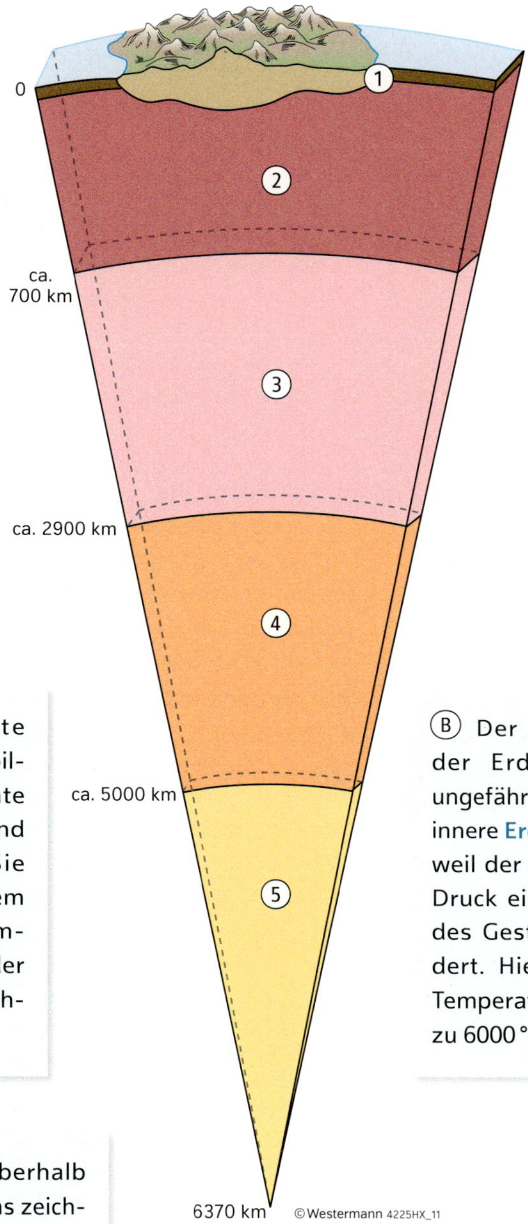

Ⓐ Die dünnste Schicht der Erde bilden die Kontinente und der Untergrund der Ozeane. Sie besteht aus festem Gestein. Die Temperatur steigt in der Erdkruste mit zunehmender Tiefe an.

Ⓑ Der Mittelpunkt der Erde liegt bei ungefähr 6370 km. Der innere **Erdkern** ist fest, weil der extrem hohe Druck ein Schmelzen des Gesteins verhindert. Hier herrschen Temperaturen von bis zu 6000 °C.

Ⓒ Die Schicht oberhalb des inneren Erdkerns zeichnet sich durch Temperaturen zwischen 3600 und 4000 °C aus. Wissenschaftler gehen davon aus, dass diese Schicht zähflüssig wie Honig ist.

Ⓓ Hier herrschen Temperaturen zwischen 2000 und 3600 °C.
Aufgrund der Erwärmung durch den Erdkern steigt heißes Material nach oben.

Ⓔ Der obere **Erdmantel** befindet sich unterhalb der Erdkruste. Der obere Erdmantel ist nicht fest, sondern zähflüssig.

M4 Merkmale der verschiedenen Erdschichten

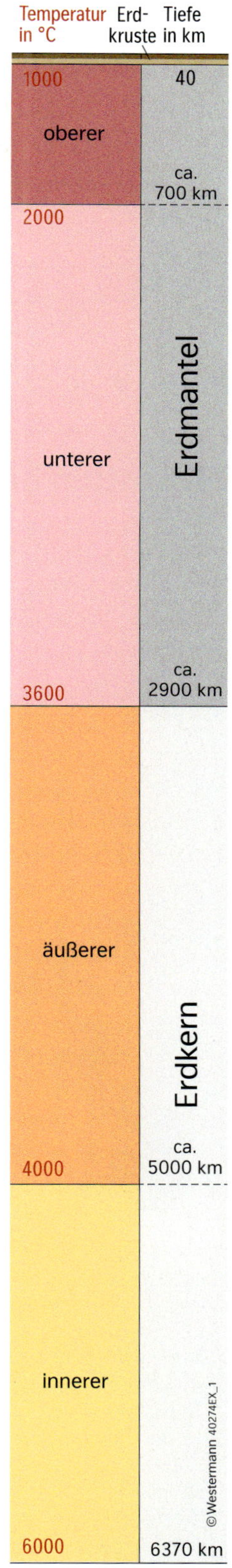

M5 Schalenbau (maßstabsgetreu)

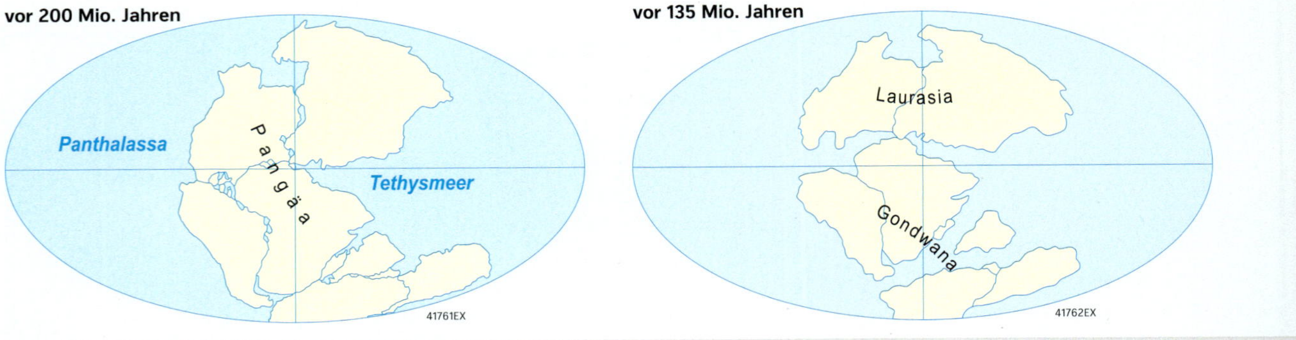

M1 Der Wandel der Kontinente von vor mehr als 200 Mio. Jahren bis heute

Erdplatten bewegen sich – aber wie und warum?

„Passt die Ostküste Südamerikas nicht genau an die Westküste Afrikas, so als ob die früher zusammengehangen hätten?“, schrieb der Polarforscher Alfred Wegener im Jahr 1911 an seine Frau.

Dies war aber nur eines der Argumente des Forschers für seine Theorie der **Kontinentalverschiebung**. Neben diesem offensichtlichen „Beweis“ argumentierte er auch mit Gebirgen, Bodenschätzen, Pflanzen- und Tierarten sowie mit Gletscherspuren.

Tollkühne Theorie veröffentlicht: Geophysiker glaubt an „Urkontinent“!

Am 6. Januar 1912 fand in Frankfurt ein Treffen zu aktuellen Fragen der Geologie statt. Es wurde geprägt von einer Theorie des Geophysikers Alfred Wegener. Er vertritt die Meinung, dass es vor vielen Millionen Jahren nicht mehrere Kontinente gab, sondern nur eine zusammenhängende Landmasse. Diesen Urkontinent nennt der Forscher „Pangäa“, was so viel bedeutet wie „sämtliche Erde vereint“. Er behauptet, dass dieser Urkontinent zerbrochen sei und die Bruchstücke seitdem als mehrere Kontinente umherschwämmen.

Alfred Wegener wurde 1880 in Berlin geboren. Er studierte Physik, Meteorologie und Astronomie. Seit der Teilnahme an einer Grönland-Expedition lehrt Wegener an der Universität in Marburg.

Viele Geologen sehen die neue Theorie sehr kritisch. Sie merken an, dass ihr Kollege bislang keine Beweise für seine Theorie vorlegen könne. Wegener unterstützt seine Argumentation mit einer Karte des Urkontinents Pangäa, die er den Experten vorlegte.

M2 Zeitungsartikel vom 8. Januar 1912

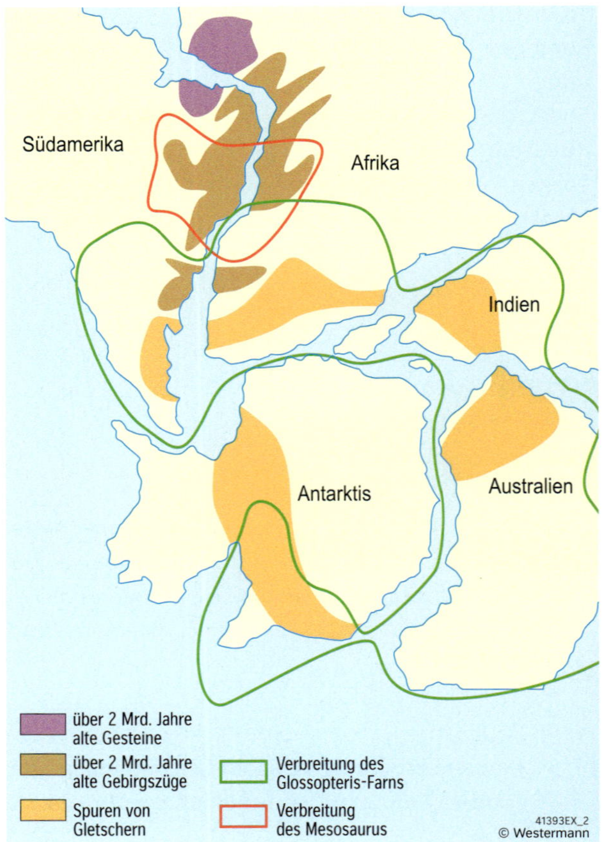

M3 Wegeners Argumentation

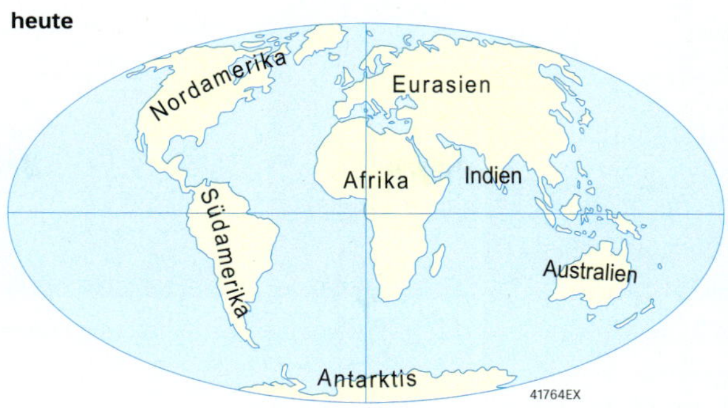

Der Beweis für Wegeners Theorie?

Bei der Erforschung der Ozeanböden entdeckten Wissenschaftler lang gezogene Gebirge. Diese durch **endogene Kräfte** entstandenen Gebirge besitzen tiefe Gräben in der Mitte. Aus diesen Gräben steigt **Magma** auf und erkaltet. Dabei wird ständig neuer Meeresboden gebildet.

Ältere Gesteine werden nach außen weggedrückt und die tektonischen Platten, auf denen die Kontinente liegen, werden in Bewegung versetzt. Eines dieser Gebirge auf dem Meeresgrund ist der Mittelatlantische Rücken. Er befindet sich zwischen Südamerika und Afrika. Daraus lässt sich schlussfolgern, dass beide Kontinente einst zusammenhingen, wie bereits Wegener vermutete.

Durch Erdbohrungen wurde bewiesen, dass das Alter der Gesteine vom Mittelatlantischen Rücken in Richtung der Kontinente zunimmt. Die Kontinentalverschiebung ist seitdem in der Wissenschaft unumstritten.

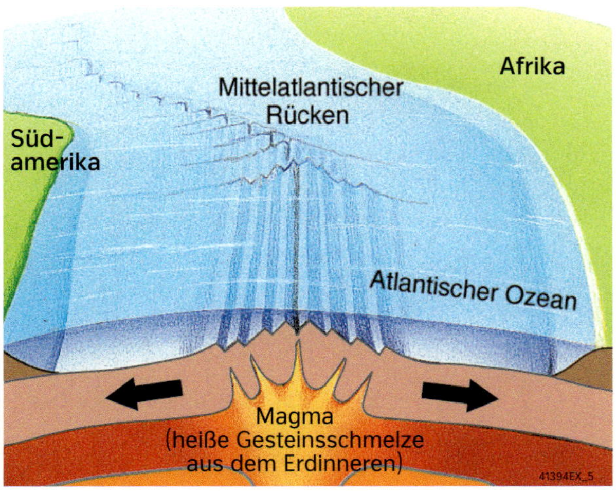

M4 Entstehung des Mittelatlantischen Rückens

Ⓐ Ältere Gesteine werden nach außen gedrückt.

Ⓑ Platten entfernen sich.

Ⓒ Die Erdkruste bricht auf.

Ⓓ Magma steigt auf.

Ⓔ Neuer Meeresboden bildet sich.

Ⓕ Magma erkaltet im Meerwasser.

Ⓖ Spalten und Risse bilden sich.

M5 Textbausteine

AUFGABEN

1 *Beschreibe Alfred Wegeners Theorie (M1, M2, M3).*

2 *Erkläre die Argumente, die Wegener zum Beweis seiner Theorie hervorgebracht hat (Text, M3).*

3 *Erkläre die Entstehung neuen Meeresbodens. Bringe dazu die Sätze aus M5 in die richtige Reihenfolge (Text, M4).*

4 *Erläutere mithilfe von M1 die Entwicklung der Kontinente von vor 200 Mio. Jahren bis heute.*

M1 Vielfältige Landschaftsformen an Plattengrenzen

Vorgänge an den Plattengrenzen

Die Bewegungen der tektonischen Platten werden durch Vorgänge im Erdinneren verursacht. Bei Temperaturen von mehreren Tausend Grad Celsius entsteht dort Magma und steigt nach oben. Das Magma gelangt bis zur Erdkruste, kühlt sich ab und sinkt wieder. Dadurch entsteht eine Art Förderband, sogenannte **Konvektionsströme** (M2). Durch die Konvektionsströme sind die Platten in Bewegung. Dabei kommt es zu unterschiedlichen Prozessen an den Plattenrändern (M3 ⓐ – ⓕ). Trifft zum Beispiel eine ozeanische auf eine kontinentale Platte, wird eine der beiden in die Tiefe gedrückt (Subduktion). Häufig entstehen beim Aufeinandertreffen von Platten Gebirge. Zudem sind diese Regionen oft von Vulkanismus und Erdbeben betroffen.
Die vielfältigen Vorgänge an den Plattengrenzen werden unter dem Begriff der **Plattentektonik** zusammengefasst.

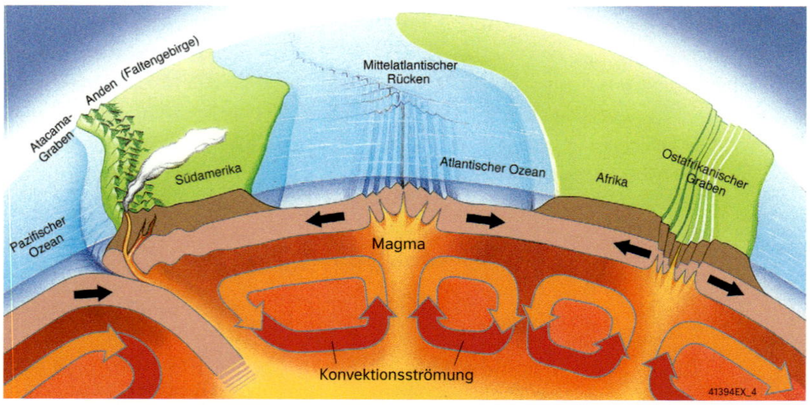

M2 Schnitt durch die Erde zwischen Südamerika und Afrika

AUFGABEN

1 *Erkläre den „Antrieb" der tektonischen Platten (M2).*

2 *a) Ordne die Textbausteine ⓐ – ⓕ (M3) den richtigen Zeichnungen ① – ⑥ (M4) zu.*

b) Ordne die Bilder Ⓐ – Ⓕ (M1) ebenfalls den Zeichnungen zu.

3 *Erläutere, warum Plattengrenzen als „Schwächezonen der Erde" bezeichnet werden.*

ⓐ Bewegen sich zwei ozeanische Platten auseinander, entstehen Mittelozeanische Rücken. Es bilden sich vulkanische Inseln.

ⓑ Treffen zwei ozeanische Platten aufeinander, entsteht ein Tiefseegraben mit unterseeischen Vulkanen.

ⓒ Faltengebirge entstehen dort, wo zwei kontinentale Platten aufeinandertreffen. Oft kommt es hier zu Erdbeben.

ⓓ Bewegen sich zwei kontinentale Platten auseinander, entsteht ein Graben.

ⓔ Trifft eine ozeanische auf eine kontinentale Platte, entstehen ein Tiefseegraben und ein Faltengebirge. Auch hier häufen sich Erdbeben.

ⓕ Entfernen sich zwei kontinentale Platten voneinander und dringt Wasser ein, kann ein neues Meer entstehen.

M3 Plattenbewegungen

schueler.diercke.de | 100855-02-03

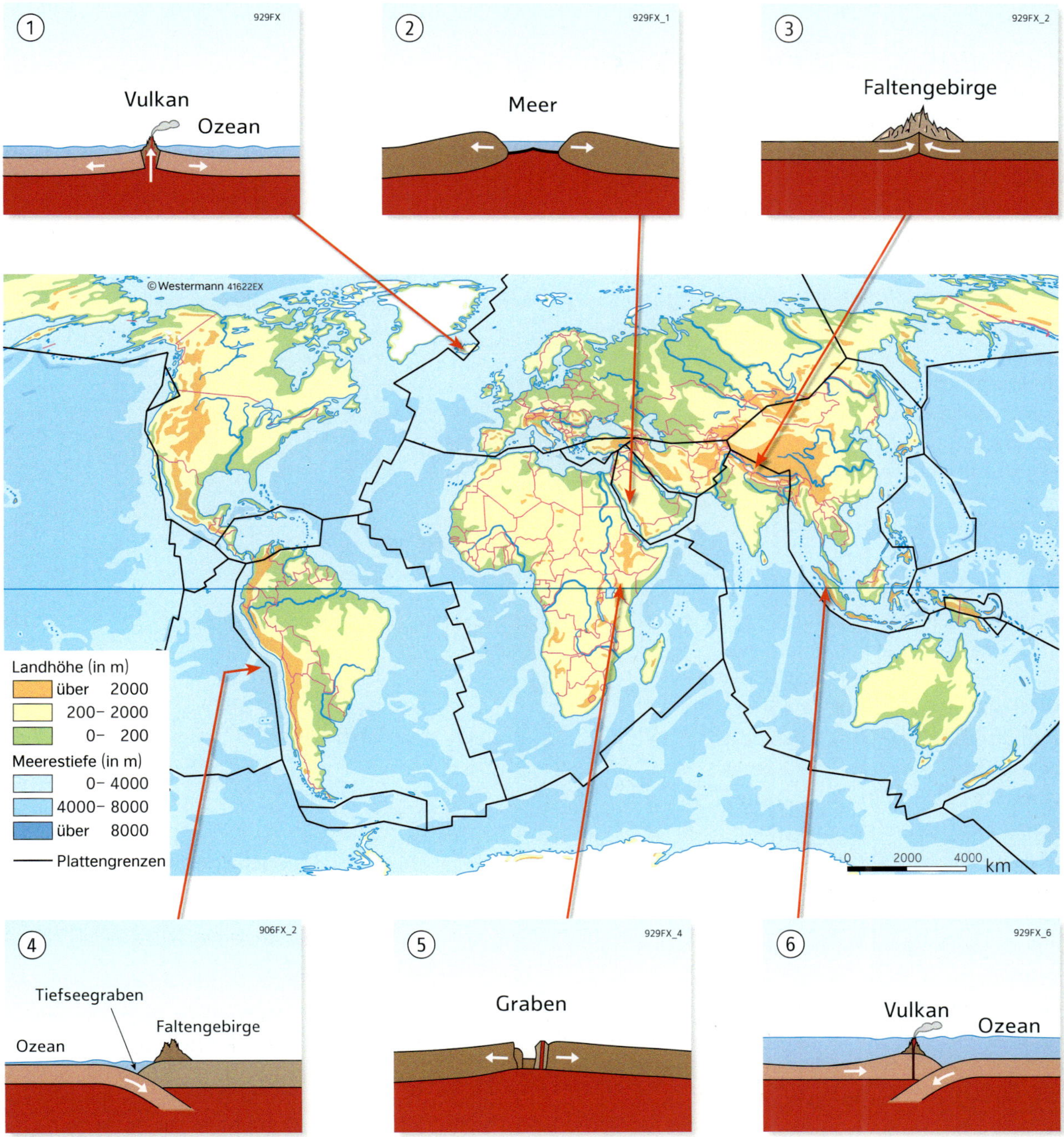

M4 Auswirkungen der Plattenbewegungen

Web-Code: WES-101550-181

M1 San Francisco nach dem Erdbeben von 1906

Wenn die Erde bebt

An Schwächezonen der Erde besteht eine erhöhte Erdbebengefahr. An der San-Andreas-Verwerfung in Kalifornien (USA) verschieben sich zwei Erdplatten gegeneinander (M2).

„The big one“ nennen die Kalifornier das große Erdbeben, das irgendwann ihren Bundesstaat erschüttern wird.

Zum letzten Mal gab es ein derart starkes Erdbeben im Jahr 1906, also vor mehr als 100 Jahren. Damals wurden bei dem Erdbeben 80 Prozent der Gebäude und Straßen von San Francisco zerstört. Mehr als 3000 Tote waren zu beklagen (M1). Dabei wurde der Großteil der Zerstörungen durch Feuer verursacht, das durch gebrochene Gasleitungen entstand.

Ein vergleichbares Beben gab es seitdem nicht mehr in Kalifornien. Dass irgendwann wieder ein Beben, vielleicht „the big one“, kommen wird, bezweifelt aber niemand.

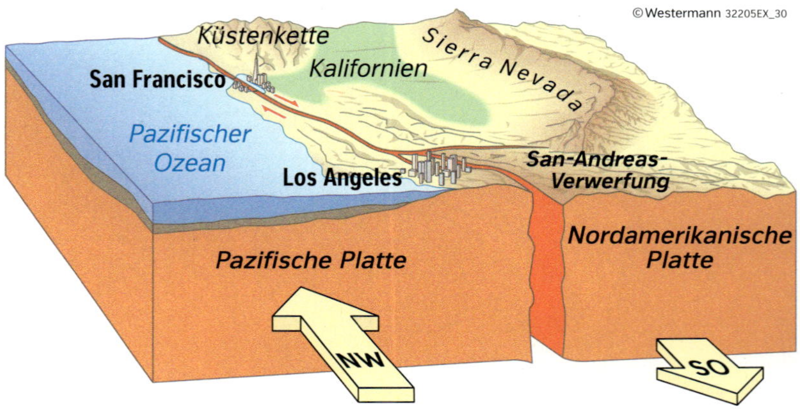

M2 Die San-Andreas-Verwerfung in Kalifornien

Ⓐ Die Ränder der tektonischen Platten sind nicht glatt, sondern haben Vorsprünge und Risse.

Ⓑ Gewaltige Erschütterungen lassen die Erde beben.

Ⓒ Dadurch verhaken sie sich.

Ⓓ In Kalifornien bewegen sich zwei tektonische Platten mit einer Geschwindigkeit von mehreren Zentimetern pro Jahr aneinander vorbei.

Ⓔ Wird die Spannung zu groß, entlädt sie sich ruckartig.

Ⓕ Dies erzeugt Spannungen, die immer größer werden.

M3 Ein Erdbebenforscher berichtet: Textbausteine zur Entstehung von Erdbeben.

Menschen leben mit der Gefahr

Erdbeben sind **Naturereignisse**, die Menschen nicht beeinflussen können. Zur **Naturkatastrophe** werden sie, wenn dabei Menschen zu Schaden kommen und hohe Sachschäden entstehen.

Mit modernsten technischen Mitteln versuchen Forscher, Erdbeben vorherzusagen. Doch sie können nur die Erdbebengefahr einer Region abschätzen, nicht aber Tag, Ort und Stärke eines Erdbebens ankündigen. Häufig ist die Vorwarnzeit vor einem Erdbeben zu kurz, um die Bevölkerung rechtzeitig warnen zu können. Um die Schäden so gering wie möglich zu halten, ist es für die Menschen in gefährdeten Gebieten lebenswichtig, sich auf ein Erdbeben einzurichten.

Der wirksamste Schutz ist eine erdbebensichere Bauweise, denn die Trümmer einstürzender Häuser verschütten die meisten Opfer. In Versuchen entwickeln Wissenschaftler daher Konstruktionen, die den Erschütterungen und Schwingungen der Erdbeben standhalten. Selbst Hochhäuser können dadurch Erdbeben überstehen. Jedoch ist diese Bauweise sehr teuer.

M6 Schutzübung von Schulkindern in Japan

M4 Versuche zur erdbebensicheren Bauweise

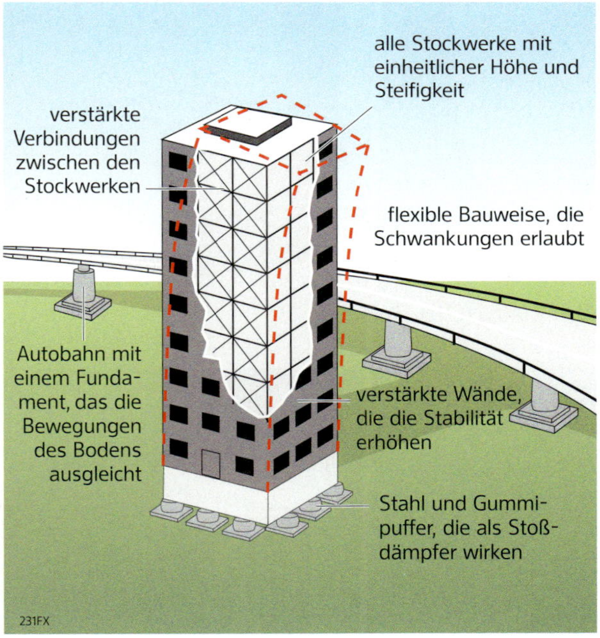

M5 Erdbebensicheres Bauen

AUFGABEN

1 *Nenne Gefahren, die von Erdbeben ausgehen (Text, M1).*

2 *Bringe die Sätze Ⓐ–Ⓕ zur Entstehung eines Erdbebens (M3) mithilfe des Blockbildes M2 in die richtige Reihenfolge.*

3 *a) Beschreibe die Lage Kaliforniens (Atlas). Verwende dazu auch die Karte M4 auf Seite 181.*
b) Begründe, warum Erdbeben in Kalifornien aufgrund der Lage wahrscheinlich sind.

4 *Begründe, warum Schutzmaßnahmen wichtig sind (Text, M6).*

5 *Beschreibe erdbebensichere Bauweisen (M4, M5).*

Web-Code: WES-101550-183

Messung und Stärke von Erdbeben

Die Erschütterungen bei einem Erdbeben werden von einem **Seismografen** gemessen und als Linien aufgezeichnet (M1, M2). Je stärker die Ausschläge, umso stärker sind die Erdstöße. Die grafischen Aufzeichnungen, auch Seismogramme genannt, lassen Aussagen über den Ort der Entstehung (M3) sowie über die Stärke des Erdbebens zu.

Die Stärke eines Bebens wird mit der **Richterskala** angegeben (M4). Diese ist nach ihrem Erfinder Charles F. Richter benannt. Die Werte der Richterskala sind ein Maß für die Stärke der Bodenbewegung. Jeder Punkt auf der Skala bedeutet einen etwa zehnfach höheren Ausschlag im Seismogramm.

Das Hypozentrum beschreibt den Ausgangspunkt eines Erdbebens im Erdinneren (Erdbebenherd). Der senkrecht über dem Hypozentrum liegende Ort auf der Erdoberfläche wird als **Epizentrum** bezeichnet. Dort sind die Auswirkungen des Erdbebens oft am höchsten.

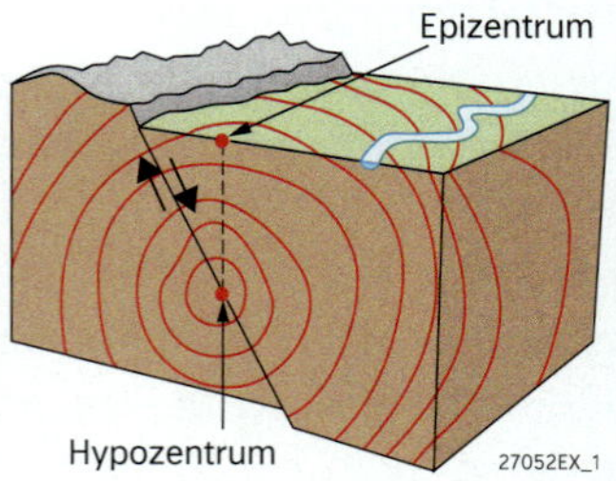

M3 Hypozentrum und Epizentrum

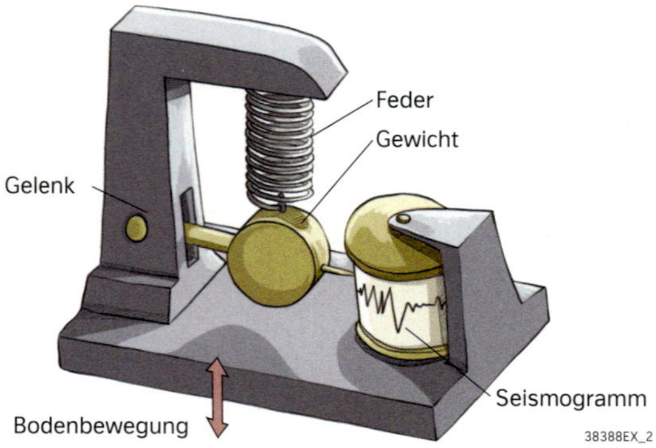

M1 Klassischer Seismograf

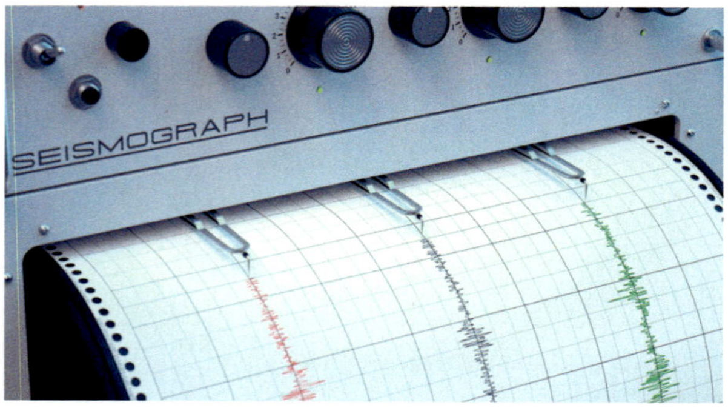

M2 Moderner Seismograf

Stufen der Richterskala	Folgen
Stärke 0 bis 2	von Menschen nicht spürbar; nur durch Instrumente (Seismografen) nachzuweisen
Stärke 3 und 4	leichte Erschütterungen (vergleichbar mit einem vorbeifahrenden Lkw)
Stärke 5 und 6	Möbel verrutschen; Türen schlagen auf und zu; leichte Schäden an Häusern (z. B. feine Risse an Mauern, Teile des Putzes fallen ab)
Stärke 7 und 8	Häuser schwanken, viele stürzen ein; im Boden reißen Spalten auf; Versorgungsleitungen (Strom, Wasser, Gas) brechen auseinander; Tote und Verletzte
Stärke höher als 8	Verwüstungen und Zerstörungen (z. B. Straßen, Eisenbahngleise, Brücken); alle Gebäude unbewohnbar; viele Tote und Verletzte

M4 Stufen der Richterskala und ihre Folgen

AUFGABEN

1 *Beschreibe das Prinzip eines Seismografen (M1, M2).*

2 *Am 13. April 1992 erschütterte das „Erdbeben von Roermond" mit einer Stärke von 5,9 auf der Richterskala auch Teile von Nordrhein-Westfalen. Das Epizentrum lag nahe der niederländischen Stadt Roermond.*

a) Beschreibe mögliche Schäden (M4).

b) Recherchiere im Internet die Schäden, die damals wirklich entstanden sind.

Erdbebenzonen der Erde

Erdbeben treten überwiegend entlang der Plattengrenzen in bestimmten „Erdbebengürteln“ auf. Besonders bekannt ist der Erdbebengürtel rund um den Pazifischen Ozean, der aufgrund der vielen dort vorkommenden Vulkane als „Pazifischer Feuerring“ bezeichnet wird.

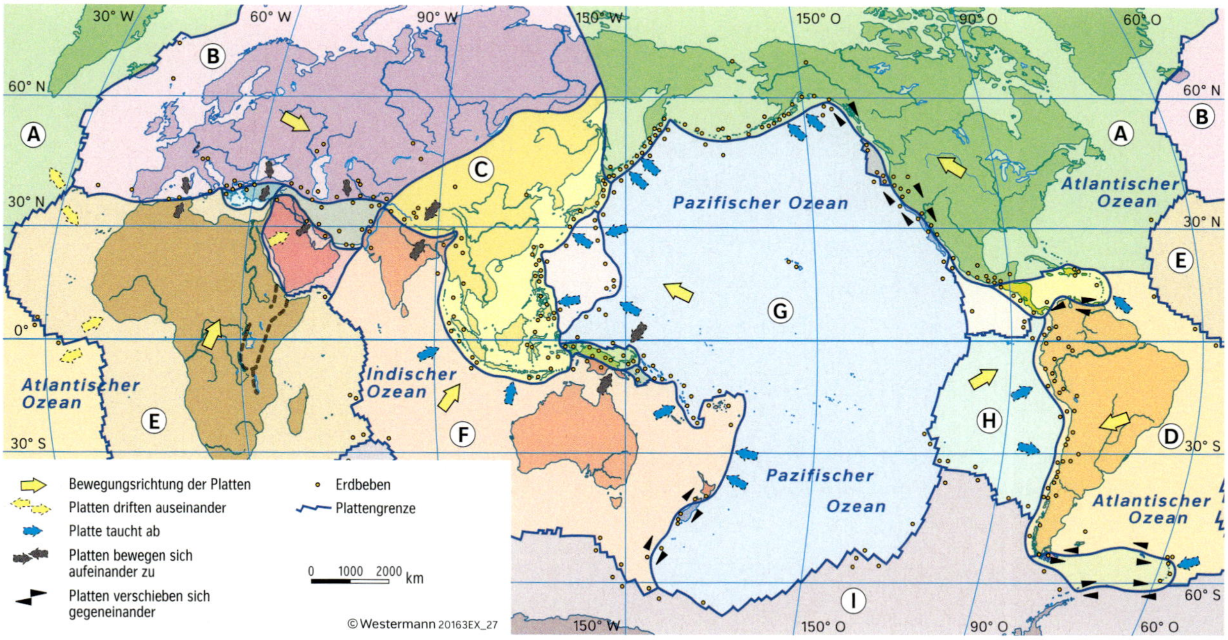

M1 Plattengrenzen und die Verbreitung von Erdbeben

	Erdbebengebiet	Jahr	Magnitude	Breitengrad	Längengrad
1	Südalaska	1964	9,2	61°N	147°W
2	vor der Westküste Nordsumatras, Indonesien	2004	9,1	3°N	96°O
3	vor der Ostküste Kamtschatkas, Russland	1952	9,0	53°N	160°O
4	vor der Küste Chiles, nahe Conceptión	2010	8,8	36°N	73°W
5	vor der Küste Ecuadors	1906	8,8	1°N	79°W
6	Äleuten-Inseln	1965	8,7	5°N	179°O
7	Assam, Tibet	1950	8,6	28°N	96°O
8	Nordsumatra, Indonesien	2005	8,6	2°N	97°O
9	vor der Küste Perus	2001	8,4	16°N	74°W
10	vor der Ostküste von Honshu, Japan	1933	8,4	39°N	145°O

M2 Ausgewählte starke Erdbeben

AUFGABEN

1 *Benenne mithilfe des Atlas die gekennzeichneten Erdplatten Ⓐ–Ⓘ (M1, Atlas).*

2 *Beschreibe die räumliche Verteilung der Erdbeben auf der Erde (M1).*

3 *a) Verorte die Erdbebengebiete 1–10 (M2) mithilfe der Gradnetzangaben.*

b) Beschreibe und benenne die Erdbebenregion, in dem die ausgewählten Erdbeben (M2) liegen.

c) Erkläre, warum diese Erdbeben nicht unbedingt mit hohen Schäden und Opferzahlen verbunden sind.

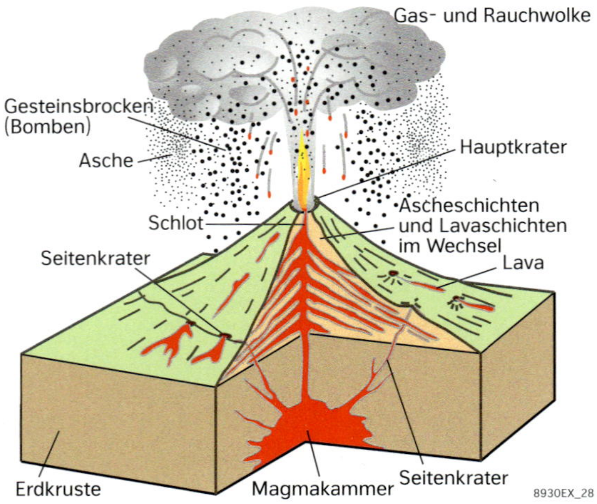

M1 Blockbild eines Schichtvulkans

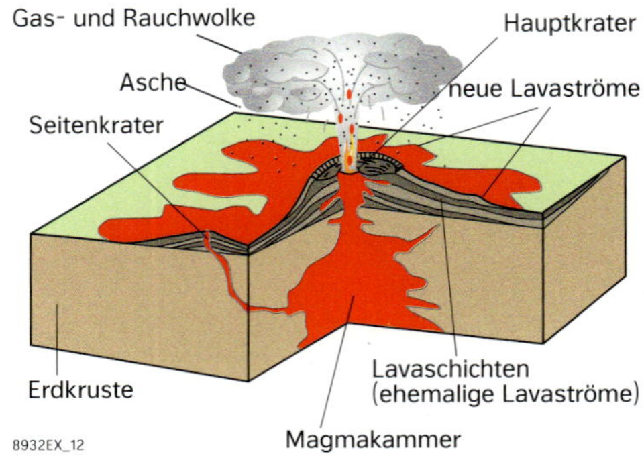

M3 Blockbild eines Schildvulkans

Entstehung und Aufbau von Vulkanen

Es gibt verschiedene Vulkantypen. Sie unterscheiden sich in ihrem Aussehen und ihren typischen Standorten, aber auch in der Art, wie sie ausbrechen und wie heiß, flüssig oder gashaltig das Magma im Vulkaninneren ist. Zwei wichtige Typen sind der **Schichtvulkan** und der **Schildvulkan**.

An Stellen, an denen die Erdkruste dünn und brüchig ist, kann Magma mit Temperaturen zwischen 700 und 900 °C durch Risse und Spalten nach oben gelangen. Dort sammelt es sich in der Magmakammer und steigt durch den Vulkanschlot nach oben. Über den Krater oder einen Seitenkrater fließt es an den Hängen des Berges ab. Beim Ausbruch eines Vulkans können Gesteinsbrocken (Bomben) und Asche herausgeschleudert werden. Die Asche lagert sich im Wechsel mit der **Lava** ab. Aufgrund dieser Asche- und Lavaschichten spricht man von Schichtvulkanen. Je nachdem, wie dickflüssig das Magma und wie hoch der Gasgehalt ist, gelangt es mit unterschiedlich heftigen Explosionen an die Oberfläche. Bei manchen Vulkanen verstopft erstarrte Lava den Weg durch den Schlot.

M2 Schichtvulkan

Schildvulkane entstehen oft dort, wo sich zwei Erdplatten auseinanderbewegen. Dadurch entstehen Risse und Spalten im Erdboden, durch die Magma an die Oberfläche steigen kann. Die meisten Schildvulkane bilden sich am Meeresgrund. Mit ihren zahlreichen Ausbrüchen haben sie im Laufe der Zeit große Inseln geschaffen, wie zum Beispiel Island und Hawaii.

Bei einem Ausbruch fließt sehr dünnflüssige, gasarme und bis zu 1200 °C heiße Lava mit hoher Geschwindigkeit aus den Kratern des Vulkans. Aufgrund der hohen Fließgeschwindigkeit kann die Lava weite Strecken zurücklegen, bevor sie abkühlt. Schildvulkane haben deshalb eine sehr flache Hangneigung und eine sehr große Ausdehnung in alle Richtungen.

M4 Schildvulkan

AUFGABEN

1 *a) Beschreibt in Partnerarbeit die Entstehung und den Aufbau eines Schichtvulkans und eines Schildvulkans (M1 – M4).*

b) Vergleicht die beiden Vulkantypen. Notiert in einer Tabelle Gemeinsamkeiten und Unterschiede.

2 *Recherchiere jeweils zwei Schicht- und Schildvulkane (Internet). Erkläre, warum sie dort auftreten.*

Web-Code: WES-101550-186

ZUSATZ

Warum sind einige Vulkane für Menschen gefährlich und andere nicht?

Vor allem explosive Vulkanausbrüche sind gefährlich für die Menschen. Ob ein Ausbruch explosiv ist, hängt davon ab, wie leicht Gase aus der Lava entweichen (entgasen) können.

Fragestellung
Wovon hängt es ab, ob ein Vulkanausbruch explosiv ist oder nicht?

Vermutung
Je dickflüssiger eine Lava ist, desto schlechter können die enthaltenen Gase entweichen.

Material
- 3 Gläser
- 3 Strohhalme
- je 500 ml Apfelsaft, Speiseöl, dünnflüssiger Honig

Durchführung
1. Fülle die Gläser ungefähr gleich hoch mit den drei Flüssigkeiten (siehe rechts). Nach oben sollte etwas Platz zum Rand bleiben.
2. Die Temperatur sollte in allen drei Flüssigkeiten etwa gleich sein.
3. Puste durch den Strohhalm in die Flüssigkeit und beobachte die Reaktion der Blasen. Halte deine Ergebnisse schriftlich fest.

Schichtvulkan:
- dickflüssige Lava → viel Gas kann sich ansammeln
- explosiver Vulkanausbruch

M1 Explosiver Vulkanausbruch

Schildvulkan:
- dünnflüssige Lava → wenig Gas kann sich ansammeln
- kein explosiver Vulkanausbruch (Lavafontänen)

M2 Vulkanausbruch mit ausfließender Lava

AUFGABEN

1 *a) Führe den Versuch wie beschrieben durch.*
b) Notiere deine Beobachtungen.

2 *Interpretiere deine Ergebnisse, indem du vom Versuch auf die Wirklichkeit schließt (M1, M2).*

M1 Catania am Ätna (Italien)

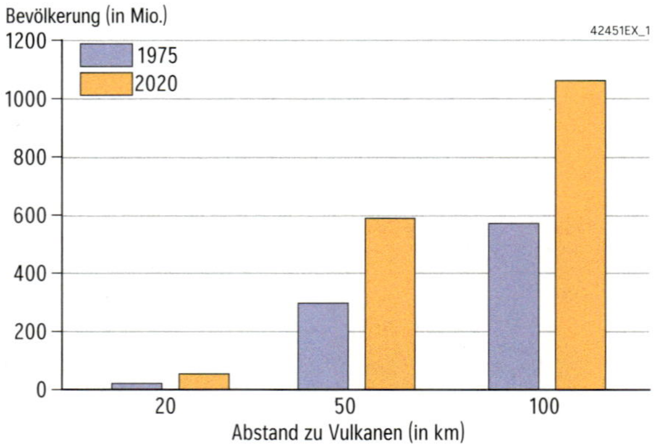

M2 Weltweite Bevölkerung, die in der Nähe von Vulkanen lebt

M3 Nutzung an einem Vulkan

Ätna – Leben am Vulkan

Trotz der Gefahren, die von Vulkanausbrüchen ausgehen, leben weltweit Millionen von Menschen in der Nähe von aktiven Vulkanen. In Indonesien beispielsweise haben fast 200 Millionen Menschen innerhalb eines 100-Kilometer-Radius um einen der zahlreichen aktiven Vulkane des Landes ihr Zuhause. Auch in Europa leben Menschen in Vulkannähe. Auf der Insel Sizilien beispielsweise wohnen mehr als eine Million Menschen rund um den Ätna.

„Für mich ist der Ätna in Italien einer der faszinierendsten Vulkane. Bei meinem ersten Besuch wurde ich gleich Zeugin eines heftigen Ausbruches, bei dem mehrere Hotels und eine Seilbahnstation zerstört wurden. Viele Häuser wurden beschädigt oder stürzten ein, die Menschen fürchteten um ihr Hab und Gut. Und dennoch: Wegziehen möchte keiner. Die vulkanische Erde ist hier sehr fruchtbar. Hoch oben an den Hängen des Ätna wachsen Weintrauben, weiter unten finden sich Obstplantagen. Zitrusfrüchte und Oliven werden in den flacheren Bereichen des Vulkans angebaut. Das Klima Siziliens ist günstig und man benötigt keine künstliche Bewässerung. Dies liegt am Steigungsregen, bei dem sich Wolken an den Vulkanflanken abregnen. Jedes Jahr kommen viele Touristen nach Sizilien, um möglicherweise einen Ausbruch des Ätna mitzuerleben. Auf dem 3330 Meter hohen Ätna kann man im Winter sogar Ski fahren."

M4 Eine Vulkanexpertin erklärt.

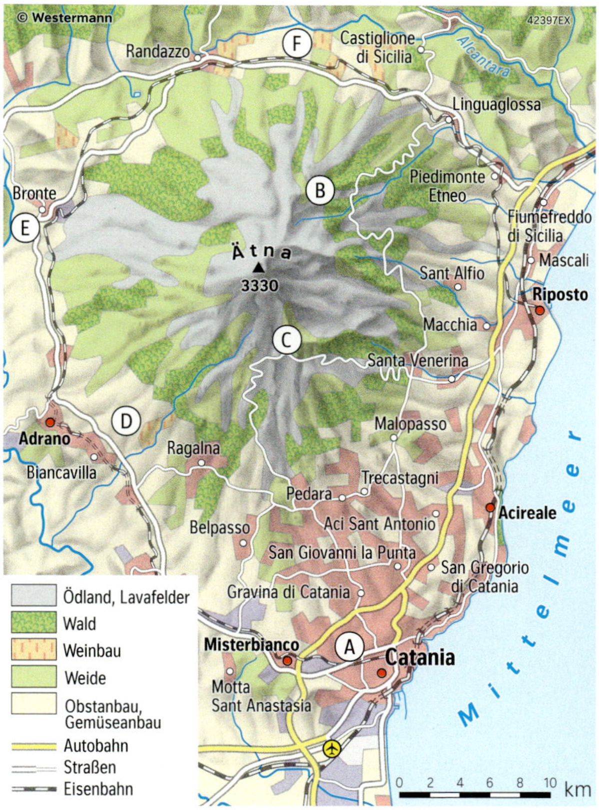

M5 Landnutzung am Ätna

M7 Orangenhain

M8 Weinanbau

① *Ab einer Höhe von 2900 Metern kann man den Ätna nur mit einer geführten Tour erkunden. Treffpunkt ist der Parkplatz an der Südseite des Ätna.*

② *Die Orangen, die wir hier anbauen, sind sehr beliebt. Wir verkaufen sie mittlerweile auch online.*

③ *Ski fahren am Vulkan ist etwas Besonderes. Hier an der Nordflanke des Ätna ist ein tolles Skigebiet!*

④ *Unser Wein profitiert nicht nur von der Sonne Siziliens, sondern vor allem von den Vulkanböden.*

⑤ *Viele Touristen besuchen unser Restaurant. Nicht nur wegen des Essens, sondern auch wegen des beeindruckenden Blicks auf die Westseite des Ätna.*

⑥ *Ich finde es immer wieder beeindruckend, wenn wir im Landeanflug auf Catania den Ätna sehen.*

M6 Aussagen von Menschen am Ätna

M9 Touristengruppe auf dem Weg zum Ätna

AUFGABEN

1 ✎ *Beschreibe die Verteilung der Menschen, die in Vulkannähe leben (M2).*

2 ✎ *Beschreibe die Lage des Ätna (M1, M5, Atlas).*

3 ✎ *Nenne Gründe, warum Menschen in der Nähe von Vulkanen wie dem Ätna leben (M3, M4).*

4 ✎ *Ordne die Aussagen (M6) in die Karte M5 ein. Begründe deine Zuordnung.*

5 ✎ *Erkläre, warum der Ätna als „Freund und Feind der Sizilianer" bezeichnet wird.*

Web-Code: WES-101550-189

M1 Blick in den Krater des Tambora (Indonesien) – der Durchmesser beträgt etwa sieben Kilometer.

Ein Mystery zum Ausbruch des Tambora

Im April des Jahres 1815 bricht auf der Insel Sumbawe, die zum heutigen Indonesien gehört, der Vulkan Tambora aus. Die ersten Eruptionen am 5. April 1815 waren so laut, dass sie von den Einwohnern der Stadt Batavia (heute Jakarta) in 1260 km Entfernung gehört wurden.

? ⟷

In den Jahren 1816 und 1817 steigt nach Statistiken der Behörden die Kriminalitätsrate in Teilen Deutschlands um das Dreifache an. Insbesondere Diebstähle werden gemeldet. Die Gefängnisse sind in der Folge völlig überfüllt.

M2 Wie hängen diese Ereignisse zusammen?

AUFGABEN

1 *Löse mit einer Partnerin oder einem Partner das Mystery zum Ausbruch des Tambora (M2, M3, M5). Wie du ein Mystery bearbeitest, kannst du in der Methoden-Übersicht (Seite 222) nachschlagen.*

2 *Erörtere in einem Text die möglichen Folgen eines ähnlichen Vulkanausbruchs in der heutigen Zeit. Stelle dazu gegebenenfalls Recherchen im Internet an.*

Nicht alle Karten sind zur Beantwortung der Leitfrage gleichermaßen von Bedeutung. Ihr könnt Karten, die ihr unwichtig oder nebensächlich findet, aussortieren.

M3 Hinweis zur Durchführung

M4 Kinder spielen in Sumbawa (Indonesien).

M6 Traditioneller Markt in Tambora (Indonesien)

Der Vulkanausbruch setzte Schwefelgase frei, aus denen sich Feinstaub bildete. Große Mengen davon gelangten bis in die Stratosphäre und verteilten sich weltweit. Dieser Feinstaub wirkte wie ein riesiger „Sonnenschirm“, sodass weniger Sonnenstrahlung die Erdoberfläche erreichte.

Die Durchschnittstemperatur in Deutschland sank 1816 um 3°C.

Der Getreidepreis stieg bis zum Sommer 1817 um das Fünf- bis Zehnfache an.

Die gesamte Bevölkerung der Insel Sumbawe starb infolge des Vulkanausbruchs. Die durch die Explosion ausgelösten Flutwellen überfluteten die benachbarten Küstenorte. Etwa 10000 Menschen starben.

Der Handel mit Waren ging stark zurück und viele Handwerker hatten kaum Aufträge.

Viele Menschen jagten verbotenerweise Wild im Wald. Doch nicht nur Rehe und Wildschweine landen auf den Tellern: auch Eichhörnchen, Dachse, Maulwürfe, Hasen, Vögel, Ratten und Katzen wurden gegessen.

Deutschland erfasste eine Auswanderungswelle. Viele Menschen, besonders aus Süddeutschland, zogen nach Russland oder nach Süd- und Mittelamerika.

Durch den Hunger wurden viele Menschen krank, die Sterblichkeit nahm zu, die Geburten gingen deutlich zurück.

Am 10. April ließ eine Eruption den Vulkan förmlich explodieren. Dabei wurde die Hälfte des Berges „weggesprengt“, übrig blieb ein riesiger Krater. Der Ausbruch war der stärkste seit dem Ausbruch des Taupo auf Neuseeland vor etwa 25000 Jahren.

Aufgrund der Nässe und Kälte im Frühjahr/Sommer 1816 gab es große Ernteausfälle in vielen Teilen der Welt, besonders aber in Europa, China und an der Ostküste der USA.

Ein starker Ascheregen ging auf die umliegenden Inseln nieder. Auf Java war vom 5. bis 18. April die Sonne nicht zu sehen.

Viele Menschen in Europa hungerten. Es bildeten sich bewaffnete Banden, welche Bauernhöfe und Lebensmitteltransporte überfielen.

M5 12 Mystery-Karten

Web-Code: WES-101550-191

M1 Eine Flutwelle überschwemmt den Ort Yuriage in der Nähe von Sendai (Japan) am 11. März 2011.

Ein Tsunami trifft Japan – die Folgen sind katastrophal

Am 11. März 2011 gab es in Japan ein extrem starkes Erdbeben (9,1 auf der Richterskala). Der Erdbebenherd in etwa 32 Kilometern Tiefe befand sich nicht unterhalb einer Landfläche, sondern 72 Kilometer vor der Küste Japans unter dem Meeresboden.
Zwei große tektonische Platten hatten sich ruckartig verschoben. Innerhalb weniger Sekunden waren auf der gesamten Hauptinsel Honshu minutenlang starke Erdbewegungen spürbar. Gebäude im 370 Kilometer entfernten Tokio wurden beschädigt.
Was aber 20 bis 50 Minuten nach dem Seebeben entlang der japanischen Pazifikküste folgte, übertraf die Erdbebenfolgen um ein Vielfaches. Eine gewaltige Flutwelle, ein **Tsunami**, verwüstete breite Küstenabschnitte. In flacheren Abschnitten drang das Meerwasser viele Kilometer ins Landesinnere ein (M5) und walzte alles nieder. In manchen Buchten türmte sich die Welle bis zu 40 Meter Höhe auf. Ganze Orte, Straßen und Flughäfen wurden weggespült, Hunderttausende Häuser zerstört. Trotz eines funktionierenden Frühwarnsystems und zahlreicher Schutzmaßnahmen starben über 19 500 Menschen.
Zusätzlich kam es in dem zeitweise überfluteten Atomkraftwerk Fukushima zu großen Schäden, die dazu führten, dass Radioaktivität freigesetzt wurde. Gebiete im Umkreis von vielen Kilometern um das Kraftwerk werden auf lange Zeit nicht mehr bewohnbar sein. Insgesamt entstanden Schäden von über 300 Milliarden Euro.

M2 Flutwelle in Yuriage

M3 Rettungsarbeiten nach dem Tsunami

schueler.diercke.de | 100855-128-01

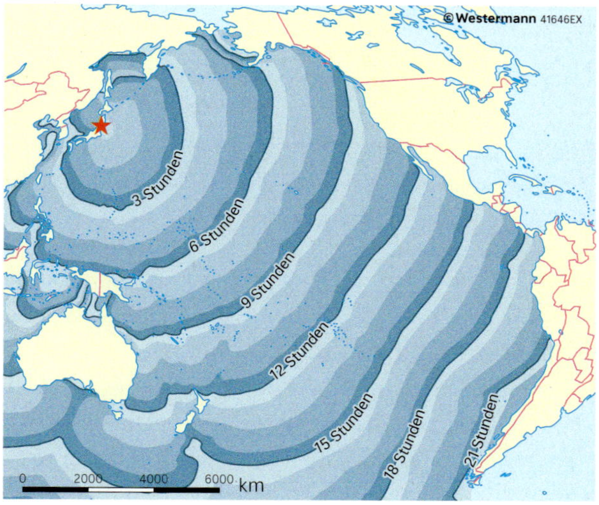

M4 Epizentrum und Ausbreitung des Tsunamis

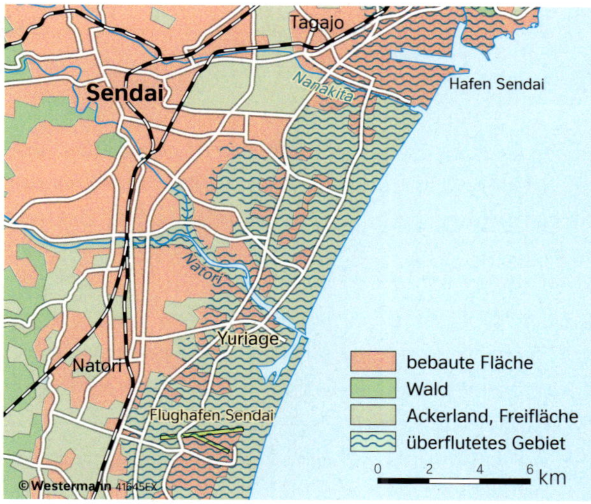

M6 Überflutungen bei Sendai

Ⓐ Ein Seebeben kann den Meeresboden um etliche Meter verschieben und setzt damit große Mengen an Wasser in Bewegung.

Ⓑ Bei einem Tsunami ist der gesamte Wasserkörper vom Meeresgrund bis zur Oberfläche in Bewegung. Deshalb drücken, wenn diese Wellen auf Land stoßen, auch solche gewaltigen Wassermassen nach, die weit ins Landesinnere vordringen können.

Ⓒ Tsunamis entstehen dort, wo unterhalb des Meeres tektonische Platten aneinanderstoßen.

Ⓓ Bevor ein Tsunami die Küste trifft, weicht das Wasser oft um einige Hundert Meter zurück.

Ⓔ Typisch für einen Tsunami ist, dass sich an der Meeresoberfläche zunächst nur eine sehr kleine Welle bemerkbar macht, die sich schnell in alle Richtungen ausbreitet.

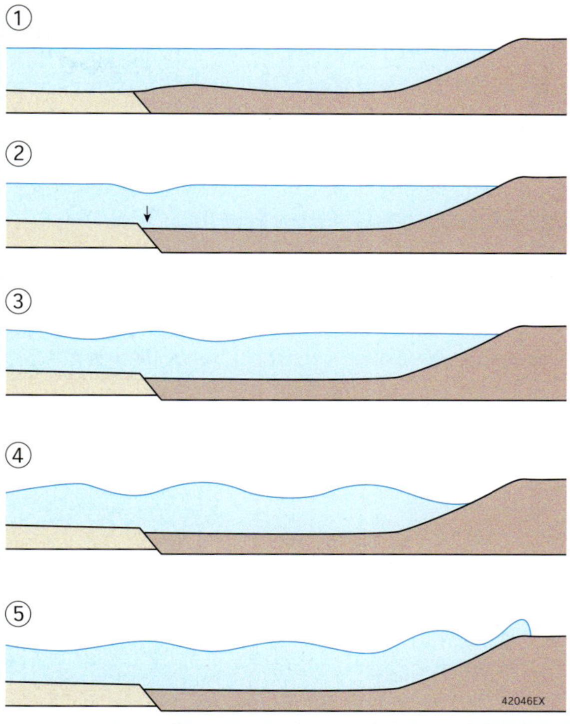

M5 Entstehung und Ausbreitung eines Tsunamis

AUFGABEN

1 *Beschreibe die Lage von Sendai. Warum ist man in Japan Erdbeben gewöhnt (M6, Atlas)?*

2 *Erkläre, wie ein Tsunami entsteht. Ordne dazu die unsortierten Textbausteine Ⓐ–Ⓔ den Zeichnungen ①–⑤ zu (M5).*

3 *Ermittle, wann der Tsunami Papua-Neuguinea, Los Angeles und Santiago de Chile erreichte (M4, Atlas).*

4 *Formuliere sinnvolle Verhaltensregeln für Küstenbewohner nach einer Tsunamiwarnung.*

METHODE

Wir erstellen einen Erklärfilm

Einen kurzen Erklärfilm (Englisch: explainity) von circa zwei bis drei Minuten könnt ihr mithilfe eures Smartphones oder eines Tablets selbst drehen. In diesem Kapitel findet ihr viele Themen, zu denen ihr einen eigenen Erklärfilm erstellen könnt. Geht dabei folgendermaßen vor:

Einen Erklärfilm erstellen

1. Schritt: Gruppen bilden und Thema wählen

- Arbeitet in kleinen Gruppen und legt euer Thema gemeinsam fest.
- Die Erdkunde bietet viele spannende Themen. Am besten beantwortet ihr mithilfe eures Erklärfilms eine konkrete Frage. Dies hilft euch dabei, euch nicht zu „verzetteln".

2. Schritt: Informationen einholen

- Informiert euch mithilfe eures Schulbuches, weiterer Bücher und des Internets so gut über euer Thema, dass ihr die wichtigen Informationen zusammenfassen und darstellen könnt.
- Euer Erklärfilm soll auch eine räumliche Verortung beinhalten. Dazu könnt ihr eine Kartenskizze erstellen und die Lage des Ortes beschreiben.
- Nutzt Pfeildiagramme, um Prozesse darzustellen. Diese können verschiedene Bedeutungen haben: *„Daraus folgt ..." oder „Dies führt zu ..."*

3. Schritt: Erstellen der Materialien

- Notiert in Stichpunkten den Ablauf eures Films. Ein einfacher Ablaufplan, auch Storyboard genannt (M1, M3), kann euch als Diskussionsgrundlage dienen. Wenn alle mit der geplanten Vorgehensweise einverstanden sind, erstellt ihr die benötigten Materialien.
- Zur Erstellung der Materialien benötigt ihr Buntstifte, Papier und Schere. Zeichnet anschauliche Schaubilder. Schneidet diese so aus, dass daraus Einzelteile entstehen.
- Schreibt den Text, der später eingesprochen wird, auf. Dafür könnt ihr ebenfalls euer Storyboard nutzen.

4. Schritt: Aufnehmen des Erklärfilms

- Für Tablets und Smartphones gibt es spezielle Apps. Diese erleichtern euch die Aufnahme und die Erstellung des Erklärfilms.

AUFGABEN

1 *a) Schaut euch verschiedene Erklärfilme im Internet an.*

b) Notiert, welche gestalterischen Umsetzungen für euch wichtig sind.

2 *Erstellt einen eigenen Erklärfilm zu einem Thema aus diesem Kapitel.*

3 *Erstellt eine inhaltlich passende Einleitung, die alle einzelnen Erklärfilme eurer Klasse abdeckt.*

Ein Storyboard hilft, ein Video vor der Produktion zu strukturieren. Es dient als Diskussionsgrundlage und sorgt dafür, dass nichts vergessen wird.

Achtet dabei auf die folgenden Tipps:
- Skizzen genügen.
- Nutzt das Storyboard, um die Zeit zu planen, um festzulegen, welche Materialien ihr benötigt und wer welche Aufgaben übernimmt.
- Notiert die Texte, die später eingesprochen werden. Verwendet kurze Sätze.
- Lest euch die Texte gegenseitig vor, um zu prüfen, ob sie verständlich sind.

M1 Tipps zum Erstellen eines Storyboards

M2 Ideenfindung in der Gruppe bei der Vorbereitung des Erklärfilms

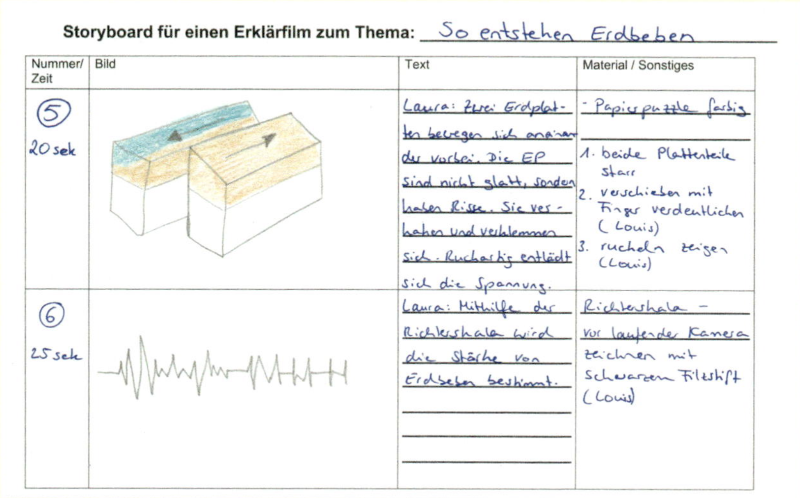

Storyboard für einen Erklärfilm zum Thema: So entstehen Erdbeben

Nummer/ Zeit	Bild	Text	Material / Sonstiges
(5) 20 sek		Laura: Zwei Erdplatten bewegen sich aneinander vorbei. Die EP sind nicht glatt, sondern haben Risse. Sie verhaken und verklemmen sich. Ruckartig entlädt sich die Spannung.	- Papierpuzzle farbig 1. beide Plattenteile starr 2. verschieben mit Finger verdeutlichen (Louis) 3. ruckeln zeigen (Louis)
(6) 25 sek		Laura: Mithilfe der Richterskala wird die Stärke von Erdbeben bestimmt.	Richterskala – vor laufender Kamera zeichnen mit schwarzem Filzstift (Louis)

M3 Ausschnitt aus einem Storyboard für den Erklärfilm

M4 Aufnahme des Erklärfilms

M1 Geysir auf Island

M3 Geothermiekraftwerk Svartsengi (Island)

Nutzung von Geothermie

Island – Insel mit unbegrenzter Energie

Obwohl die Isländer in der Vergangenheit Probleme mit dem Vulkanismus hatten, bringt ihnen die besondere Lage ihrer Insel doch Vorteile.

In der Regel nimmt die Temperatur der Erde mit zunehmender Tiefe auf den ersten Kilometern durchschnittlich um 3 °C pro 100 m zu. Da die Erdkruste auf Island aber relativ dünn ist und sich das heiße Magma dicht unter der Erdoberfläche befindet, steigt die Temperatur hier schneller an. Erhitztes Grundwasser gelangt in Form von Quellen und Geysiren an die Oberfläche, die regelmäßig Wasser als Fontänen ausstoßen (M1). Mithilfe von Bohrungen wurden auf Island die heißen Quellen nutzbar gemacht. Das Wasser ist dort über 200 °C heiß. Es wird über Rohre an die Erdoberfläche geleitet. Die Stadt Reykjavík wird durch ein fast 850 km langes Rohrsystem mit **Geothermie** (Erdwärme) in Form von Heißwasser versorgt. Das Wasser liefert die Wärme zum Heizen der Häuser oder zum Duschen.

Auf Island kann in allen Jahreszeiten Gemüse angebaut werden, denn auch die Gewächshäuser werden mit der preiswerten Energie beheizt (M4). Neben der Heizenergie erzeugen Geothermiekraftwerke Strom. Zurzeit gibt es auf Island sechs größere Geothermiekraftwerke, die ca. 26 % des Strombedarfs erzeugen und etwa 90 % der Haushalte mit Wärme versorgen.

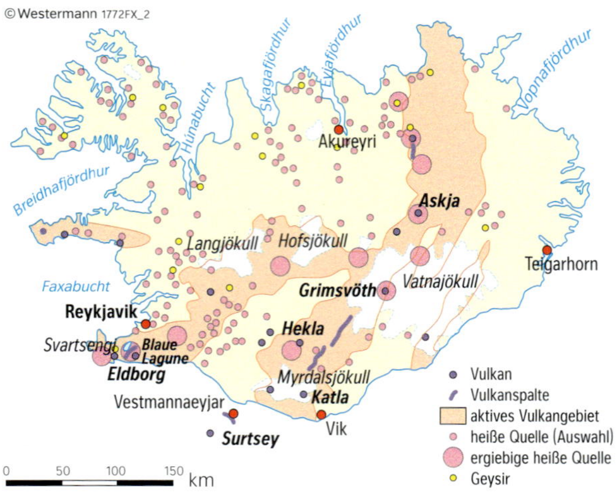

M2 Vulkanische Aktivitäten auf Island

M4 Gewächshauser auf Island

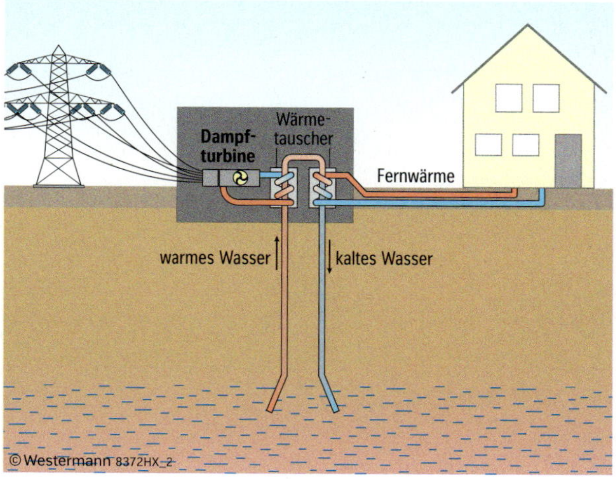

M5 Funktionsweise Geothermiekraftwerk

M6 Geothermiekraftwerk Insheim (Deutschland)

Erdwärmenutzung in Deutschland

Nicht nur auf Island spielt die Nutzung der Erdwärme eine Rolle. Auch in Deutschland sind in den letzten Jahren Geothermiekraftwerke entstanden. Besonders im Oberrheingraben sind die geologischen Voraussetzungen günstig (M7).

Ähnlich wie auf Island kommen durch aufsteigendes warmes Wasser auch hier in geringeren Tiefen höhere Temperaturen vor. Bohrt man nach diesem warmen Wasser, kann es für die Heizung von Gebäuden genutzt werden. Die Erdwärme kann aber auch dafür eingesetzt werden, Strom zu erzeugen, indem heißer Wasserdampf Turbinen antreibt.

Ein Beispiel ist das Geothermiekraftwerk Insheim in Rheinland-Pfalz. In dem Kraftwerk wird warmes Wasser durch Tiefenbohrungen gefördert, die Wärmeenergie aus dem Tiefenwasser mithilfe von Wärmetauschern und Turbinen in elektrischen Strom umgewandelt und das abgekühlte Wasser wieder in die Erde zurückgeleitet (M5). Das Kraftwerk Insheim erzeugt ungefähr 33 000 Megawattstunden Energie. Das reicht für etwa 8000 Haushalte. Mit der bei der Stromerzeugung anfallenden Restwärme könnten zusätzlich 600 bis 800 Haushalte mit Fernwärme versorgt werden.

M7 Erdwärme in Deutschland

AUFGABEN

1 *Erkläre, warum Island eine der vulkanisch aktivsten Regionen der Erde darstellt (Seite 181: Karte M4).*

2 *Beschreibe, wie Geothermie in Island und in Deutschland genutzt wird (Text, M1–M7).*

3 *Erläutere die Funktionsweise eines Geothermiekraftwerks (Text, M5).*

Web-Code: WES-101550-197

M1 Lage auf dem Globus

M2 Backpacker am Lake Pukaki (Neuseeland)

Wir gestalten ein Portfolio

Neuseeland – ein gefährliches Reiseziel?

Immer mehr Jugendliche schnallen sich den Rucksack auf den Rücken und reisen für mehrere Monate durch Neuseeland, um Abenteuer zu erleben, sich frei zu fühlen oder fernab von ihrem zu Hause neue Erfahrungen zu sammeln. Neuseeland ist nach Australien das beliebteste Land für junge Leute, die „work and travel" machen möchten. Sie arbeiten dort beispielsweise auf Farmen, um Geld zu verdienen und dann weiterreisen zu können.

- Doch können die Jugendlichen bedenkenlos dorthin reisen?
- Auf welche Naturereignisse sollten sie vorbereitet sein?
- Wie können sie sich schützen?

Die **Leitfrage** lautet:
„Neuseeland – ein gefährliches Reiseziel?"

Gliederungspunkte könnten sein:

- Einleitung: Warum nach Neuseeland?
- Naturereignisse im Vergleich mit Naturkatastrophen in Neuseeland:
  - Vulkane
  - Erdbeben
  - Tsunamis
- Vorsorgemaßnahmen, Verhaltensregeln
- Beantwortung der Leitfrage

M3 Mögliche Gliederung für dein Portfolio

AUFGABEN

1 *Gestaltet ein Portfolio zur Leitfrage „Neuseeland – ein gefährliches Reiseziel?". Nutzt die Schritte im Methodenkasten sowie die Hilfen M3 – M6. Die Seiten 200 bis 205 sind euer Materialpool.*

Ein Portfolio ist eine gegliederte Sammlung von Arbeiten, welche die Ergebnisse einer Untersuchung zu einem Thema beinhaltet. Es kann verschiedenste Materialien enthalten. Der Begriff kommt aus dem Lateinischen und setzt sich aus portare (deutsch: tragen) und folium (deutsch: Blatt) zusammen.

Ein Portfolio gestalten

1. Schritt: Vorbereitung und Planung

- Bildet eine Kleingruppe mit zwei oder drei Schülerinnen und Schülern.
- Legt eine Sammelmappe an.
- Betrachtet die folgenden Themenseiten, um einen Überblick über Neuseeland zu gewinnen.
- Überlegt euch anschließend Teilfragen, um einzelne Aspekte des Themas aufzugreifen.
- Stellt in der Klasse Kriterien für ein gelungenes Portfolio auf (M5).

2. Schritt: Durchführung und Auswertung

- Sammelt individuell Informationen entsprechend eurer Teilfragen.
- Recherchiert eventuell weitere Informationen und Materialien.
- Stellt euer Portfolio mit euren Ausarbeitungen zusammen. Achtet auf zuvor festgelegte Kriterien (M5) und korrektes Zitieren der Quellen (M6).
- Beantwortet zum Schluss eure Leitfrage, zum Beispiel mit einer Mindmap.

3. Schritt: Präsentation

- Gestaltet ein ansprechendes Titelblatt.
- Präsentiert euer Portfolio der Klasse.
- Gebt euch gegenseitig Feedback unter Beachtung der Kriterien. Nutzt konstruktive Kritik *(„Besser gemacht werden könnte …")* und vergesst das Lob nicht *(„Gut ist …")*.

Zeichnungen
Fotos
Schaubilder
Texte
Zeitungsartikel
Modelle

Tabellen
Diagramme
Karten
Grafiken
Interviews
Screenshots

M4 Materialien für ein Portfolio (Auswahl)

- ✔ Werden die Teilfragen inhaltlich aufgegriffen und präzise erklärt?
- ✔ Wird die zentrale Fragestellung (Leitfrage), die zu Beginn aufgestellt wurde, beantwortet?
- ✔ Ist die gewählte Gliederung optimal?
- ✔ Sind alle Details notwendig für die Beantwortung der Eingangsfrage?
- ✔ Fehlen wichtige Materialien oder sind vorhandene Materialien nicht aussagekräftig genug?

M5 Kriterien für ein gelungenes Portfolio

Für eine Internetquelle:
Name des Autors: Titel. In: Titel der Webseite. Erstellungsdatum [Seitenadresse, Datum des Abrufs/des Zugriffs].
Beispiel: *Marc Szeglat: Neuseeland – Vulkane und Geysire am anderen Ende der Welt. In: www.vulkane.net, 2010 [www.vulkane.net/vulkane/neuseeland/neuseeland.html, Zugriff am 01.12.2022]*
Für einen Zeitungsartikel:
Name des Autors: Titel. In: Titel der Zeitung, Heftnummer/Datum der Ausgabe, Seitenangabe.
Beispiel: *Marcel Laskus: Einer muss es ja machen. In: Süddeutsche Zeitung, 24.10.2022, S. 26.*
Für ein Buch:
Name des Autors: Titel. Verlagsort, Erscheinungsjahr, ggf. Seitenangabe.
Beispiel: *Joscha Remus: Gebrauchsanweisung für Neuseeland. München 2012, S. 23.*

Kürzungen im Originaltext sind erlaubt, wenn sie durch […] kenntlich gemacht werden und nicht den Sinn entstellen.

M6 Erstellen einer Quellenangabe

M1 Skifahrer in Neuseeland

M5 Selfie vor einer Thermalquelle in Neuseeland

Tourismus in Neuseeland

Auf nach Neuseeland!

Wenn du einen Urlaub voller Aktivitäten, voller Abenteuer, voller bizarrer Filmkulissen, voller einzigartiger Natur suchst, dann heißen wir dich im Land der Kiwis, der Hobbits, der Maoris und der grenzenlosen Freiheit herzlich willkommen!
Bei uns kannst du die einzigartige Maori-Kultur kennenlernen, Vulkane besteigen oder das Dorf Hobbiton aus den Hobbit- und Herr-der-Ringe-Filme besuchen. Auch Wassersport aller Art ist möglich: von Kitesurfen, Paragliden und Rafting bis zu Kajak fahren, Schnorcheln und Tauchen. In Neuseeland triffst du Backpacker aus aller Welt, du lernst neue Kulturen kennen, erlebst einzigartige Naturlandschaften, kannst dich von der neuseeländischen Küche verzaubern lassen und daneben an einsamen Stränden am anderen Ende der Welt relaxen. Steig ein in ein unvergessliches Abenteuer und besuche uns in Neuseeland. Aotearoa – das Land der langen weißen Wolke.

Quelle: André Lehnen, Andreas Pindur, Nicole Plotzki: Tourismus in Neuseeland. In: Praxis Geographie, 2/2019. Braunschweig: Westermann Bildungsmedien Verlag GmbH, S. 30 (M4). (verändert)

M2 Werbung eines Reiseveranstalters

M3 Bevölkerungsentwicklung

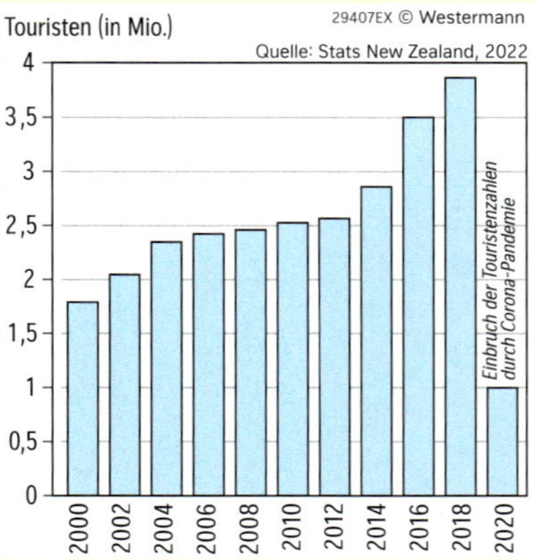

M4 Internationale Touristen

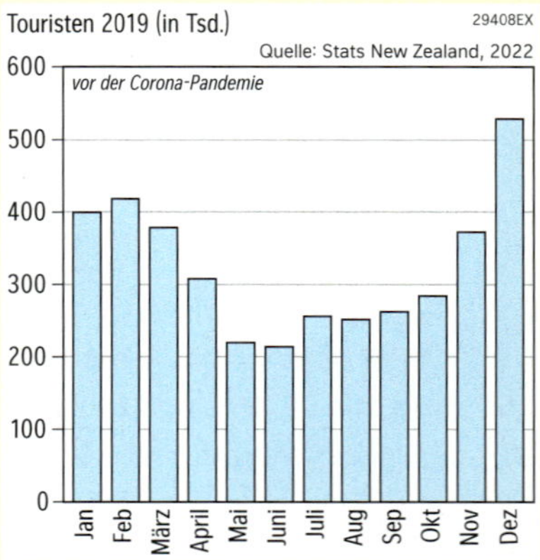

M6 Touristenankünfte im Jahresverlauf

M7 Bungeejumping in Queenstown

M10 Maori in Rotorua

Hey Leute,
heute berichte ich euch einmal wieder von den Eindrücken meines Auslandsjahres in Neuseeland. Im Moment jobbe ich auf einer kleinen Farm in der Nähe von Queenstown. Ich helfe bei der Stallarbeit und den Schafherden. Dafür kann ich hier kostenfrei wohnen, verdiene mir noch etwas dazu und die Gastfamilie zeigt mir ab und zu tolle Orte. Dadurch habe ich schon viele Neuseeländer kennengelernt. Mir kommt es immer so vor, als seien sie viel entspannter und ausgeglichener als die Leute bei uns zu Hause. Aber kein Wunder! Bei dieser tollen Landschaft hier kann man nur entspannt sein. Wenn man doch einmal einen Nervenkitzel braucht, kann man in Queenstown Bungeejumping machen oder auch Paragliding. Das geht so richtig ab! Atemberaubend! Ich sag's euch!
Auf bald! Euer David

M8 Aus einem Blogeintrag

M9 Wortwolke: Befragung von Passanten in Deutschland zum Thema Neuseeland – die Größe der einzelnen Begriffe entspricht der Häufigkeit ihrer Nennung

M1 Die ChristChurch Cathedral vor ...

M3 ... und nach dem Erdbeben 2011.

Erdbeben- und Tsunamigefahr in Neuseeland

Neuseeland liegt im Randbereich zweier tektonischer Platten: Auf der Indisch-Australischen Platte liegen die Nordinsel und der nördliche Teil der Südinsel, auf der Pazifischen Platte der Hauptteil der Südinsel (M5). Beide Platten kollidieren miteinander, was vulkanische Aktivitäten und Erdbeben zur Folge hat (siehe Karte M1 auf Seite 185).

Darüber hinaus liegt Neuseeland am Rand des Pazifischen Feuerrings, innerhalb dessen oftmals Tsunamis auftreten.

„Hoffe, allen geht es okay da draußen", schrieb Premierministerin Jacinda Ardern am 4. März 2021 auf Instagram, „vor allem denjenigen an der Ostküste, die die volle Wucht des Erdbebens gespürt haben müssen."

Erst im Februar 2021 hatte Neuseeland der Opfer des schweren Erdbebens von Christchurch vor zehn Jahren gedacht. Am 22. Februar 2011 waren in der größten Stadt der Südinsel 185 Menschen ums Leben gekommen. Das Beben hatte eine Stärke von 6,2.

M2 Erinnerungen an das Erdbeben von Christchurch 2011

M4 Canterbury Earthquake National Memorial – Gedenkstätte für die Erdbebenopfer von 2011

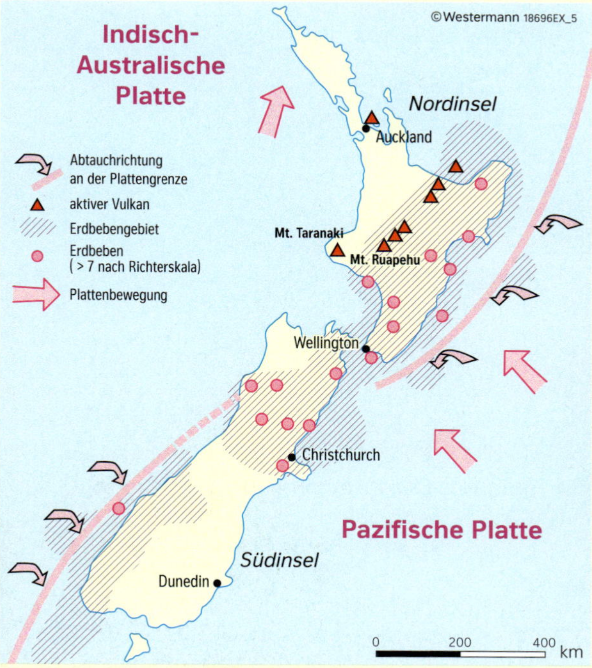

M5 Die Lage Neuseelands an zwei Plattengrenzen

M7 „Achtung, aktive Vulkanzone!"

Tsunami-Warnung aufgehoben

Mehrere heftige Erdbeben in Neuseeland

Neuseeland ist von mehreren starken Erdstößen erschüttert worden. Das heftigste Erdbeben hatte die Stärke 8,1 und ereignete sich 800 Kilometer vor der Küste. In weiten Teilen der Pazifikregion wurde zwischenzeitlich vor einem Tsunami gewarnt.

Nach den heftigen Erdbeben vor Neuseeland haben die Behörden die Tsunami-Warnung für weite Teile der Pazifikregion herabgestuft. Der Zivilschutz teilte mit, die größten Wellen seien vorüber, alle zuvor in Sicherheit gebrachten Menschen könnten zurückkehren. Allerdings sollte man sich von Stränden und dem Meer fernhalten. Zuvor waren drei schwere Erdbeben registriert worden. Das heftigste Beben hatte die Stärke 8,1 und ereignete sich nahe der Kermadec-Inseln, etwa 800 km nordöstlich der Nordinsel Neuseelands. Kurz darauf folgte ein weiteres der Stärke 7,4 in der gleichen Region. Stunden zuvor gab es bereits Erdstöße der Stärke 7,1 rund 100 Kilometer vor der Küste des Bezirks Gisborne.

Die Küstenbewohner der betroffenen Gebiete wurden aufgefordert, sich in Sicherheit zu bringen und die Lage sehr aufmerksam zu verfolgen. Die Katastrophenschutzbehörde hatte an die Bewohner von Northland, East Cape und Great Barrier Island appelliert, sich in höher gelegene Regionen oder so weit wie möglich ins Hinterland zu begeben. Tausende seien auf der Flucht, berichtete die Zeitung „New Zealand Herald". Das Blatt zitierte einen Anwohner: „Ich blickte auf das schöne stille Meer, und ich hoffte, dass nichts von da kommen wird. Wir müssen abwarten."

Quelle: Heftige Erdbeben erschüttern Neuseeland – Tsunami-Warnung im Pazifik herabgestuft. Berlin: Axel Springer SE 05.03.2021. www.welt.de [26.07.2022] (verändert)

Menschen aus Whangarei bringen sich in Sicherheit.

M6 Ein Zeitungsbericht über die heftigen Erdbeben in Neuseeland im März 2021

M1 Ein Straßenaufdruck in Wellington City

M4 Tsunami-Gefahrenzone in Taupo

Maßnahmen des Zivilschutzes vor einem Tsunami

Die Warnung der Menschen vor einem Tsunami wird in Neuseeland vom Ministerium für Zivilschutz und Notfall-Management organisiert. Messbojen im Pazifischen Ozean helfen dabei, Tsunamis vorherzusagen. Tritt ein Tsunami auf, der die Küste Neuseelands bedrohen könnte, werden eine ganze Reihe von Aktionen ausgelöst: Im Radio, Fernsehen und Internet werden Warnhinweise verbreitet. Die Bevölkerung wird auch per SMS informiert. In vielen Landesteilen sind Sirenen installiert, die einen Warnton aussenden. In städtischen Gebieten rücken Fahrzeuge der Polizei, der Feuerwehr und Zivlschutzbehörden aus und warnen per Lautsprecherdurchsagen. Einige Landesteile sind sehr dünn besiedelt. Hier werden die Menschen durch ein automatisches Telefonsystem zu Hause auf ihrem Festnetztelefon angerufen und durch eine Bandansage gewarnt. Darüber hinaus ist die Bevölkerung angehalten, in der unmittelbaren Nähe der eigenen Wohnung von Tür zu Tür zu gehen und die Nachbarn zu warnen. Auf diese Weise hofft man, viele Menschen rechtzeitig informieren zu können. Die Bevölkerung kann besonders wirksam gewarnt werden, wenn viel Zeit zwischen der Warnung und dem Eintreffen eines Tsunamis liegt. Das zeitliche Minimum für eine effektive Warnung ist eine Vorwarnzeit von ein bis zwei Stunden.

Quelle: Klaus Jebbink, Franziska Früh: Leben mit der Flut. In: Praxis Geographie, 2/2019. Braunschweig: Westermann Bildungsmedien Verlag GmbH, S. 20 (M5). (verändert)

M2 Maßnahmen des Zivilschutzes

kurzfristige/unmittelbare Folgen:

- Verlust von Menschenleben durch die Wassermassen und umhertreibende Trümmer
- beschädigte/zerstörte Häuser, Fabriken, Supermärkte
- beschädigte/zerstörte Straßen (kein Zugang für Rettungskräfte)
- beschädigte/zerstörte Stromleitungen, Wasserversorgung
- blockierte Straßen durch Schutt und Trümmer

mittelfristige Folgen (treten erst nach einigen Stunden oder Tagen auf):

- kein sauberes Trinkwasser (Gefahr von Krankheiten und Seuchen)
- keine Lebensmittel
- fehlende Elektrizität
- Gefährdung des Grundwassers durch austretende Schadstoffe aus Häusern, Autos, Fabriken
- erschwerter oder kein Zugang für Rettungskräfte
- Obdachlosigkeit der Bevölkerung

Quelle: Klaus Jebbink, Franziska Früh: Leben mit der Flut. In: Praxis Geographie, 2/2019. Braunschweig: Westermann Bildungsmedien Verlag GmbH, S. 19 (M4).

M3 Mögliche Folgen nach einem 5-Meter-Tsunami in Christchurch

Jährlich besuchen knapp vier Millionen Touristen Neuseeland. Die meisten Touristen stammen – aufgrund der kurzen Anreise – aus Australien. Aber auch weiter entfernte Herkunftsländer spielen eine wichtige Rolle für den Tourismus Neuseelands (M3). Obwohl Neuseeland aus der Sicht Europas „auf der anderen Seite der Erde" liegt, hat das Land einen sehr hohen Bekanntheitsgrad und ein positives Image. Naturbegeisterte Reisende können zum Beispiel Geysire, heiße Geothermalquellen und Vulkanlandschaften sowie eine einzigartige Tier- und Pflanzenwelt entdecken.

M1 Touristen in Neuseeland

	Land	Touristenzahl	Entfernung zu Neuseeland
1	Australien	1 491 000	4000 km
2	China	434 000	11 100 km
3	USA	362 000	12 600 km
4	Großbritannien	230 000	18 600 km
5	Deutschland	102 000	18 300 km
6	Japan	97 700	9300 km
	Touristen gesamt	**3,9 Mio.**	
	Quelle: Stats New Zealand, 2020		

M3 Top-Herkunftsländer von Auslandstouristen in Neuseeland im Jahr 2019

Sichtweisen auf Neuseeland als Reiseziel

Marie, 18 Jahre, aus Bonn (Deutschland):
„Ich habe überlegt, ob ich die Reise nach Neuseeland wirklich machen soll. Vor allem habe ich ein ungutes Gefühl, weil Fliegen so klimaschädlich ist. Flugzeuge stoßen bekanntlich viele Treibhausgase aus und tragen so zum Klimawandel bei. Andererseits habe ich große Lust, all die spektakulären Landschaften und Naturphänome wie Geysire und Vulkane vor Ort zu erleben."

Ashton, 21 Jahre, aus Sydney (Australien):
„Meine Freunde und ich wollen uns spontan eine Woche Neuseeland gönnen. Im Internet liest man, dass Neuseeland noch einmal etwas anderes als Australien ist. Die Flüge von Australien nach Neuseeland und zurück kosten weniger als 400 Euro. Ein Flug dauert nur drei Stunden. Außerdem werden wir uns dort prima mit unserem Englisch verständigen können. Ein perfekter Kurzurlaub!"

Takumi, 70 Jahre, aus Tokio (Japan):
„Vor 20 Jahren habe ich Neuseeland mit einem Campervan über fünf Wochen erkundet und die schönsten Orte gesehen. Heute würde ich mir das nicht mehr zutrauen, da mir die Gefahr vor Naturereignissen zu hoch ist und ich nicht mehr so mobil bin. In den Medien hat man in den letzten Jahren öfter von Erdbeben in Neuseeland gehört."

Emma, 54 Jahre, aus Chicago (USA):
„Mein Sohn macht gerade ein Auslandsjahr in Queenstown (Neuseeland). Er wohnt bei einer Familie und arbeitet in deren Bar. Immer wenn er frei hat, nutzt er die Zeit, um mit Freunden die Insel zu bereisen. Er schickt regelmäßig spektakuläre Bilder und Erlebnisberichte übers Handy. Dennoch bin ich froh, wenn er wieder zu Hause ist."

M2 Verschiedene Aussagen zu Neuseeland als Reiseziel

Vulkanismus

1 *Beschreibe den Aufbau eines Schichtvulkans. Ordne dazu den Buchstaben A–H die richtigen Begriffe zu.*

Wortspeicher: Magmakammer – Schlot – Gas- und Rauchwolke – Lava – Bomben – Hauptkrater – Seitenkrater– Asche

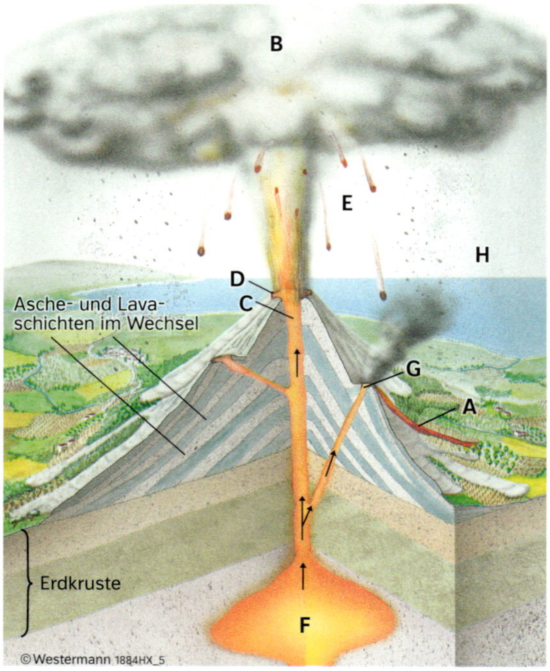

Wenn die Erde bebt

1 *Schreibe die Satzanfänge in dein Heft und vervollständige sie.*

1. Das letzte große Erdbeben in Kaliformien war ...
2. Die Skala, die die Stärke von Erdbeben misst, heißt ...
3. In Kaliformien grenzen zwei Erdplatten aneinander. Die so entstandene Verwerfung ist die ...
4. Die ... Platte bewegt sich in nordwestliche Richtung.
5. Die Nordamerikanische Platte bewegt sich in ... Richtung.
6. Die Stadt ... war besonders stark von „the big one" betroffen.
7. Die Erdplatten bewegen sich mit einer Geschwindigkeit von ... pro Jahr aneinander vorbei.

Atlasarbeit

1 *Ordne die folgenden Vulkane den richtigen Kontinenten und Ländern zu (Atlas):*
Stromboli – Mount St. Helens – Pinatubo – Ätna – Fuji – Vesuv – Krakatau – Mount Rainier – Mauna Kea

2 *Beschreibe die Lage der großen Gefahrenzonen der Erde, an denen sich Vulkane und Erdbeben häufen (Karte rechts). Nutze die gelernten Fachbegriffe.*

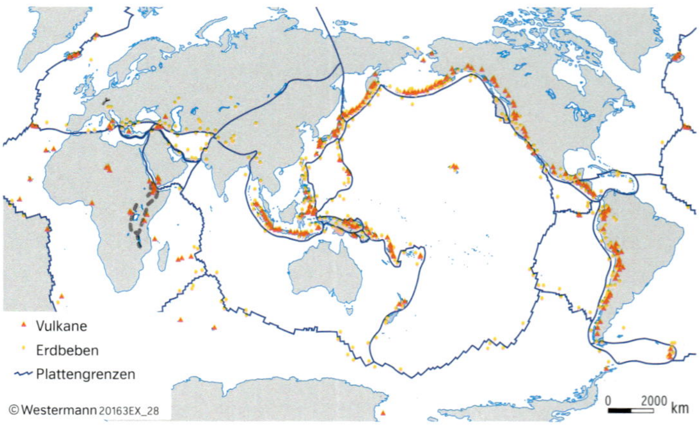

Tsunamis

1 *Erkläre den Unterschied zwischen normalen Meereswellen Ⓐ und Tsunamis Ⓑ.*

2 *a) Nenne die Faktoren, die dazu beitragen, dass ein Land von Tsunamis betroffen sein kann.*

b) Ermittle drei Länder, auf die diese Faktoren zutreffen (Atlas).

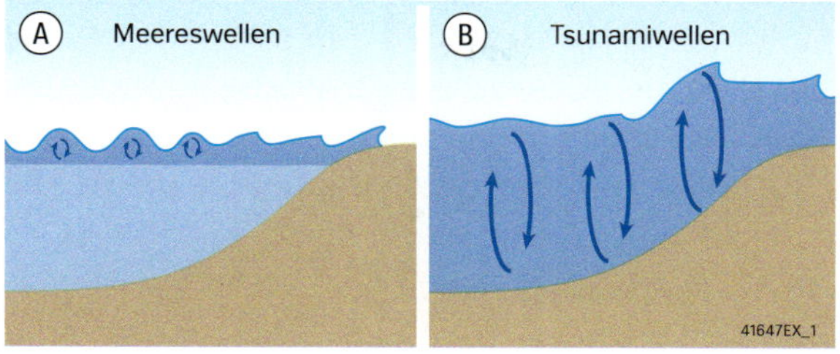

Naturereignis – Naturkatastrophe

1 *Erkläre den Unterschied zwischen Naturereignis und Naturkatastrophe.*

2 *Ordne den Bildern und Schlagzeilen ①–⑤ die Begriffe „Naturereignis" oder „Naturkatastrophe" zu.*

① Entwarnung nach Seebeben – Tsunamigefahr gebannt

② Tausende fliehen nach Vulkanausbruch in Indonesien

③

④

⑤ Erdbeben der Stufe 6,5 erschüttert abgelegene Region im Iran

Die Theorie der Plattentektonik

1 *Vervollständige die Aussagen Alfred Wegeners in deinem Heft.*

Alfred Wegener

2 *Erstelle eigene Aussagen mit den folgenden Begriffen: Erdplatten – Himalaya – Mittelatlantischer Rücken – Pangäa.*

Grundbegriffe

endogene Kräfte
Epizentrum
Erdbeben
Erdkern
Erdkruste
Erdmantel
Geothermie
Kontinentalverschiebung
Konvektionsströme
Lava
Magma
Naturereignis
Naturkatastrophe
Plattentektonik
Richterskala
Schichtvulkan
Schildvulkan
Seismograf
Tsunami
Vulkan

Starthilfen

1 Wetter und Klima

Seite 9, Aufgabe 4
Beginne deine Rechnung so: Den Durchschnitt der Temperatur berechnest du, indem du die Werte addierst. Achte darauf, dass der Wert von 21:00 Uhr doppelt addiert wird. Danach dividierst du dein Ergebnis durch 4 (Anzahl der Werte, die addiert wurden).

Seite 12, Aufgabe 2
Betrachte M1 genauer. Denke an die Wetterelemente, die du bereits kennengelernt hast. An welcher Stelle gibt es Zusammenhänge zwischen dem Wasserkreislauf und den Wetterelementen?

Seite 15, Aufgabe 3a
Betrachte die Abbildung M4. Die Verteilung der Pünktchen zeigt die Anzahl der Luftteilchen. Sind die Pünktchen dicht zusammen, gibt es viele Luftteilchen, der Luftdruck ist hoch. Sind die Pünktchen weit auseinander, ist der Luftdruck tief. Überlege, was die Ursache dafür ist, dass sich die Verteilung der Pünktchen verändert.

Seite 19, Aufgabe 1
1. Keine persönlichen Daten angeben!
2. Nur sichere Buttons anklicken!
3. ...

Seite 21, Aufgabe 2
Unterteile deinen Wetterbericht. Berichte über den Norden, die Mitte und den Süden Deutschlands. Gehe dabei auf *Sonnenschein – Bewölkung – Temperaturen* ein.

Seite 23, Aufgabe 2
Gehe zunächst zum Register im Atlas. Suche z. B. die Stadt „Mexiko-Stadt" heraus und überprüfe, auf welcher Seite und in welchem Planquadrat du diese findest. Notiere dir die Angaben. Schlage die angegebene Seite im Atlas auf und suche mithilfe deiner Angaben die Stadt heraus. Gehe nun wie im Methodenkasten beschrieben vor.

Seite 25, Aufgabe 4
So könnte eine Tabelle für einen Vergleich aussehen:

	Köln	**Rom**
Temperatur	...	...
Niederschlag	...	...
Anzahl arider/humider Monate	...	...
Jahresdurchschnittstemperatur	...	...
Jahresgesamtniederschlag	...	...

Seite 27, Aufgabe 3
Nutze deinen Atlas, um Grönland und Mallorca einer Beleuchtungszone zuzuordnen. Erkläre, welche Auswirkungen die Lage von Grönland und Mallorca auf die Sonneneinstrahlung hat und wie sich diese auf die Temperatur auswirkt.

Seite 29, Aufgabe 2
Beginne ganz links bei Zeitpunkt Ⓐ: Ⓐ ist der 21. Juni, der Sommerbeginn.

Seite 32, Aufgabe 3a
Achte auf die unterschiedliche Vegetation auf den Bildern (M2).

2 Lebensraum Tropen

Seite 40, Aufgabe 2a
Beim Auswerten von Klimadiagrammen können dir die Methodenseiten „Wir arbeiten mit Klimadiagrammen" (siehe Seite 24/25) helfen.

Seite 43, Aufgabe 3a
Hilfreiche Suchbegriffe für das Internet sind z. B. „Tiere des tropischen Regenwaldes" oder „Fauna im tropischen Regenwald".

Seite 45, Aufgabe 3a
Beachte die unterschiedlichen Einteilungen der Temperatur- und Niederschlags-Achsen.
So könnte eine Tabelle für den Vergleich der beiden Klimadiagramme aussehen:

	Iquitos	**Münster**
Temperatur	...	...
Niederschlag	...	...
Anzahl arider/humider Monate	...	...
Jahresdurchschnittstemperatur	...	...
Jahresgesamtniederschlag	...	...

Seite 55, Aufgabe 1
So könnte eine Mind Map zur Zerstörung des tropischen Regenwaldes aussehen:

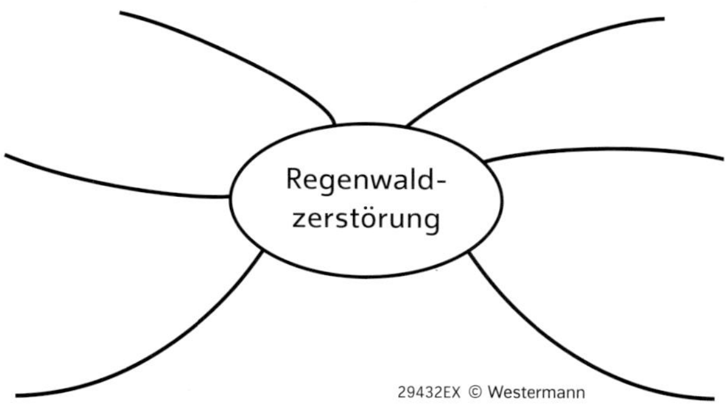

Seite 56, Aufgabe 1b
Dein Protokoll könnte z. B. so aussehen:

Experiment: Regenwald im Gurkenglas	
Beobachtung	Tag 1 (+ Datum): Tag 2 (+ Datum): ...
Auswertung / Ergebnis	...

Seite 63, Aufgabe 4
Ⓐ Collage:
Nutze das Internet, um dich über Safaris in Afrika zu informieren, z. B. Nationalparks, in denen Safaris angeboten werden, Tiere, Kosten, Gefahren. Nutze nach Möglichkeit viele Bilder oder eigene Zeichnungen.
Ⓑ Fantasiereise:
So könntest du beginnen: „Stell dir vor, du reist gemeinsam mit deinen Eltern in das ferne Afrika. Hier, wo vermutlich die Geschichte des Menschen begann, sitzt du nun Jahrtausende später in einem klapperigen Jeep mit offenem Dach und schwitzt. Es sind bestimmt 30 Grad und die Sonne strahlt unermüdlich vom hellblauen Himmel ...“

3 Lebensraum Subtropen

Seite 69, Aufgabe 3
So könnte eine Tabelle zur Lösung der Aufgabe aussehen:

	Beurteilung der Nutzungsmöglichkeiten
trockene Subtropen	Ackerbau: unmöglich (außer in Oasen) ...
winterfeuchte Subtropen	...
immerfeuchte Subtropen	...

Seite 75, Aufgabe 2
Berücksichtige dabei Bevölkerungszahl, Wassernutzung, Kosten für Versorgung, Erdölförderung ...

Seite 77, Aufgabe 5
Folgende Rollen könntet ihr übernehmen: Winzer in Argentinien, Spezialist für Bodenkunde, Wasserbautechniker, Landwirtschaftsminister/Politiker, Gemüsegroßhändler in Deutschland, Meteorologe ...

Seite 81, Aufgabe 3
Berücksichtige dabei die wirtschaftlichen, ökologischen und sozialen Entwicklungen. Denke auch an die Bedeutung für den Außenhandel (Import/Export) Spaniens.

Seite 85, Aufgabe 4
So könnte eine Tabelle für einen Vergleich aussehen:

	Farm von Herrn Hyder	regionaler Bauernhof
Betriebsgröße	...	...
Klima	...	...
Herausforderungen/ Probleme	...	...
Ausgaben/Kosten	...	...
...	...	...

Seite 86, Aufgabe 3
Denke dabei an Regierungen, Militär, Firmen, Wissenschaftler und erläutere Beispiele für den Einsatz.

4 Lebensraum gemäßigte Zone

Seite 97, Aufgabe 4
Beachte: Wachstum ist ab ca. 5 °C möglich. Außerdem muss ausreichend Niederschlag vorhanden sein.

Seite 99, Aufgabe 1
So könnte eine Tabelle zur Lösung der Aufgabe aussehen:

Landwirtschaft in Europa			
	Westeuropa	Mitteleuropa	Osteuropa
Böden	...	...	im Süden sehr gute Böden
Anbauprodukte	...	...	...
Viehhaltung	...	Rinder, Schweine, Schafe	...

Seite 101, Aufgabe 2
Wortspeicher: Zahl der Hungernden, Entwicklung der Weltbevölkerung, Klimawandel, nachwachsende Rohstoffe, politische Konflikte, Unruhen und Kriege ...

Seite 103, Aufgabe 4
Erstelle zur Hilfe eine Tabelle (siehe nachfolgend). Schreibe dort die Probleme rein und ordne diesen dann mögliche Lösungsansätze zu.

Probleme	Lösungsansätze
Problem 1	Lösung 1
Problem 2	Lösung 2
...	...

Seite 105, Aufgabe 2
Mit dem Begriff „Gentechnik-Falle" wird auf ein Problem verwiesen, das sich aus dem häufigen Einsatz von Gentechnik ergibt. Das Problem entsteht dadurch, dass viele Menschen vermehrt Bioprodukte einkaufen. Bioprodukte dürfen aber nicht gentechnisch verändert sein. So könnten Engpässe bei Bioprodukten entstehen.

Seite 107, Aufgabe 1b
So kannst du deine Analyse beginnen:
In Kalifornien werden unter anderem Sonderkulturen angebaut. Dafür ist vor allem Sonne notwendig. In den Great Plains wächst das Getreide insbesondere aufgrund des Klimas gut ...

Seite 109, Aufgabe 3
Erstelle eine Liste mit den Problemen der Fleischproduktion in der EU. Überlege dann, was die Ursache für jedes Problem ist und welche Maßnahmen getroffen werden könnten, um diese zu verhindern. Dafür könnten z. B. Gesetze für den Umweltschutz oder für den Handel entworfen werden.

5 Lebensraum kalte Zone

Seite 117, Aufgabe 5
Erstelle am besten eine oder zwei einfache Skizzen, die deine Technik veranschaulichen.

Seite 119, Aufgabe 4b
Beziehe in deine Antwort Informationen aus der Karte und dem Profil ein (M5). Schätze auch die zurückgelegten Entfernungen mithilfe der Maßstabsleiste ab.

Seite 119, Aufgabe 5
Die beiden Steckbriefe sollen eine schnelle Übersicht über wesentliche Merkmale von Arktis und Antarktis bieten (z. B. Fläche, Durchschnitts-/Extremtemperaturen, höchste Erhebungen, vorkommende Pflanzen und Tiere, Bevölkerung/Siedlungen). Die Steckbriefe können natürlich auch Bilder und Grafiken enthalten.

Seite 121, Aufgabe 3
Die Texte werden interessanter, wenn du sie aus der Perspektive der Inuit schreibst, die auf den Bildern zu sehen sind: Wie fühlen sie sich wohl gerade, was macht Spaß oder ist besonders anstrengend bei den dargestellten Aktivitäten ...?

Seite 126, Aufgabe 3
Bild 1 zeigt die „Ausgangsposition" für die Entstehung von Fjorden. Bei den folgenden Bildern kannst du jeweils die Veränderungen zum vorhergehenden Bild beschreiben. Die Grafik M2 liefert dir zusätzliche Informationen zu Fjorden.

6 Eine Welt – ungleiche Welt

Seite 139, Aufgabe 3
So könnte eine Tabelle für einen Vergleich aussehen:

HDI	GDI
...	jedes Jahr
Index der menschlichen Entwicklung	...
Je größer der HDI, desto ...	Je größer der GDI, desto größer die ...
seit 1990	...

Seite 141, Aufgabe 1a
Vergleiche die Länderdaten in der Tabelle und gib eine Einschätzung mit Schulnoten ab. Die Bewertung, also die Schulnoten, die du vergibst, können in den Gruppen durchaus unterschiedlich ausfallen.

Seite 149, Aufgabe 3
Bei der Bewertung der Merkmale in M6 sollt ihr eure Eindrücke aus dem Stadtrundgang bewerten. Die Bewertungen können durchaus unterschiedlich ausfallen. Wichtig ist die Gesamtbewertung: Kann man unterschiedliche Lebensverhältnisse im Stadtbild ablesen?

Seite 153, Aufgabe 5
So könnte eine Tabelle aussehen:

Unternehmen	Produkte
Hyundai	Automobile
Samsung	...
...	...

Seite 165, Aufgabe 2
Vergleiche die Verteilung der Altersgruppen. Erläutere Unterschiede zwischen männlicher und weiblicher Bevölkerung in beiden Ländern. Beurteile Folgen der Verteilung für die Zukunft, z. B. für Schulen, Hochschulen, aber auch Anzahl der Rentner.

Seite 168, Aufgabe 3
Folgende Daten könnte der Steckbrief enthalten: Länge, Spannweite, Höhe, maximales Startgewicht, Reichweite, Sitzplätze, Notausgänge. Die Internetseite der Lufthansa bietet übersichtliche Informationen zum A350 und auch ein Schaubild mit einer Darstellung des Innenraums.

7 Unruhige Erde

Seite 176, Aufgabe 2
Beginne mit Baustein Ⓐ. Achte auf die Entwicklung der Temperatur.

Seite 180, Aufgabe 2b
Hinweise zu den Bildern:
Ⓐ Nepal
Ⓑ White Island (Neuseeland)
Ⓒ Ostafrikanischer Grabenbruch (Kenia)
Ⓓ Anden (Südamerika)
Ⓔ Ausbruch eines Unterwasservulkans nahe Tonga
Ⓕ Rotes Meer
Schaue im Atlas nach, wo die Fotos aufgenommen wurden.

Seite 185, Aufgabe 3a
Erstelle eine Kopie der Karte M1 und markiere darauf die ungefähre Lage der Erdbebengebiete in der Karte. Bei der Verortung helfen dir die Gradnetzangaben in der Tabelle M2 (Breitengrade, Längengrade) und das Gradnetzgitter der Karte M1.

Seite 193, Aufgabe 4
Denke darüber nach, wie viel Zeit die Küstenbewohner nach einer Tsunamiwarnung haben und was sichere Orte sein könnten.

Agrobusiness (S. 104)
Organisations- und Produktionsform der Landwirtschaft mit den Methoden der Industrie. Umfasst neben der Erzeugung der Agrarprodukte unter anderem auch die Rohstofflieferung sowie den Lebensmittelhandel.

Agroforstwirtschaft (S. 52)
Form der Landwirtschaft im tropischen Regenwald und in Oasen. Es werden Feldfrüchte unter Bäumen angebaut. Die Bäume dienen als Schattenspender und verhindern Bodenerosion.

Aktivraum (S. 162)
Gebiet mit hoher wirtschaftlicher Leistung. Es ist ein Zuwanderungsgebiet, da es viele und gut bezahlte Arbeitsplätze gibt. Auch anspruchsvolle Dienstleistungsberufe sind vertreten. Der Lebensstandard der Bevölkerung ist höher als in anderen Gebieten.

Analphabet / Analphabetin (S. 136)
Ein Analphabet/eine Analphabetin ist ein erwachsener Mensch, der weder lesen noch schreiben kann.

Antarktis (S. 116)
Die Antarktis bildet das Gebiet um den Südpol. Unter den dortigen Eismassen befinden sich im Gegensatz zur → Arktis Landmassen.

arid (S. 25)
Bezeichnung für ein trockenes → Klima. In ariden Monaten liegt im Klimadiagramm die Temperaturkurve über den Niederschlagssäulen. Gegensatz: → humid

Arktis (S. 116)
Die Arktis ist das Gebiet um den Nordpol. Hier ist das Nordpolarmeer größtenteils von Eis bedeckt. Auch Grönland und andere polnahe Inseln zählen zur Arktis.

Bodenversalzung (S. 76)
Im Boden aufsteigendes Wasser führt gelöste Salze mit nach oben. Nach der Verdunstung des Wassers bleibt das Salz auf der Bodenoberfläche zurück und bildet eine Salzkruste. Bodenversalzung tritt bei künstlicher Bewässerung vor allem in → ariden Gebieten auf.

Brachezeit (S. 52)
Zeitraum, in dem eine landwirtschaftliche Fläche nicht bearbeitet wird. Die Brachezeit kann mehrere Jahre dauern. Der Boden kann sich in dieser Zeit erholen.

Brandrodung (S. 51)
Rodung von Waldflächen mit Feuer. Die Asche dient als Dünger, doch auf Dauer wird der Boden durch die Unterbrechung des → Nährstoffkreislaufs immer unfruchtbarer.

Breitenkreis (S. 22)
Breitenkreise (Breitengrade) sind gedachte Linien, die parallel zum Äquator um die Erde verlaufen. Sie verbinden die Punkte auf der Erde, die die gleiche geographische Breite haben. Vom Äquator aus werden die Breitengrade nach Norden und Süden von 0° bis 90° gezählt. Zusammen mit den Längengraden bilden sie das → Gradnetz der Erde.

Bruttoinlandsprodukt (BIP) (S. 150)
Wert sämtlicher Güter (Waren und Dienstleistungen), die während eines Jahres innerhalb eines Landes von In- und Ausländern produziert werden.

Bruttonationaleinkommen (BNE) (S. 138)
Wert sämtlicher Güter (Waren und Dienstleistungen), die von den Bewohnern eines Landes (im In- und Ausland) innerhalb eines Jahres hergestellt werden.

Dauerkultur (S. 38)
Kulturpflanzen, die mehrjährig genutzt werden. Man spricht von Dauerkulturen hauptsächlich bei Bäumen und Sträuchern.

Desertifikation (S. 78)
Ein Landschaftswandel in Trockengebieten, der unter anderem durch eine falsche oder übertriebene Nutzung des Raumes ausgelöst wird und ein Ausbreiten der Wüste begünstigt.

Disparitäten (S. 162)
Bezeichnung für Unterschiede in der Entwicklung von Staaten bzw. Regionen, die sich entscheidend auf → Lebenserwartung, Lebenschancen, Lebensstandard, Lebensqualität und Lebensstil ihrer Bewohner auswirken.

Eiswüste (S. 116)
Gebiet, in dem die Temperaturen selten über 0 °C steigen und in dem nur sehr geringe Niederschläge (unter 150 mm) als Schnee fallen. In einer Eiswüste wachsen wegen der geringen Temperaturen kaum Pflanzen, und nur wenige Tiere können in ihr überleben. Die größte Eiswüste der Erde ist die → Antarktis.

endogene Kräfte (S. 179)
Endogen bedeutet „aus dem Erdinneren wirkend". Auf endogene Kräfte sind → Erdbeben, Vulkanismus und Gebirgsbildung zurückzuführen.

Entwicklungszusammenarbeit (S. 60)
Maßnahmen zur Unterstützung der wirtschaftlichen und sozialen Entwicklung in den Entwicklungsländern. Dieser Begriff wird in der deutschen Entwicklungspolitik anstelle von „Entwicklungshilfe" benutzt, um zu betonen, dass es sich nicht um eine einseitige Hilfe, sondern um eine Zusammenarbeit handelt.

Epizentrum (S. 184)
Das Epizentrum ist der Punkt auf der Erdoberfläche, der genau über dem Herd eines → Erdbebens liegt. An diesem Ort treten bei einem Erdbeben die größten Erschütterungen auf.

Erdachse (S. 28)
Die Erdachse ist eine gedachte Verbindungslinie zwischen Nord- und Südpol, um die sich die Erde einmal in 24 Stunden dreht. Sie steht schief, d. h., sie ist gegenüber der Umlaufbahn um 23,5 Grad geneigt.

Erdbeben (S. 174)
Erschütterungen der Erdoberfläche, die z. B. durch Gesteinsbewegungen in der → Erdkruste (Tektonik) oder durch Vulkanausbrüche ausgelöst werden.

Erdkern (S. 177)
Innerer Teil des Erdkörpers. Man unterscheidet zwischen einem äußeren (flüssigen) und einem inneren (festen) Kern. Er ist noch nicht gut erforscht.

Erdkruste (S. 176)
Äußere verfestigte Schale der Erde. Sie lässt sich in kontinentale und ozeanische Kruste unterteilen.

Erdmantel (S. 177)
Zwischen → Erdkruste und → Erdkern gelegene Schale des Erdkörpers. Es wird zwischen dem oberen und dem unteren Erdmantel unterschieden.

Erdrevolution (S. 28)
Der Umlauf der Erde um die Sonne. Ein Umlauf dauert rund ein Jahr (365 Tage, 5 Stunden, 48 Minuten und 46 Sekunden).

Erosion (S. 79)
Abtragung und Transport von Boden und Gestein durch Wind, Wasser, Eis oder Bodenbewegung. Dieser Prozess wird oft durch menschliche Aktivitäten verstärkt, z. B. durch Zerstörung der schützenden Pflanzendecke.

Europäische Union (EU) (S. 108)
Die EU ist ein Zusammenschluss von 27 europäischen Staaten, der Frieden und Freiheit in Europa gewährleisten soll. Die Mitgliedstaaten haben sich wirtschaftlich und politisch gemeinsame Ziele gesetzt.

Feedlot (S. 94)
Feedlot ist ein Großbetrieb für die Mast von Rindern im Freien. Der Betrieb ist in zahlreiche eingezäunte Blöcke aufgeteilt, in denen die Tiere untergebracht sind. Feedlots sind ein typisches Beispiel für Massentierhaltung.

Gender Development Index (GDI) (S. 139)
Index der geschlechtsspezifischen Entwicklung. Diese soziale Kennzahl beschreibt das Verhältnis aus den getrennt nach Frauen und Männern ermittelten → HDI-Werten. Je kleiner der GDI, desto stärker sind Frauen gegenüber Männern benachteiligt.

Geothermie (S. 196)
Die im oberen zugänglichen Teil der → Erdkruste vorhandene Erdwärme, die als Energiequelle nutzbar ist.

Grabenbewässerung (S. 71)
Wasser wird aus Flüssen oder Brunnen in offenen Gräben oder Kanälen zu den Anbauflächen geleitet. Dort gelangt es über flache Gräben zu den Pflanzen.

Gradnetz (S. 22)
Darstellungen der Erde (Globus, Karte) sind mit einem Netz von Linien überzogen. Sie verlaufen von Norden nach Süden (→ Längenhalbkreise) und von Westen nach Osten (→ Breitenkreise). Dieses Gradnetz dient der Ortsbestimmung auf der Erde.

Grundbedürfnisse (S. 134)
Mindestbedarf, den ein Mensch zum Leben braucht. Dazu zählt eine ausreichende Versorgung mit Nahrung, Trinkwasser und Kleidung. Wichtige Grundbedürfnisse sind außerdem Unterkunft, Bildung, Arbeit und ärztliche Versorgung.

Human Development Index (HDI) (S. 138)
Index der menschlichen Entwicklung. Die Kennzahl HDI beschreibt den Entwicklungsstand von Staaten. Berücksichtigt werden → Bruttonationaleinkommen pro Kopf, Ausbildungsdauer und → Lebenserwartung. Der Wert des HDI liegt zwischen 0 und 1. Ab einem Wert von 0,8 zählt ein Land als hoch entwickelt.

humid (S. 25)
Bezeichnung für ein feuchtes → Klima. In humiden Monaten liegt im Klimadiagramm die Temperaturkurve unter den Niederschlagssäulen. Gegensatz: → arid

Humusschicht (S. 46)
Die obere, fruchtbare Bodenschicht, die bei der Umwandlung und Zersetzung von abgestorbenem organischem Material im Boden entsteht.

Hurrikan (S. 18)
Bezeichnung für einen tropischen Wirbelsturm im Bereich von Nord- und Mittelamerika. Hurrikans entstehen bei einer Wassertemperatur von mindestens 26 °C in der Nähe des Äquators und ziehen in Richtung Nordwesten über die Karibik in die südöstlichen Gebiete Nordamerikas.

immerfeuchte Subtropen (S. 68)
Gebiet in den → Subtropen, in dem ganzjährig Niederschläge fallen.

immerfeuchte Tropen (S. 41)
Gebiet in den Tropen, in dem es ganzjährig hohe Niederschläge gibt.

Infrastruktur (S. 150)
Alle Einrichtungen, die zur Entwicklung eines Raums notwendig sind. Dazu gehören Verkehrswege, Wasser- und Stromleitungen, Entsorgungsanlagen, Bildungs- und Erholungseinrichtungen, Krankenhäuser usw.

Inuit (S. 118)
Ureinwohner der arktischen Küstengebiete Grönlands und Nordamerikas.

Jahrezeitenklima (S. 94)
Klima, in dem sich warme und kalte Jahreszeiten deutlich voneinander unterscheiden. Dieses Klima ist typisch für die Gebiete außerhalb der Tropen.

Karusselbewässerung (S. 71)
Bewässerungsmethode, bei der die Wasserzufuhr zentral über ein sich um die Feldmitte drehendes Rohr ausgeht, das das Wasser kreisförmig über das Feld verteilt.

Klima (S. 9)
Im Gegensatz zum → Wetter beschreibt das Klima die → Wetterelemente wie die Lufttemperatur und den Niederschlag an einem Ort oder in einer Region für einen längeren Zeitraum. Hierfür werden die durchschnittlichen Werte über einen Zeitraum von mindestens 30 Jahren berechnet.

Klimawandel (S. 11)
Prozess des allmählichen Temperaturanstiegs und der Zunahme extremer Wetterlagen im Zuge der globalen Erwärmung.

Kondensation (S. 13)
Als Kondensation bezeichnet man den Übergang eines Stoffes vom gasförmigen in den flüssigen Zustand.

Kontinentalverschiebung (S. 178)
Theorie Alfred Wegeners, der davon ausging, dass die Kontinente früher zusammenhingen und sich erst langsam an ihre heutige Position verschoben haben.

Konvektionsströme (S. 180)
Heiße Magmaströme im → Erdkern und → Erdmantel, weshalb sich die festen Platten der dünnen → Erdkruste auf dem zähflüssigen oberen Erdmantel bewegen. Sie sind die Ursache für die Entstehung von → Erdbeben und Vulkanismus.

Küstenwüste (S. 89)
Sonderform der → Wendekreiswüsten, die an der Westküste von Kontinenten zu finden ist (Beispiele Atacama und Namib). Bedingt durch kalte Meeresströmungen bleiben die sich bildenden Wolken zu flach, um Niederschlag erzeugen zu können. Der Wüstentyp ist durch extreme Trockenheit und Küstennebel gekennzeichnet.

Längenhalbkreis (S. 22)
Längenhalbkreise (Meridiane) verlaufen in N-S-Richtung und schneiden die Breitenkreise im rechten Winkel. Der Nullmeridian verläuft durch Greenwich (London). Von dort aus werden die Längenhalbkreise jeweils von 0° bis 180° nach Osten und Westen gezählt. Zusammen mit den Breitenkreisen bilden sie das → Gradnetz der Erde.

Lava (S. 186)
Geschmolzenes Gestein, das bei Vulkanausbrüchen an die Erdoberfläche tritt. Solange sich der Gesteinsbrei im Erdinneren befindet, nennt man ihn → Magma.

Lebenserwartung (S. 136)
Die durchschnittliche zu erwartende Lebensdauer eines Menschen zum Zeitpunkt der Geburt. Einfluss auf die Lebenserwartung haben z. B. die Art der Ernährung und der Stand der medizinischen Versorgung.

Magma (S. 179)
Gashaltiger, glutflüssiger Gesteinsbrei im Erdinneren. Sobald er an die Erdoberfläche gelangt, nennt man ihn → Lava.

Mangelernährung (S. 137)
Qualitativ schlechte oder einseitige Ernährung, die sich aus Nahrung zusammensetzt, in der wichtige Bestandteile (z. B. Eiweiß, Vitamine, Mineralstoffe) fehlen. Mangelernährung kann zu schwerwiegenden Krankheiten führen.

Manufacturing Belt (S. 142)
Industriegürtel im Nordosten der USA. Hier begann im 19. Jahrhundert die Industrialisierung der USA. Seit den 1960er-Jahren hat der Manufacturing Belt jedoch an Bedeutung verloren (→ Rust Belt).

Monokultur (S. 53)
Form der Bodenbewirtschaftung, bei der immer die gleichen Feldfrüchte angebaut werden. Um die Erträge bei Monokulturen zu sichern, muss stärker gedüngt werden. Außerdem sind die Pflanzen besonders anfällig für Schädlinge.

Nachhaltigkeit (S. 59)
Grundsatz, die wirtschaftliche Entwicklung so zu beeinflussen, dass nicht mehr an → Ressourcen verbraucht wird, als erneuert werden kann. Dadurch sollen zukünftige Generationen die gleichen Lebensmöglichkeiten haben wie die heute lebenden. Nachhaltigkeit umfasst die Wirkungsbereiche Umwelt, Wirtschaft und Soziales.

Nährstoffkreislauf (S. 38)
Das herabfallende Laub und Geäst im → tropischen Regenwald zersetzt sich am Boden sofort zu Humus. Die Nährstoffe werden dann wieder an die Bäume und Sträucher abgegeben.

Naturereignis (S. 183)
Ein in der Natur ablaufender, ungewöhnlicher Vorgang, der vom Menschen nicht beeinflusst werden kann (z. B. Vulkanausbrüche, → Erdbeben, Wirbelstürme).

Naturkatastrophe (S. 183)
Wenn die Auswirkungen von → Naturereignissen verheerende Auswirkungen für die Menschen und die Wirtschaft eines Landes haben, werden Naturereignisse zu Naturkatastrophen.

Oase (S. 68)
Eine vom Menschen genutzte „Insel" in der Wüste. Durch vorhandenes Grund- oder Flusswasser ist der Anbau von Nutzpflanzen möglich.

Ökosystem (S. 47)
System, in dem die Umweltbereiche Klima, Tiere, Pflanzen, Wasser, Boden und Menschen in enger Wechselwirkung stehen.

Orkan (S. 16)
Starke Stürme mit Windgeschwindigkeiten von mindestens 118 km/h. Auf der Beaufortskala werden Orkane mit der Stärke 12 klassifiziert. Orkane können große Verwüstungen anrichten.

Passatkreislauf (S. 40)
Geschlossene tropische Luftzirkulation. Am Äquator steigen warme Luftmassen auf, kühlen ab und strömen in großer Höhe polwärts. Im Bereich der Wendekreise sinken sie zu Boden und strömen als Passate zum Äquator zurück. Am Äquator steigen Luftmassen erneut auf.

Passatwind (S. 40)
Ständige Winde, die aus den Hochdruckgebieten an den Wendekreisen zu den Tiefdruckgebieten am Äquator wehen.

Passivraum (S. 162)
Gebiet mit geringer wirtschaftlicher Leistung. Vor allem junge Menschen wandern aus Passivräumen ab, weil sie kaum Arbeitsplätze bieten.

Permafrost (S. 117)
Ein Boden, der ständig gefroren ist, oft bis in mehrere hundert Meter Tiefe. Im Sommer taut nur die oberste Schicht auf; diese ist dann sehr schlammig. Permafrostböden sind ein Kennzeichen der → Tundra.

Pipeline (S. 128)
Ein Rohrleitungssystem zum Transport von Flüssigkeiten oder Gasen wie Erdöl oder Erdgas.

Plantage (S. 53)
Eine Plantage ist ein landwirtschaftlicher Großbetrieb, der sich auf die Erzeugung eines einzigen Produktes für den Weltmarkt spezialisiert hat (→ Monokultur). Zur Plantage gehören auch alle Anlagen zur Auf- und Weiterverarbeitung der Produkte.

Plattentektonik (S. 180)
Eine Theorie über den Bau der → Erdkruste und die Entwicklung der Kontinente und Ozeane. Nach dieser Theorie ist die Erdkruste in verschiedene Platten gegliedert, die in langsamer Bewegung sind.

Polarnacht (S. 30)
Die Zeit, in der die Sonne für mehr als 24 Stunden nicht über den Horizont steigt. Diese Erscheinung lässt sich in den Polargebieten beobachten und ist bedingt durch die Neigung der Erdachse. Sie dauert an den Polarkreisen einen Tag und an den Polen ein halbes Jahr. Gegensatz: → Polartag

Polartag (S. 30)
Die Zeit, in der es in den Polargebieten ständig hell ist. Die Sonne scheint Tag und Nacht. An den Polen dauert der Polartag jeweils ein halbes Jahr, an den Polarkreisen einen Tag. Gegensatz: → Polarnacht

Ressource (S. 58)
Als Ressourcen bezeichnet man die Mittel, die man braucht, um bestimmte Aufgaben zu erfüllen. Meist wird der Begriff im Zusammenhang mit Rohstoffen (z.B. Energieträger, Agrarprodukte, Holz, Erze) verwendet. Aber auch Geld, Zeit oder Personen können mit Ressourcen gemeint sein.

Richterskala (S. 184)
Eine Messskala, die bei einem Erdbeben die Stärke der Erschütterungen unterteilt.

Rust Belt (S. 143)
Der → Manufacturing Belt der USA verzeichnete in den letzten Jahrzehnten einen Bedeutungswandel und -rückgang. Aufgrund veralteter und stillgelegter Industrieanlagen kam es zur Bezeichnung Rust Belt.

Savanne (S. 38)
Hauptvegetationsform der → wechselfeuchten Tropen. Unterschieden werden folgende Typen: Dorn-, Trocken- und Feuchtsavanne.

Schelfeis (S. 119)
Das sind bis zu 1000 Meter mächtige Eisplatten, die von Gletschern oder Eisströmen an Land gespeist werden und mit diesen noch verbunden sind.

Schichtvulkan (S. 186)
Meist kegelförmiger → Vulkan mit steilen Flanken. Er besteht aus abwechselnden Lava- und Ascheschichten (z. B. Ätna auf Sizilien).

Schildvulkan (S. 186)
Ein flacher, schildförmiger → Vulkan, der durch das gleichmäßige und weitflächige Abfließen dünnflüssiger Lavaströme entsteht (z. B. Mauna Loa auf Hawaii).

Schwarzerde (S. 94)
Ein durch hohen Gehalt an Humus schwarz gefärbter Steppenboden, der sehr fruchtbar ist.

Seismograf (S. 184)
Gerät, mit dem man Bodenerschütterungen aufzeichnen kann, die von → Erdbeben verursacht werden. Daraus ergeben sich z. B. die Stärke und der Entstehungsort des Bebens.

Subsistenzwirtschaft (S. 70)
Eine Wirtschaftsweise, die von einzelnen Bauern zur Selbstversorgung und teilweise zur Sicherung des eigenen Lebensunterhaltes betrieben wird.

Tageszeitenklima (S. 44)
Klima, das durch Schwankungen der Temperaturen und Niederschläge im Tagesverlauf gekennzeichnet ist. Dieses Klima ist typisch für die tropische Zone.

Taiga (S. 116)
Eine in der kalten Zone auf der Nordhalbkugel natürlich entstandene Vegetationszone, die durch ausgedehnte Nadelwälder gekennzeichnet ist.

Tornado (S. 18)
Zerstörerischer Wirbelsturm, der sich auf dem Festland fortbewegt. Tornados haben einen Durchmesser von wenigen 100 m, entstehen plötzlich und dauern meist

nur wenige Minuten. Durch die hohen Windgeschwindigkeiten von mehreren 100 km/h hinterlassen sie oft eine Schneise der Verwüstung.

Treibhauseffekt (S. 11)
Der Treibhauseffekt verhindert, dass sich die Erde zu stark abkühlt. Die von der Erde zurückgestrahlte Wärme der Sonnenstrahlen wird von der Atmosphäre zurückgehalten wie beim Glasdach eines Treibhauses. Der Treibhauseffekt wird vom Menschen dadurch verstärkt, dass z. B. durch Verbrennung Kohlendioxid (CO_2) in die Atmosphäre entweicht und sich dort anreichert. Die Folge ist ein weltweiter Anstieg der Temperaturen.

Treibhauskultur (S. 80)
Obst- und Gemüsesorten, die in Gewächshäusern angebaut werden und so das ganze Jahr verfügbar sind.

trockene Subtropen (S. 68)
Ganzjährig trockene Gebiete in den Subtropen.

Tröpfchenbewässerung (S. 71)
Eine wassersparende Form der Bewässerung, bei der Wasser in Leitungen mit Löchern direkt an die Wurzeln der Pflanzen gelangt.

tropischer Regenwald (S. 38)
Immergrüner Wald in den → immerfeuchten Tropen. Das Klima des tropischen Regenwaldes zeichnet sich durch hohe Temperaturen und Niederschläge aus. Charakteristisch ist der Stockwerkbau der Pflanzen.

Tsunami (S. 192)
Meereswellen, die durch heftige Seebeben ausgelöst werden. Sie können an den Küsten verheerende Schäden anrichten.

Tundra (S. 116)
Überwiegend baumlose Vegetationsform in der kalten Zone. Wegen der kurzen Vegetationszeit von drei Monaten wachsen hier lediglich Gräser, Moose und Flechten.

Überernährung (S. 137)
Tritt ein, wenn dem Körper über längere Zeit mehr Kalorien / Joule zugeführt werden, als er benötigt.

Überweidung (S. 78)
Zerstörung der Pflanzendecke durch zu viel Vieh im Weidegebiet. → Desertifikation kann die Folge sein.

Unterernährung (S. 137)
Unzureichende Versorgung mit Nahrungsmitteln. Der tägliche Nahrungsbedarf eines Menschen kann nicht gedeckt werden. Unterernährung führt zu einer erheblichen Schwächung des Körpers, zu Krankheit oder gar zum Tod.

Verdunstung (S. 12)
Als Verdunstung bezeichnet man den Übergang eines Stoffes vom flüssigen in den gasförmigen Zustand.

Vulkan (S. 174)
Eine kegel- oder schildförmige Erhebung, die durch den Austritt von Magma, Asche, Gesteinsbrocken und Gasen aus dem Erdinneren entsteht (→ Schichtvulkan, → Schildvulkan).

Wanderfeldbau (S. 51)
Eine Form der Landnutzung, bei der Felder für einen bestimmten Zeitraum intensiv genutzt und anschließend aufgegeben werden.

wechselfeuchte Tropen (S. 41)
Ein Gebiet in den Tropen, das durch den Wechsel von Regenzeiten und Trockenzeiten geprägt ist.

Wendekreiswüste (S. 41)
Eine Wüste im Bereich der Wendekreise, die durch hohe Sommertemperaturen und geringe Niederschläge gekennzeichnet ist.

Wetter (S. 9)
Wetter nennt man das Zusammenwirken der → Wetterelemente zu einem bestimmten Zeitpunkt an einem bestimmten Ort.

Wetterelemente (S. 8)
Die messbaren Erscheinungen des Wetters. Dazu gehören Temperatur, Niederschlag, Luftdruck, Wind, Bewölkung.

winterfeuchte Subtropen (S. 68)
Gebiet in den Subtropen mit feuchten Wintern und trockenen Sommern.

Zenit (S. 40)
Die Sonne steht senkrecht über der Erdoberfläche. Das bedeutet eine hohe Einstrahlung und Erwärmung der Erdoberfläche.

Weltkarte – physische Übersicht

Franz-Josef-Land
Kap Tscheljuskin
Nowaja Semlja
Barents-see
Nordkap
Karasee
Taimyrhalbinsel
Laptewsee
Ostsibirische See
Bering-Straße
Kap Deschnew
NORDAMERIKA
66,5°
60°
Kola
Salechard
Werchojansk
Werchojansker Gebirge
Lena
Ob
Sibirien
Jenissej
Ural
Ladogasee
Moskau
Wolga
Irtysch
Nowosibirsk
Stanowoigebirge
Kamtschatka
Ochotskisches Meer
Beringmeer
Aleuten
Amur
Baikalsee
Jablonowygebirge
Altai
ASIEN
Kaspische Senke
Pazifischer Ozean
Donau
Schwarzes Meer
Kaukasus
5642 Elbrus
Kaspisches Meer
Turan
Tian Shan
Tarimbecken
Gobi
Peking
Mandschurei
Japanisches Meer (Ostmeer)
Korea
Honshu
Tokio
Mesopotamien
Hindukusch
Kunlun Shan
Hochland von Tibet
Huang He
Ostchinesisches Meer
10554
Hochland von Iran
Himalaya
Mt. Everest 8848
Jangtsekiang
Kairo
Nil
Delhi
Indus
Thar
Ganges
Südchinesisches Bergland
Guangzhou
23,5°
Arabien
Rotes Meer
Große Arabische Wüste
Indien
Mumbai
Arabisches Meer
Golf von Bengalen
Bangkok
Mekong
Südchinesisches Meer
Philippinen
Marianen
11034
10540
Ras Daschan 4533
Kap Guardafui
Andamanen
Mikronesien
Karolinen
Hochland von Äthiopien
Kap Komorin
Nikobaren
Sri Lanka
Malediven
Melanesien
Mount Kenia 5199
Victoriasee
Kongo
Kongobecken
Malaiischer Archipel
Borneo
0°
5895 Kilimandscharo
Sumatra
Neuguinea
Daressalam
Seychellen
Tschagos-Inseln
Java
Salomon-Inseln
Komoren
Indischer Ozean
7450
Kap York
Str. v. Mosambik
Sambesi
Kokosinseln
Darwin
Korallensee
Madagaskar
Kalaharibecken
Maskarenen
Great Barrier Reef
Große Sandwüste
Neukaledonien
Drakensberge
AUSTRALIEN
Australisches Tiefland
Große Victoriawüste
Australisches Bergland
Perth
Darling
Große Australische Bucht
Mt. Kosciuszko 2228
Sydney
Tasmansee
St-Paul
Tasmanien
Neuseeland
Kerguelen
Chatham-Inseln
Auckland-Inseln
Südpolarmeer
66,5°
©Westermann 24191EX_10

Weltkarte – politische Übersicht

66,5°
Kanada
Russland
Finnland
Helsinki
EST
LET
LIT
Moskau
Weißrussland
Minsk
Kiew
Ukraine
MD
RO
SRB
Bukarest
Bulgarien
MK
Georgien
Tiflis
Armenien
Jerewan
Baku
Aserbaidschan
Ankara
Türkei
GR
Zypern
Syrien
Libanon
Israel
Irak
Bagdad
Teheran
Iran
Jordanien
Kairo
Ägypten
Kuwait
Bahrain
Katar
Saudi-Arabien
Riad
VAE
Maskat
Oman
Jemen
Sana
Eritrea
Asmara
Sudan
Khartum
Dschibuti
Dschibuti
Sokotra (Jemen)
Südsudan
Juba
Addis Abeba
Äthiopien
Somalia
Mogadischu
Uganda
Kampala
Kenia
Nairobi
Ruanda
Burundi
D. R. Kongo
Dodoma
Tansania
Victoria
Seychellen
Komoren
Moroni
Mayotte (Fr.)
Malawi
Lilongwe
Sambia
Lusaka
Harare
Simbabwe
Mosambik
Antananarivo
Madagaskar
Tromelin (Fr.)
Mauritius
Port Louis
Réunion (Fr.)
Pretoria
Maputo
Mbabane
Eswatini
Maseru
Lesotho
Kasachstan
Nursultan
Usbekistan
Turkmenistan
Aşgabat
Taschkent
Bischkek
Kirgisistan
Duschanbe
Tadschikistan
Kabul
Afghanistan
Islamabad
Pakistan
Mongolei
Ulan Bator
China
Peking
Nordkorea
Pjöngjang
Seoul
Südkorea
Japan
Tokio
(von Japan beansprucht)
Nepal
Kathmandu
Neu-Delhi
Bhutan
Indien
Dhaka
Bangladesch
Naypyidaw
Myanmar (Birma)
Hanoi
Laos
Vientiane
Thailand
Bangkok
Vietnam
Phnom Penh
Kambodscha
Taipeh
Taiwan
Manila
Philippinen
Lakkadiven (Ind.)
Andamanen (Ind.)
Nikobaren (Ind.)
Colombo
Sri Lanka
Malediven
Malé
Kuala Lumpur
Malaysia
Brunei
Singapur
Äquator
0°
Indischer Ozean
Chagos-Archipel (G.-B.)
DiegoGarcia (G.-B.)
Jakarta
Indonesien
Dili
Timor-Leste
Christmas-I. (Austr.)
Kokosinseln (Austr.)
Papua-Neuguinea
Port Moresby
Pazifischer Ozean
Nansei-In. (Jap.)
Bonin-In. (Jap.)
Vulkan-In.
Marcus-I. (Jap.)
23,5°
Parece Vela (Jap.)
Nördliche Marianen (USA)
Guam (USA)
Wake (USA)
Marshall-inseln
Ngerulmud
Palau
Mikronesien
Palikir
Honiara
Salomonen
Vanuatu
Port Vila
Neu-kaledonien (Fr.)
23,5°
Australien
Canberra
Norfolk-I. (Austr.)
Lord-Howe-I. (Austr.)
Neuseeland
Wellington
Chatham-Inseln (Neuseel.)
Bounty-In. (Neuseel.)
Antipoden-In.
Auckland-Inseln (Neuseel.)
Macquarie-Insel (Austr.)
Amsterdam (Fr.)
Saint-Paul (Fr.)
Prinz-Eduard-Inseln (Südafrika)
Crozet-Inseln (Fr.)
Kerguelen (Fr.)
Heard und McDonald-Inseln (Austr.)
66,5°
24193EX_18 © Westermann

Methoden-Übersicht

Methoden in diesem Band

Ein Luftbild auswerten

- Notiere, was das Luftbild zeigt und welcher Ort bzw. Raumausschnitt abgebildet ist. Verwende für eine genaue Orientierung eine Karte.
- Beschreibe in eigenen Worten, was im Vorder- und im Hintergrund oder in der linken und der rechten Bildhälfte zu sehen ist.
- Für eine gute Übersicht erstelle eine Skizze und lege dazu eine Legende an.
- Erkläre die beschriebenen Teile des Bildes in ihrem Zusammenhang.

Ein Mystery lösen

- Lest die Frage des Mysterys und stellt Vermutungen an, welche Zusammenhänge bestehen können.
- Bringt die Texte und Bilder in einen sinnvollen Zusammenhang. Veranschaulicht die Zusammenhänge mit Pfeilen und erklärt diese in Stichpunkten.
- Vergleicht sie mit euren Vermutungen vom Anfang.
- Stellt eure Ergebnisse vor (es kann mehrere Lösungen geben).

Diagramme zeichnen und auswerten

Diagramme veranschaulichen Zahlenwerte oder Tabellen. Die bekanntesten Diagramme sind Kreis- und Säulendiagramme.
Beim **Kreisdiagramm** stellt der gesamte Kreis (360°) 100 % dar. Ein Kreissegment gibt dann den jeweiligen Prozentanteil wieder.
Beim **Säulendiagramm** wird durch eine Einteilung am Rand die jeweilige Höhe einer Angabe zugeordnet. So lassen sich Rangfolgen und Vergleiche erstellen.

Eine Kartenskizze erstellen

- Zeichne zunächst den Umriss des Raumes, den du in deiner Kartenskizze darstellen möchtest. Dies wird einfacher, wenn du den Umriss begradigst, das heißt in grober Form nachzeichnest.
- Trage Gebirge und große Flüsse in deine Karte ein.
- Kennzeichne wichtige Städte durch einen roten Punkt.
- Erstelle eine Legende für deine Karte.

Ein Rollenspiel durchführen

1. Vorbereitung
- Legt die Rollen fest und bereitet euch mit Informationen aus euren Materialien und dem Internet vor. Bestimmt einen Diskussionsleiter.

2. Durchführung
- Ordnet die Tische so an, dass die Diskussionsteilnehmer miteinander sprechen können.
- Der Diskussionsleiter stellt die Diskussionsteilnehmer vor und führt in das Thema ein. Die Teilnehmer tragen ihre Positionen vor.
- Der Diskussionsleiter führt durch die anschließende Diskussion und erteilt den Teilnehmern jeweils das Wort.
- Der Diskussionsleiter beendet die Diskussion und fasst die Ergebnisse zusammen.

3. Auswertung
- Alle Teilnehmer und Beobachter bewerten den Verlauf der Diskussion.

Bildquellenverzeichnis

|123RF.com, Hong Kong: leodikan 128.2; mixmotive 112.3; Patisena, Kampee 207.3; saiko3p 161.3; tobi 14.2; villorejo99 189.3; Yulia Babkina 171.1. |Agentur Focus - Die Fotograf*innen, Hamburg: Klingholz, Reiner 38.2. |Airbus, Hamburg: 168.2. |akg-images GmbH, Berlin: 82.1, 182.1; UIG / GG Vintage Images 142.2. |Alamy Stock Photo, Abingdon/Oxfordshire: Hellin, Jesus 81.2; Leeth, Dan 119.2. |Alamy Stock Photo (RMB), Abingdon/Oxfordshire: AY Images 47.3; Berkut, Anna 145.5; Boethling, Joerg 91.1; Cephas Picture Library Ltd 189.2; Constantinos Pliakos 162.2; Corbett, Gary 127.2; Debets, Michael 28.2; Foto: Rob Crandall, Illu: Matthias Berghahn 73.1; geogphotos 101.4; Gilks, Tom 155.2; Glasshouse Images 142.3; Grant Rooney Premium 154.1; Imo, Thomas 105.1; ITAR-TASS Photo Agency 111.1; Kravchenko, Yuri 98.3; LianeM 68.3; Pucheta, Eduardo 76.1; Shields, Martin 59.1; SOTK2011 120.1; Sprague, Sean 158.1; © Joerg Boethling 156.1. |Berghahn, Matthias, Bielefeld: 14.1, 17.1, 17.3, 17.4, 17.5, 17.6, 17.8, 17.9, 17.10, 17.11, 17.12, 17.13, 17.14, 17.15, 20.1, 42.1, 63.1, 134.4, 188.4. |Bock, Michaela, Potsdam: 123.1. |bpk-Bildagentur, Berlin: Scala 160.2. |Bricks, Prof. Wolfgang, Erfurt: 58.4. |Colourbox.com, Odense: Omelyanchuk, Andrey 167.2. |Dietz, Joachim, Böllenborn: 48.1, 48.2, 106.1, 176.1. |Dr. Matthias Wietz, Bremerhaven: Alfred-Wegener-Institut / Matthias Wietz 122.2. |dreamstime.com, Brentwood: Bidouze Stéphane 34.1; Csontos, Andras 188.1. |Fairtrade Deutschland e.V., Köln: Oliver Scheel 156.2. |fotolia.com, New York: AustralianCamera 64.1; Blakkolb, Andreas 8.2; eltfoto 43.2; Fotolyse 113.1; francescodemarco 33.1; goldencow_images 44.1; Graphithque 42.2; Kiessling 33.2; Light Impression 90.2; Living Legend 170.4; Minerva Studio 18.2; Pixeltheater 65.1; salparadis 32.2; Schwier, Christian 48.3; Sergey 161.1; Silver 123.2; Sunny Forest 101.1; tongo_foto 196.1; twoandonebuilding 69.1; upixa 170.6; ViewApart 8.1; Wefers, Renate 70.3. |Fürstenberg, Stephanie, Speyer: 73.2, 195.2. |Getty Images, München: AFP PHOTO / HIROSHI KAWAHARA / JIJI PRESS 192.2; Bloomberg Finance LP 153.1; Corbis/Genthe, Arnold 206.1; Kaehler, Wolfgang 122.3; Marcos Issa/Bloomberg 55.2; Raedle, Joe 28.1; Sygma 75.2. |Getty Images (RF), München: Smith, Richard Hamilton 104.1; Souders, Paul 5.1, 172.1. |Google Maps: 146.1, 147.2, 149.1, 149.2. |Google Maps / Street View: 146.2. |Güttler, Peter - Freier Redaktions-Dienst (GEO), Berlin: 49.1, 50.1, 57.1, 178.1, 178.2, 179.1, 179.2, 197.2. |Imago, Berlin: Dalmasso, Monica 50.3; GranAngularUra 117.1; imagebroker 43.8; McPHOTO/Bäsemann 122.1; ZUMA Wire 181.2. |Interfoto, München: imageBROKERRolf Schulten 170.3. |iStockphoto.com, Calgary: 4FR 44.2; ahopueo 129.1; ajr_images 105.2; alsem 110.1; aluxum 80.3; AndreAnita 38.3; Arnau, Xavier 139.1; Art Wager 71.2; AvigatorPhotographer 45.1; balipadma 168.1; Bischoff, Lukas 164.1; Brasil2 54.2; Burba, George 130.2; cinoby 90.1; Davel5957 147.1; Dawid Kalisinski Photography 26.3; Delany, Brendan 131.1; Dronandy 148.2; Edsel Querini 94.4; Eva Katalin Kondoros 205.2; filipefrazao 46.1; fotoVoyager 180.1; franckreporter 94.3; frankix 167.1; FXQuadro 127.3; gabes1976 18.4; GentooMultimediaLimited 124.1; GMVozd 137.2; golero 38.4; guenterguni 26.2, 78.1; hadot 43.5; Helgemeir, Martin 198.1; Kaminsky, Misha 97.2; kkong5 143.2; kongjongphotostock 68.4; lakshmiprasad S 155.1; Leblanc, Catherine 79.3; Lensational 51.3; litchi-cyril-photographe 96.1; Lourenço, Cristian 55.3; LucynaKoch 41.2; luoman 38.1; MariusLtu 138.1, 159.1; Meirav Ben Izhak 97.1; minoandriani 126.1; Nadezhda Bolotina 161.2; Nehring, Nancy 58.1; NicoElNino 4.3, 132.1; NonChanon 56.2; ollo 95.1; Pavliha 72.1; pejft 165.2; Pinopic 41.1; poco_bw 137.1; Popov, Andrey 145.6; prapann 26.1; Prince, Larry 152.1; Prostock-Studio 140.1; reidecki 96.2; richcarey 47.1; Rost-9D/Getty Images 176.2; Sanchez, Roberto A 58.5; searagen 143.1; simonkr 138.2; skynesher 141.2; slpu9945 53.3; stevegeer 144.1; Sunshine Seeds 61.1; trahcus 53.1; TT 140.3; ViewApart 89.3; We-Ge 162.1; Wille, Stefan 98.2; Wodniack, Jef 116.2; Xurzon 94.1; YakobchukOlena 140.2, 141.1; znm 62.1. |Jägersküpper, Dr. Klaus H., Essen: 56.1, 77.2, 88.1, 89.2, 100.2. |Jebbink, Klaus, Moers: 187.1. |Kahl, Arne, Zell am Main: 89.1. |Karto-Grafik Heidolph, Dachau: 11.1, 11.2, 11.3, 12.2, 13.5, 15.1, 22.1, 26.4, 40.1, 46.2, 51.2, 62.4, 70.4, 72.3, 117.2, 179.3, 180.4, 181.4, 181.5, 181.6, 181.7, 181.8, 181.9, 183.3, 184.1, 186.1. |Kartographie Michael Hermes, Hardegsen Hevensen: 42.4, 53.5, 69.2, 82.3, 95.2, 100.3, 104.3, 124.2, 165.3, 177.1, 188.2, 193.1, 193.2, 207.1. |laif, Köln: Arcticphoto 120.4; Jiro Ose/Redux/Redux 157.2. |mauritius images GmbH, Mittenwald: imagebroker/Auth, Stefan 112.2; Warburton-Lee, John 180.2. |Mithoff, Stephanie, Egestorf: 25.1, 25.2, 58.3, 64.2, 125.1, 126.3, 184.2. |Müller, Stefan, Hameln: 14.3. |NASA - Earth Observatory: 110.4; Landsat data from the U.S. Geological Survey 87.1, 87.2; NASA Earth Observatory image by Joshua Stevens, using MODIS data from LANCE/EOSDIS Rapid Response and CloudSat data provided by the CloudSat team at Colorado State University. 18.1; Rebecca Lindsey 110.3. |NASA/GSFC, Houston/Texas: 181.3. |OKAPIA KG - Michael Grzimek & Co., Frankfurt/M.: FLPA/Eveson, John 108.1. |Picture-Alliance GmbH, Frankfurt a.M.: akg-images 119.1; AP Photo/Esteban, Felix 174.1; AP Photo/Olsen, Steffen M. 4.2, 114.1; Arianespace Cnes/Csg/Martin, S. 169.2; ASSOCIATED PRESS/Dinsdale, Mike 203.2; Bildagentur-online/AGF-Foto 120.2; dieKLEINERT.de/Koufogiorgos, Kostas 150.2; dpa / epa Michael Reynolds 79.2; dpa / Lehtikuva Jussi Nukari 138.3; dpa-Zentralbild/euroluftbild.de/Riehm, Werner 197.1; dpa/Alex Hofford 192.3; dpa/Awi 178.3, 207.2; dpa/duisport 150.1; dpa/epa Sawaguchi 183.1; dpa/EPA/UN Environment Programme/HANDOUT 80.1, 80.2; dpa/Fischer, Gregor 16.1; dpa/Grotjans, Daniel 16.2; dpa/Hörhager, Felix 169.1; dpa/Marks, Bodo 16.3; dpa/Panasia 183.2; dpa/Pförtner, Swen 9.2; EPA/STR 86.2; Hanbury-Tenison, Robin/robertharding 50.2; imageBROKER/Arendt, Stefan 31.1; imageBROKER/Gerhard Zwerger-Schoner 180.3; Koene, Ton 170.5; Koenig, Christine 176.3; Maxppp/Kyodo 192.1; MCT/Noah Friedman-Rudovsky /Landov 170.2; MUKOYA, THOMAS 174.2; Newscom/Kehoe, Aaron 145.2; NurPho-

to 138.4; Pressebildagentur ULMER 160.1; REUTERS/Stapleton, Shannon 129.2; United Archiv/DEA/A. VERGANI 68.2; Yonhap 152.2; ZB/euroluftbild.de 101.3. |Schmidt, Marianne, Teningen: 28.3. |Schnitzler, Michael, Wien: 58.2. |Science Photo Library, München: Alean, Dr. Juerg 30.2; NASA 110.2. |Shutterstock.com, New York: 2017 Monkey Business Images 195.1; Adwo 202.2; AJR_photo 205.4; Alver, Pinar 133.2; Art Konovalov 89.4; ARTFULLY PHOTOGRAPHER 205.3; Belich, Yevgen 201.2; Bogaard, Henk 134.1; Boomsma, Jacob 148.1; BOULENGER Xavier 70.1; ChameleonsEye 204.1, 204.2; Curioso.Photography 139.2; DARRAY 16.4; DELBO ANDREA 3.6, 66.1; Dikbakan, Oguz 75.1; Durante, Annalisa e Marina 12.1; Dvoyniko, Vladimir 135.2; EcoPrint 54.1; electra 54.3; EngineerPhotos 20.3; Everett Collection 142.1; FotoKina 18.3; Fox, Nick 135.1; Georgiev, Deyan 82.2; Giampiccolo, Angelo 21.1; glebchik 100.1; Hanzliko, Veronika 203.1; Havelaar, Anton 94.2; Haylan, Edward 20.2; Herdiana, Sony 191.1; Hortebusch, Sabine 13.3; HQuality 21.2; ImageBank4u 187.3; IndianFaces 134.2; infiksjurnal 191.2; Lopolo 10.2; Marek, Tomas 200.1; Matauw 174.4; Michailidis, Alexandros 202.4; Nieuwenkamp, Robin 70.2; Petcharapiracht, Ben 171.2; Pi-Lens 118.1; Pixel-Shot 3.2, 7.1; Pursche, Torsten 68.1; Ribeiro, Alf 104.2; Roger Brown Photography 17.7; RUBEN M RAMOS 121.2; RudiErnst 60.1; rynoise 190.1; Salman, Vladimir 128.1; Skycolors 133.1; Somyot Mali-ngam 13.2; Spades, Susie 82.4; Sperring, Geoff 71.1; stockphoto-graf 17.2; sunsinger 139.3; Symchych, Maria 195.3; Tadevosian, David 113.2; titoOnz 228.1; trabantos 202.3; travellight 202.1; Uryadnikov, Sergey 120.3; VGstockstudio 24.1; Vlada Photo 30.1; Vondrous, Jiri 121.3; YanLev 15.2; Zaitsev, Vadym 71.3. |stock.adobe.com, Dublin: ahavelaar 98.1; ale_rizzo 32.3; Andrey_Arkusha 135.3; Angelini, Davide 201.3; Antonioguillem 88.2; Arid Ocean 126.2; Artem 145.3; Asier 205.1; Atanasov, Ivaylo 165.1; Barrio, Sebastien 84.2; Bartussek, Ingo 187.2, 207.4; Ben 99.1; benjaminnolte 21.3; Bergwitz, Uwe 3.5, 36.1; blicsejo 3.1, 6.1; Brocreative 134.3; Broskvar, Ralf 103.2; Carey, Richard 53.2; chalabala 85.1; Codegoni Daniele 62.5; Countrypixel 109.1; Danuta 196.2; dennisjacobsen 43.3; Dierks, Janina 42.3; Dietl, Jeanette 35.1; Dynamoland 161.4; ecuadorquerido Titel; Edler von Rabenstein 188.3; Ernst, Daniel 53.4; Fälchle, Jürgen 32.1; familie-eisenlohr.de 55.1; Foto-Ruhrgebiet 161.5; Gleb Tarassenko 181.1; Goinyk 116.1; guentermanaus 54.4; hanohiki 43.9; hecke71 61.2, 62.2; jd-photodesign 81.1; Jennewein Foto Titel; JHVEPhoto 145.1; jonbilous 112.1; Kalamurza_photographer 164.2; Kent 102.2; ksl 161.6; languste15 43.7; Le Bloas, Guillaume 171.4; LIGHTFIELD STUDIOS 166.1; majonit 167.3, 189.1; Maridav 200.2; Mark 90.3; Menyhert 13.4; Monkey Business Images 9.1; naypong 43.6; Negro Elkha 184.3; On-Air 84.1; Pankov, Mikhail 103.1; phpetrunina14 3.3, 6.2; Picture-Factory 34.2; Pixeltheater 33.3, 62.3; Prado, David 85.2; pumpchn 201.1; Puripat 174.3; Racle Fotodesign 145.4; Reuter, Sebastian 170.1; Richard Carey 41.3; Roberto 50.4; Rolf 196.3; RossRastede 102.1; Ruben 121.1; Ruiz, Alexander 51.1; Sander, T. 79.1; Sarah 43.1; serikbaib 113.3; SIRIPONG JITCHUM 43.4; st1909 4.1, 92.1; STAR-MEDIA 101.2; Stephens, Jose Luis 86.1; studio023 10.1; topshots 91.2; Uwe 13.1; v_sot 3.4, 7.2; VarnakovR 116.3; wazkkii 171.3; weera 77.1; Wefers, Renate 72.2; Zeman, Lukas 47.2; ©Elisabeth 127.1. |ullstein bild, Berlin: 130.1; Roger-Viollet / Gaston Paris 74.1. |United Nations, New York, NY: https://www.un.org/sustainabledevelopment/ „The content of this publication has not been approved by the United Nations and does not reflect the views of the United Nations or its officials or Member States“ 157.1.

Aufgaben sind unterschiedlich schwer

Mit den Aufgaben am Ende jedes Kapitels könnt ihr euer Wissen überprüfen. Die Aufgaben stellen unterschiedliche Ansprüche:

AUFGABEN

1 *Mit den grünen Aufgaben erreicht ihr das Basiswissen.*

2 *Bei den blauen Aufgaben steht die selbstständige Erarbeitung der Materialien im Vordergrund.*

3 *Mit den roten Aufgaben eignet ihr euch Expertenwissen an.*

Manche Aufgaben bieten Hilfen

1 *Zu Aufgaben, die mit einem Pfeil ↗ gekennzeichnet sind, findet ihr Starthilfen im Anhang. Damit geht es dann leichter. Versucht zunächst jedoch, die Aufgaben ohne Hilfe zu bearbeiten!*

Aufgaben haben Symbole

Vor jeder Aufgabe steht ein Symbol, das euch einen Hinweis auf die Art der Aufgabe gibt. Die Übersicht zeigt euch, was die Symbole bedeuten:

- Schreibt etwas auf.
- Löst die Aufgabe mündlich.
- Macht etwas mit euren Händen, zum Beispiel einen Versuch durchführen oder eine Kartenskizze zeichnen.
- Arbeitet mit dem Computer oder Smartphone, zum Beispiel etwas im Internet suchen oder eine digitale Präsentation erstellen.
- Sammelt Informationen außerhalb des Klassenzimmers.

Wichtige Begriffe und Internetadressen werden hervorgehoben

Weil manche Begriffe besonders wichtig sind, werden sie blau hervorgehoben. Diese Grundbegriffe, zum Beispiel Erdachse, solltet ihr kennen und erklären können. Am Ende jedes Kapitels werden die Grundbegriffe nochmals aufgelistet.
Die Erklärungen zu den Grundbegriffen könnt ihr im „Geo-Lexikon" (Seiten 212 – 217) nachlesen.

Weiterführende Internetadressen sind ebenfalls blau gekennzeichnet, zum Beispiel www.17ziele.de.

Hilfen im Anhang

Wenn ihr selbstständig mit dem Buch arbeitet, sind die **Starthilfen** (Seiten 208 – 211) und das **Geo-Lexikon** (Seiten 212 – 217) eine Hilfe für euch.
Mit dem **Kartenanhang** (Seiten 218 – 221) könnt ihr euch einen topografischen Überblick über die Räume verschaffen.
In der **Methoden-Übersicht** (Seite 222) findet ihr eine Auflistung von wichtigen Methoden.

Atlaslinks

schueler.diercke.de | **100855-134-01**

Durch Eingabe des Kartencodes auf der Internetseite **schueler.diercke.de** gelangst du auf die passende Seite im Diercke Weltatlas. Dort erhältst du weitere Informationen zu den Karten. Den Code findest du ganz unten auf den Doppelseiten.

Digitales Schulbuch

Im Schulbuch findet ihr auf einigen Seiten dieses Symbol.

Web-Code:
WES-101550-013

Scannt ihr diesen QR-Code mit einer entsprechenden App auf eurem Smartphone oder Tablet ein oder gebt den Web-Code, zum Beispiel **WES-101550-013**, unter **www.westermann.de/webcode** ein, gelangt ihr zu den interaktiven Inhalten eures Schulbuches. Dort findet ihr Filme, interaktive Aufgaben oder Internetseiten mit Sachinformationen.

Viel Freude beim Lernen mit dem Buch!
Eure Autorinnen und Autoren